Physica-Schriften zur Betriebswirtschaft

Herausgegeben von

K. Bohr, Regensburg · W. Bühler, Mannheim · W. Dinkelbach, Saarbrücken
G. Franke, Konstanz · P. Hammann, Bochum · K.-P. Kistner, Bielefeld
H. Laux, Frankfurt · O. Rosenberg, Paderborn · B. Rudolph, Frankfurt

Klaus B. Schebesch

Innovation, Wettbewerb und neue Marktmodelle

Mit 136 Abbildungen

Physica-Verlag

Ein Unternehmen des
Springer-Verlags

Klaus B. Schebesch
Institut für Betriebsinformatik
und Produktionswirtschaft
Universität Bremen
Bibliothekstraße GW II
D-2800 Bremen 33

ISBN 978-3-7908-0627-4

CIP-Meldung der Deutschen Bibliothek
Schebesch, Klaus Bruno:
Innovation, Wettbewerb und neue Marktmodelle / Klaus Bruno
Schebesch. – Heidelberg : Physica-Verl., 1992
(Physica-Schriften zur Betriebswirtschaft; 39)
ISBN 978-3-7908-0627-4   ISBN 978-3-642-52394-6 (eBook)
DOI 10.1007/978-3-642-52394-6
NE: GT

7120/7130-543210 - Gedruckt auf säurefreiem Papier

VORWORT

Das vorliegende Buch ist eine gekürzte und überarbeitete Ausgabe meiner Dissertation. Viele Ideen entstanden während meiner Zeit als Mitarbeiter im DFG–Schwerpunkt "Theorie und Innovation im Unternehmen". Für die persönliche und fachliche Betreuung danke ich Herrn Prof. Dr. Siegmar Stöppler sehr herzlich. Herrn Dipl. Ökonom Mehmet N. Gürbüz danke ich für Beratung und Unterstützung der Programmierung und Implementation des Modells. Herrn Dr. Peter Bothner und Herrn Hendrik Pahl bin ich für die Durchsicht des Manuskripts zu Dank verpflichtet.

Bremen, Winter 1992

für Viorica

Inhaltsverzeichnis

II DYNAMISCHE KONKURRENZMODELLE UND F&E–BUDGETIERUNG   61

1 Untersuchungsgegenstand und Vorbemerkungen

Die Wirkung verschiedener Marktformen auf die Effektivität von Innovation beschäftigt die betriebswirtschaftliche und die ökonomische Theorie seit langer Zeit. Parallel dazu werden Versuche unternommen, den Innovationsprozeß zu formalisieren. Diese Arbeit beschäftigt sich mit der Wirkung von Innovationsanstrengungen auf verschiedene Formen des Wettbewerbs. Der entstehende Wettbewerb wirkt sich dann auf ökonomische und technologische Erfolge der dynamischen Unternehmungen aus. F&E-Budgetierungspolitiken und institutionelle Randbedingunegn führen auf verschiedene erwartete Erfolge und insbesondere auf verschiedene Formen der Divergenz zwischen technologischem und ökonomischem Unternehmenserfolg.

Im ersten Teil wird die Literatur zu den wichtigsten Problemen und zu den meist strategischen Modellen des Innovationswettbewerbs diskutiert. Angrenzende Gebiete wie unvollständiger Wettbewerb und evolutionäre Ansätze werden ebenfalls berücksichtigt. Beide Bereiche werden zukünftig verstärkt in Modellen kompetitiver Innovation Anwendung finden. Die Zusammenfassung und Bewertung der vorgefundenen Resultate führt auf Thesen zu einer stabileren (und langfristig wahrscheinlich effektiveren) Organisation des Zusammenspiels von Innovation, kompetitiver Unternehmung und staatlichem Einfluß.

Eine neue Kombination ausgesuchter Modellierungsgegenstände aus Teil I führt in Teil II zur Definition und Validierung eines dynamischen Modells vieler konkurrierender Unternehmungen. Dabei handelt es sich um ein Simulationsmodell, das strukturierte Wettbewerbsbeziehungen zwischen Unternehmungen postuliert, und die Abbildung ungleicher Konkurrenten, sowie Möglichkeiten der qualitativen Analyse des Innovationsprozesses hervorhebt. Dabei ist die Investition in Forschung und Entwicklung das wichtigste Instrument der Einzelunternehmung. Unter verschieden restriktiven Annahmen zur Variabilität der Marktstruktur werden dann die Auswirkungen konkurrenzunabhängiger und konkurrenzabhängiger F&E-Politiken auf den ökonomischen und den technischen Erfolg der Unternehmungen, sowie die resultierende Marktstruktur, angegeben.

1.1 Ökonomische Motivation

Auf vielen Märkten ist beständige Innovation und Verschiebung der Nachfragestruktur die Regel. Es gehört auch zu den Intentionen der Unternehmungen, sich der klassischen Preiskonkurrenz durch Differenzierung ihres Produktangebots oder durch technische Neuerungen zu entziehen. Für die Unternehmungen der meisten Industriezweige reicht die Preispolitik aber nicht aus, um sich von der Konkurrenz im gewünschten Ausmaß zu unterscheiden. Ein auf technologischen Erfolgen basierender *deutlicher Eindruck* kann langfristig operierenden Unternehmungen eine stabile Nachfrageentwicklung sichern.

Besonders entstehende Märkte sind durch unvollständige Konkurrenz und einen *Reputationsmechanismus* als Informationsübermittler ausgezeichnet. Die *Reputation* hat im Vergleich zu Preisen den Nachteil, schlechter meßbar und vergleichbar zu sein und sie enthält darüberhinaus ein gewisses Maß an Irrationalität. Die Preiskonkurrenz wird, soweit es das Innovationspotential der Industrie zuläßt, durch technologische Konkurrenz ersetzt bzw. modifiziert.

Das Ziel des ersten Teils der Arbeit ist zu zeigen, wie der Innovationsprozeß in der Literatur repräsentiert wird, soweit er als wesentlicher Bestandteil eines Konkurrenzprozesses auftritt. Weiter wird angegeben, welche Teilaspekte des empirisch vielschichtigen Innovationsprozesses in formalen Modellen *stellvertretend* Eingang finden. Solche Abstraktionen sind für die Konstruktion eines Modells zwar unabdingbar, sie führen aber im Fall technologischer Konkurrenz zu einer Vielzahl alternativer Modelle. Methodisch wäre sicher eine Kollektion von Modellen mit gleichem Kern, aber für verschiedene Aggregationsstufen, vorzuziehen.

Neben der technologischen Konkurrenz werden auch einige *verwandte* ökonomische Zusammenhänge diskutiert, die die Definition eines neuen Modells vorbereiten und eine allgemeine Einschätzung der Rolle der technologischen Konkurrenz für die Entwicklung von Märkten liefern. Die Konzeption und Validierung eines neuen Modells erfolgt schließlich in Teil II der Arbeit.

Im ersten Teil geht die Erfassung der Konzepte über die entsprechende Literatur zu Problemen der Innovation und des technischen Fortschritts im engeren Sinne hinaus. Dafür sind zwei Bereiche der Modellierung gleichwichtig: zum einen Ansätze zur Darstellung von Konkurrenzmechanismen, zum anderen Entscheidungen bei unvollkommener Information. Da sich Innovationen auf Unternehmensvariablen wie Absatz, Reputation und Marktanteil i.A. stark auswirken, werden — komplementär — Modelle zur kompetitiven Preis–Absatzbestimmung, zum Einfluß von Marketingaktivitäten auf Marktanteile und zu von der klassischen Rolle des Preises abweichenden Überlegungen, sowie zu einigen Fragen des Marktein- und –austritts und des unvollkommenen Wettbewerbs, betrachtet.

Neben Modellen zur Auswirkungen von Innovationen, die sich direkt auf die kompetitiven Erfolge von Unternehmungen beziehen, werden Modellansätze betrachtet, die Aufschluß über globale (industriebezogene) Auswirkungen innovativen Verhaltens geben. Diese betreffen Imitation, Diffusion und andere *evolutionäre* Konzepte. Mit den globalen Auswirkungen von Innovationen stehen strukturelle Probleme wie die Forderung von hoher Diversität versus Standardisierung der Technologien (und Produkte einer Industrie) und staatliche Formen der Einflußnahme in engem Zusammenhang.

Der erste Teil der Arbeit hat die folgenden inhaltlichen Schwerpunkte: die Repräsentation des Wettbewerbs auf innovativen Märkten, sein privater und sozialer Nutzen (Abschnitt 2 und 3), die Abgrenzung bzw. Komplementärwirkung zu nichtinnovativem Wettbewerb (Abschnitt 4), globale und durchschnittlich erfolgreiche Verhaltensmuster in innovativen Märkten (Abschnitt 3 und 5), sowie die Möglichkeiten der Bildung von Wettbewerbsstrukturen mit *kooperativen Absichten* mit dem Ziel, die internationale Wettbewerbsfähigkeit von Unternehmungen oder Industrien zu sichern (Abschnitt 6).

Bei den meisten in Teil I diskutierten Arbeiten handelt es sich um Beiträge zur Modellierung von Konkurrenzformen. Diese Modelle lassen sich auf Grund der behandelten Fragestellungen oft mehreren Abschnitten zuordnen. Ein solches Modell wird dann in dem Abschnitt ausführlicher diskutiert, für den seine Ergebnisse entweder besonders aufschlußreich erscheinen oder in Widerspruch zu der *herrschenden* Auffassung stehen.

Die Ergebnisse der diskutierten Modelle aus der Literatur sind mit zum Teil sehr hohem technischem Aufwand erreicht worden. Die Detailliertheit der Wiedergabe der formalen Modelle ist nicht einheitlich und beschränkt sich auf ein akzeptables Maß, sodaß eine intuitive Einsicht in die Natur der Ergebnisse ermöglicht wird.

In Teil II wird ein dynamisches Konkurrenzmodell mit strukturierten ökonomischen und technologischen Abhängigkeiten entwickelt. Der (direkte) Einfluß einer Unternehmung beschränkt sich pro Periode auf *im Produktraum benachbarte* Unternehmungen. In jeder Periode kann ein Anteil des Unternehmensbudgets für F&E aufgewendet werden. Die Nachfrage wird durch F&E–induzierte Produktperfektion generiert. Der Preis des Produktes einer Unternehmung wird durch die eigene Reputation und die Reputationen in der Konkurrenzumgebung bestimmt. Übernahmen neuer Produktionstechniken finden in einen komplementären Prozeß statt. Im Zeitablauf wird durch F&E–Aufwendungen technisches Wissen akkumuliert, daß unter bestimmten Bedingungen zu Prozessinnovation(en) führt (Abschnitte 8 – 11). Die Ziele der ökonomischen Marktakteure und ihre implizite Rolle im Modell geben wir in Abschnitt 13 an. Die Gestaltung der Simulationsexperimente im Programmsystem **SCP** wird in Abschnitt 15 erläutert.

Die duale Wirkung der F&E–Aufwendungen wird durch acht myopische F&E–Politiken gesteuert. Die F&E–Politiken stehen für verschiedene Risikoprofile der Unternehmung. Die Implementierbarkeit der Politiken wird ebenfalls diskutiert (Abschnitte 16 – 19).

Danach werden "ereignisabhängige" Aktivitätsverlagerungen der Unternehmungen im Produktraum eingeführt und die Effektivität der F&E–Politiken unter der so erhöhten Variabilität der Marktstruktur validiert (Abschnitte 20, 21.2 und Anhang). In einer letzten Experimentreihe (Abschnitte 21.3 – 21.4) untersuchen wir den Einfluß von vier verschiedenen Umweltbedingungen auf Märkte mit Konkurrenz der F&E–Politiken.

In den beiden letzten Abschnitten (Abschnitte 23 und 22) geben wir allgemeine Schlußfolgerungen aus unserer Modellierung und Erweiterungsmöglichkeiten an. In Abschnitt 22 werden die ökonomischen und technologischen Erfolge sowie die Konkurrenzwirkungen der F&E–Politiken für alle Modellvarianten vergleichend bewertet.

1.2 Modelle und Modellierbarkeit

Die skizzierten ökonomischen Regelmechanismen sind Folge kollektiver und in verschiedenem Ausmaß strategischer, kurz- bis mittelfristiger Unternehmensaktivitäten. Nicht nur die Phänomenologie dieser Mechanismen, sondern auch die dazu gehörenden abstrakten Modellentwürfe sind "komplex" und hängen darüberhinaus stark vom gewählten Realitätsausschnitt ab. Wir unterscheiden drei Fälle von Realität-Modell-Beziehungen:

1. Zusammenhänge, deren Essenz in einem einfachen (analytisch–mathematischen) Modell korrekt (d.h. fast *eins zu eins*) abgebildet werden kann. Diese Modelle sind im Bezug auf Vorhersagen besonders verläßlich.

2. Zusammenhänge, deren Essenz wie im Fall 1 abbildbar ist, deren Phänomenologie aber durch eine erhebliche, nicht offensichtliche Redundanz den Weg zu einem "korrekten" Modell erschwert. Diese benötigen einen erheblichen Aufwand an Abstraktion und können manchmal — auf einem fortgeschrittenen Stand der Theorie oder bei allgemeiner Akzeptanz — in die erste Kategorie übergehen. Die "Qualität" dieser Modelle hängt von der Akzeptanz des Modellansatzes ab.

3. Zusammenhänge, deren Essenz komplex ist. Diese führen auf eine Modellklasse, die erst in jüngerer Zeit systematisch (und interdisziplinär) analysiert wird. Die Komplexität solcher Modelle beruht nicht primär auf ihrem "Umfang", sondern auf der Tatsache, daß Problemstellungen existieren, für die es kein "abkürzendes Verfahren" geben kann, das gleiche oder *hinreichend ähnliche* Eigenschaften wie das Ausgangsmodell hat. Folgt man Wolfram [Wo84] nutzen solche Modelle "die Ressourcen schon als Problemstellung optimal", d.h. sie stellen schon in ihrer Ausgansformulierung ein irreduzibles Problem.

Die im Abschnitt *Ökonomische Motivation* beschriebenen Modellierungsgegenstände lassen sich nicht eindeutig einem dieser Fälle zuordnen. Die überwiegend deduktive Modellierung sowie die von vielen Autoren angestrebte Art der Resultate, deutet aber auf Fall 2 als bervorzugte Hypothese der Realität–Modell–Beziehungen hin. Empirisch orientierte Arbeiten setzen oft (wenn auch nicht explizit) Fall 3 als gültig voraus. Diese Diskrepanz ist sicher ein Grund für die mäßige Übereinstimmung theoretischer und empirischer Erklärungsansätze in der ökonomischen Forschung.

In der Literatur setzt sich die Meinung durch, daß komplexe reale Systeme typischerweise aus hierarchisch organisierten und global *schwach* gekoppelten Subsystemen zusammengesetzt sind (siehe z.B. Nicolis [Ni86] mit empirischen Beobachtungen und theoretischen *Vermutungen*). Vorausgesetzt diese Beobachtungen entsprechen einem allgemein gültigen Prinzip und gelingt auch eine *korrekte* Abgrenzung solcher Subsysteme, ist Partialmodellierung zulässig. Diese würde dann ein Teilsystem unter der hypothetischen Einwirkung verschiedener Inputs aus dem (vernachlässigten) Gesamtzusammenhang beschreiben. Aus dem Verhalten eines Teilsystems kann man aber auch dann **nicht** auf das Verhalten des Gesamtsystems schließen, wenn das Gesamtsystem nur aus identischen, mehrfachen Kopien dieses Teilsystems besteht.

Zwei sich komplementär ergänzende Beobachtungen der Systemtheorie können das Verständnis der Funktionsweise und der Beeinflußbarkeit komplexer Systeme verbessern:

- Komplexe Systeme sind stark datenabhängig.

- Komplexe Systeme entwickeln sich schon durch (massive) parallele Iteration.

Durch die erste Beobachtung läßt sich die in der ökonomischen Realität vorfindbare Vielfalt von Entwicklungen erklären. Das gilt besonders vor dem Hintergrund der sehr begrenzten Anzahl *rationaler Motive* der Akteure, die zu diesen ökonomischen Entwicklungen führen.

Große Datenmengen sind hier auch aus einem weiteren Grund von Bedeutung: Wenn sich für eine gegebene Datenmenge kein Verfahren findet (was meistens zutrifft), das diese Daten durch reversible Iteration auf eine *wesentlich einfachere Struktur* reduziert, so ist diese Datenmenge nicht ohne Informationsverlußt komprimierbar (oder nicht konsistent aggregierbar). Man hat zwar für eine repäsentative Klasse von dynamischen Systemen (die Verfahren für eine konsistente Datenreduktion angeben könnten) festgestellt, daß ein irreversibles System immer in höherdimensionales reversibles System *eingebettet* werden kann (siehe dazu etwa Toffoli [To77]). Die Verwendung des so erhaltenen Systems muß aber nicht auf eine *wesentliche Vereinfachung* der Daten führen. Eine ähnliche Argumentation gilt auch für die Vereinfachung großer Modelle.

Die parallele Iteration stellt zwar einen (rechen–)technischen Aspekt der Modelle in den Vordergrund, sie hat aber noch weitere interessante Konsequenzen. Um die oben genannten (irreduziblen) Datenmengen — in der Realität oder in einem entsprechenden Modell — effizient zu bewältigen, müssen auf diese Daten massiv parallele Verarbeitungsvorschriften angewandt werden. Das hat natürlich erhebliche Auswirkungen auf den *Informationstransport* zwischen den verschiedenen Modelleinheiten. Die Funktionsfähigkeit einiger realer Systeme sowie einiger *Echtzeitmodelle* wird aber erst durch die dadurch erzielte (sehr große) Zeitersparnis ermöglicht.

Weiter führen ausschließlich lokale Veränderungsvorschriften des Systems (Modells) zu einfachen und leicht interpretierbaren Modellstrukturen, was man sich durch folgendes Beispiel verdeutlichen kann: Auf einem Markt steht eine große Anzahl von Unternehmungen zueinander in Konkurrenz. Jede Unternehmung ist durch wenige (diskrete) Zustände ausgezeichnet. Alle Unternehmungen sind in bezug auf ein Kriterium geordnet. Im Zeitablauf geht jede Unternehmung in Funktion ihres eigenen Zustandes und der Zustände der Konkurrenten in einen *neuen* Zustand über. Solange dieser Übergang durch eine Regel angegeben werden kann, die alle Zustände der Konkurrenz implizit berücksichtigt (d.h. eine "geschlossene" Funktion aus einem n–dimensionalen in einen eindimensionalen Raum) sind die Vorteile der Beschränkung auf lokale Information unerheblich und geben nur eine spezifische Modellannahme wieder. Wenn die Übergangsfunktion aber (etwa wegen der Berücksichtigung *struktureller* Informationen) nur als explizite *Transformationsliste*, die alle zulässigen Zustände des Marktes auf die zulässigen Zustände der Unternehmung abbildet, anzugeben ist, so wird diese Aufgabe bei großen Märkten praktisch undurchführbar.

Neben der Tatsache, daß keine Unternehmung eine solche Vielfalt von Entscheidungsmöglichkeiten bewerten kann, enthält diese Transformationsliste auch eine sehr große Zahl von Konfiguartionen der Argumente (Symmetrien, asymmetrische Verteilungen u.s.w) deren theoretische Interpretation beliebig oder undurchschaubar ist. In solchen Fällen können nur jeweils Zustände der *wichtigsten* Konkurrenten berücksichtigen werden.

Durch die Beschränkung auf lokale Informations– und Wirkungshorizonte, die dann parallele Iteration sinnvoll ermöglichen, werden bei hinreichend großem Zeithorizont keine wesentlichen Konzessionen an qualitative dynamische Verhaltensmuster der globalen Modelle gemacht (einige Konzessionen sind auf Grund der größeren Abbildungsmengen globaler Iteration unausweichlich). Einfachste Prototypen der parallelen Iteration, die die oben genannten Eigenschaften besitzen, sind Zellulare Automaten (siehe Wolfram [Wo84], [Wo86]). In der vorliegenden Arbeit benutzen wir das Konzept der parallelen Iteration in Teil II zur Simulation von strukturiertem Wettbewerb.

1.3   Begriffserklärung

In beiden Teilen der Arbeit stehen die Begriffe *innovativer Markt, innovative Konkurrenz* und *innovativer Wettbewerb* für eine Konkurrenzsituation, in der Innovationserwartungen entscheidende Determinanten für das Verhalten von Unternehmen sind. Die Abkürzung "F&E" wird für *Forschung und Entwicklung* benutzt. *Lokale Konkurrenz* und *Konkurrenznachbarschaften* werden als Bezeichnung für bestimmte Formen unvollkommener Marktkonkurrenz verwendet.

In Teil II benutzen wir die Ausdrücke *Risikominimierung zukünftiger Konkurrenzwirkungen* und *Minimierung zukünftiger Nachfragevariation* sowie *Reaktion auf Asymmetrie der Markt– und Innovationserfolge* und *Reaktion auf ökonomisch–technische Disparitäten* als synonyme Bezeichnungen für zwei bestimmte F&E–Budgetierungspolitiken.

In mathematischen Ausdrücken werden *gewöhnliche* Ableitungen mit f' oder $\frac{d}{dx}f(x)$ und partielle Ableitungen nach den Mustern $f_x(x,y,\ldots)$ und $\frac{\partial}{\partial x}f(x,y,\ldots)$ angegeben. Für eine dynamische Variable $x(t)$ bezeichnet $\dot{x}$ die Ableitung nach der Zeit.

Verweise auf Abschnitte des jeweils anderen Teils der Arbeit, werden ausdrücklich gekennzeichnet.

Teil I

KONKURRENZPROZESSE UND TECHNOLOGISCHE STRATEGIEN

2 Konkurrenz und Innovation

Innovation als Resultat oder Promotor von Konkurrenz führt im anspruchsvollsten
Fall der ökonomischen Theoriebildung auf strategische Spiele. In diese Modelle
kann man auch stochastische Unsicherheit einbeziehen. Wie wird der Nutzen dieses grundlegenden und mit der relevanten ökonomischen Theorie inzwischen fast
deckungsgleichen Instrumentariums aktuell bewertet?

In zwei kurz aufeinander folgenden Aufsätzen des RAND *Journal of Economics*
streiten Fisher [Fi89] und Shapiro [Sh89] stellvertretend für zwei methodologische
Richtungen über die Ergebnisse und die Chancen von Konkurrenzmodellen und
Spieltheorie als deren wichtigstes Modellierungsverfahren. Übereinstimmung findet
man bei beiden Autoren dahingehend, daß diese Methoden im Laufe der letzten
fünfzehn Jahre stark an Attraktivität gewonnen haben. Insbesondere verzeichnet
man diese Entwicklung auf den Gebieten *Industrial Organisation* oder *Business
Strategy* und dort zunehmend zur Erklärung verschiedener Effekte von Innovationskonkurrenz. Kontrovers bleiben jedoch die erzielten und erzielbaren Resultate.
Fisher kommt zu einem pessimistischen Schluß: "... in fairly broad terms there
are two styles of theory in economics. I shall refer to these as generalizing theory
and exemplifying theory, respectively. ... Generalizing theory proceeds from wide
assmptions to inevitable consequences. ...Exemplifying theory does not tell us what
must happen. Rather it tells us what can happen. ...it should be plain that (with
or without game theory) the status of the theory of oligopoly is that of exemplifying theory. ... We (therefore) have a large and increasing number of formal
anecdotes in which the outcome depends heavily on the context". Zeichen nicht ein-
gelöster Erwartungen sind nach Fisher auch die in vielen Modellen der *angewandten
Spieltheorie* enthaltene große Anzahl strategischer Gleichgewichte. Dieses Problem
verstärkt sich bei dynamischen Varianten der Modelle erheblich und ist auch durch
die *Verfeinerung*, d.h. die Auswahl bestimmter stabiler Gleichgewichte (siehe dazu
etwa VanDamme [vDa87]), nicht wesentlich zu mildern.

Demgegenüber hebt Shapiro hervor, daß die spieltheoretischen Methoden im For-
schungsbereich *Industrial Organisation* den Anfang der ersten theoretisch fundierten
Systematisierung der strategischen Aufgaben der Unternehmung in kompetitiven
Märkten einleitet: "... There is no reason to expect or strive for a single unified
oligopoly theory that would deliver unique predictions to armchair theorists, inde-
pendent of the particulars of how competition is played out in a given industry. ...As
with the theory of evolution, however, we see a striking diversity of available and
adopted strategies when we look across different industries with different underly-
ing structures. In one industry the firms tacitly collude by meeting the competition
clauses and display periods of successful collusion intersperced with fiercely competitive phases. In another industry R&D is the crucial dimension of competition,
and we see a series of major innovations followed by licensing and imitation. In a
third industry incumbents keep potential entrants out of the market by establishing
large bases of users. And so on.". Der Verdienst dynamischer kompetitiver Modelle
liegt in der Erfassung irreversibler Verbindlichkeiten: "...any action that is costles-
sly reversible has no commitment or strategic value ... in contrast to contestability
theory, which appears to be an empty box." Die Bewertung der Perspektiven für

das Studium innovativer Märkte fällt durchaus positiv aus: "...We have learned a great deal about the many aspects of process innovation: the dynamics of patent races, the persistence of monopoly, the adoption of new technologies, imitation and its effects on the pace of innovation, the licensing of intangible property, spillovers in R&D, and research joint ventures. In fact, many of the questions studied in recent theoretical literature on R&D were not even posed properly before the use of game theory in Industrial Organisation." und zu dem in einigen Industrien sehr bedeutenden externen Effekten der Innovation und der Produktstandardisierung: "...The role of sponsors that control proprietary technologies, the incentives to develop compatible products, and possibility that the market will get stuck with an inferior technology are all amenable to analysis using game theoretic tools".

Für die Zukunft werden von Shapiro angewandte Modelle mit stärkerem experimentellen und empirischen Anteil favorisiert: "... Despite my favorite view of the usefulness of the theory of business strategy, I suspect that we are running into diminishing returns in the use of the game theory to develop simple models of business strategy. ...I believe that most useful contributions of the 1990s will come from what we have learned in the 1970s and 1980s with the more detailed empirical approach of the 1940s and 1950s. ... We now know enough about strategic behaviour to return to industry studies with a powerful theoretical framework and structure to guide us through the rich word of strategic rivalry."

Diese beiden Bestandsaufnahmen unterstützen die Struktur und die Inhalte der vorliegenden Arbeit in vielfacher Weise. So besteht die Definition des Forschungsgebietes und die Beschreibung der bisherigen Resultate unausweichlich aus einer *Reihe formaler Anekdoten* — d.h. aus Modellen mit unterschiedlichem inhaltlichen aber auch technischen Hintergrund — welche dann im Abschnitt 7 dieses Teils der Arbeit nach verschiedenen Gesichtspunkten zusammengefaßt werden. Den für die nächste Zukunft gangbaren Forschungswegen wird in dieser Arbeit — neben Spieltheorie und empirischer Forschung bzw. der Verbindung dieser beiden — in Teil II ein *qualitativ-experimenteller*, auf Simulation basierender Ansatz hinzugefügt.

2.1 Formen technologischer Änderungen

Die Aufassung technologischer Änderungen geht in die ökonomische Theorie entweder durch Veränderungen der aktuellen Produktionsmöglichkeiten einer Unternehmung (oder Industrie) oder durch Abbildung des Entdeckungs- und Verbreitungsprozesses von Technologien ein.

In dem Bereich *nichtkompetitiver* Theorie der Innovation und des technischen Wandels hat sich eine elaborierte Klassifikation von Produktionsfunktionen herausgebildet, die den technischen Wandel in Abhängigkeit von Faktorwirkungen (siehe eine Übersicht dazu in Walter [Wa77]) angeben. Dabei handelt es sich durchwegs um mehrere simultan wirkende Einflußfaktoren wie *Arbeit, Kapital und Zeit; Arbeit, Kapital und technisches Wissen* etc.. Daraus resultiert das ökonomische Problem der (optimalen) **Technologiewahl**, in welchen verschiedene Techniken im Zeitablauf gemäß ihrer Eigenschaften und den in den Modellen entstehenden Faktorengpässen eingesetzt werden. Beispiele für die Technologiewahl in (beliebg großen) linearen Produktionssystemen sind Stöppler [St85] und für ein Technologiewahlproblem der Unternehmung mit zwei Produktionsfaktoren mit Finanzrestriktionen van Loon [vLo82]. Diverse Arbeiten zur optimalen Allokation von Produktionsfaktoren im Sinne der Wachstumstheorie, die die wesentlichen Faktoren des technischen Wandels auf Produktionsfunktionen berücksichtigen, findet man schon in den sechziger Jahren (siehe etwa einige Arbeiten aus dem Buch von Shell [She67]).

Eine andere Richtung verfolgen Autoren, die den zufälligen Charakter von Innovationserfolgen als Funktion von F&E–Aufwendungen in den Mittelpunkt ihrer Forschung stellen. Dabei initiiert der Innovationserfolg ein neues Produkt, oder wirkt sich auf dessen Lebenszyklus aus. Die *ertragserhöhende* Wirkung von Innovationen oder von anhaltenden F&E–Aufwendungen werden zunehmend unter Umgehung der *klassischen* Produktionsfunktionen modelliert (siehe die Simulationsmodelle von Brockhoff [Br88a] und von Jutila [Ju87]).

Neben der *objektiven* Technikenwahl und der Modellierung der *riskanten* Suche nach technologischen Alternativen tritt in der dynamischen Theorie der Unternehmung, der mikroökonomischen Literatur und der Literatur zur Industrieorganisation vermehrt der, von Innovation bestimmte, Wettbewerb auf. Neben der — geläufigen — Abhängigkeit der Form der Innovation von der Präsenz des Wettbewerbs werden hier Innovationsanstrengungen der Unternehmungen und staatlich / institutionelle Randbedingungen für innovative Märkte als wesentliche (und auf Grund der vielfältigen Möglichkeiten der Umgehung vom *klassischer* Preis- und Mengenkonkurrenz wahrscheinlich die wichtigsten) Bestimmungsfaktoren des Wettbewerbs angesehen. In diesen Modellen (und auch in dieser Arbeit) steht die kompetitive Erzeugung und Verwendung von technischem Wissen und die daraus resultierenden ökonomischen Fähigkeiten der Unternehmungen im Zentrum des Marktgeschehens. Die strategische Auffassung des Innovationsprozesses, d.h. die sich auf Grund der Präsenz mehrerer potentieller Innovatoren bildenden Erwartungen bezüglich der eigenen Innovationsfähigkeit können Markteintritts- und -austrittsentscheidungen von Unternehmungen erklären, die nicht auf unmittelbare ökonomische Erfolge oder Mißerfolge zurückzuführen sind. Das Technikenwahlproblem beschränkt sich per Definition auf die Modellierung der Produktionsprozesse. In *verhaltensorientierten* Innovationsmodellen ist die Unterscheidung zwischen Produkt- und Prozeßinnovationen (für die meisten Fragestellungen) zweitrangig und daher in der Literatur auch oft nicht explizit angegeben.

2.2   Zeitliche Entwicklung von Innovationen

In den folgenden Abschnitten diskutieren wir die zeitliche Entwicklung von Innovationen unter Konkurrenzbedingungen. Die Sichtweise des Innovationsprozesses wird dabei von den in der Literatur üblichen *theoretischen* Modellen geleitet. In einigen Fällen zeigen *empirische* Arbeiten zusätzliche Zusammenhänge auf, die von den theoretischen Arbeiten nicht leicht behandelt werden können.

Typischerweise treten empirische Ansätze bei der Abbildung von *Realitätsausschnitten* auf, die sich aus strukturell unterschiedlichen Komponenten zusammensetzen (siehe die Abschnitte 2.5 und 6) und daher durch keinen einheitlichen Modellformalismus wiedergegeben werden können. Die theoretischen Ansätze zu *Innovation unter Wettbewerb* werden in Modellen realisiert, die

- sich auf die Abbildung eines Innovationserfolges beschränken, nach dessen Eintreten das Ziel der Modellierung erfüllt ist und der Wettbewerb *aufhört* (diese Modelle haben die strategischen Eigenschaften eines "Pferderennens") oder

- mehrere Stufen in dem Innovationsprozeß unterscheiden und dadurch ein Spiel definieren, das F&E–Anstrengungen in Abhängigkeit von der eigenen relativen Konkurrenzsituation und von den noch verbleibenden Stufen des — breit definierten — Innovationsprozesses abhängig macht.

In den folgenden Abschnitten stellen wir einige Modelle aus der Literatur dar, die Innovationsabfolgen unter Konkurrenz behandeln. Dabei beginnen wir mit der Sichtweise der Innovation als *Einstufenprozeß* (Pferderennen) und gehen dann zu Innovationsprozessen mit mehreren *logischen* Stufen über. Bis auf eine Ausnahme handelt es sich dabei um *deduktive* und stark "stilisierte" Modelle.

2.3 Erfolg der Innovation oder das Rennen zur Erstinnovation

In diesem Abschnitt diskutieren wir zwei Ansätze aus der Literatur, deren strategische Situation vom Typ *Pferderennen* ist (siehe vorheriger Abschnitt). Auf Grund der einfachen inhaltlichen Struktur dieser Modelle können Methoden der *Optimalen Kontrolle* erfolgreich angewendet werden. Es werden *geschlossene* Lösungen für das Innovationsspiel eines Oligopols mit n identischen Unternehmungen bzw. *qualitativ–analytische* Lösungen für das Innovationsspiel eines Duopols angeben. Eine typische Anwendung dynamischer Spieltheorie zur Bestimmung der optimalen Allokation von F&E–Ausgaben sind die Modelle von Reinganum [Re81], [Re82].

Zunächst entwickelt die Autorin ein dynamisches Duopol–Modell, in welchem beide Unternehmungen um den Ersterfolg einer Innovation *kämpfen*. Dieser Ersterfolg wird mit Monopolprofiten belohnt. Die Wahrscheinlickeit für einen Sucherfolg einer Unternehmung hängt — unabhängig davon, ob es sich um einen Innovations– oder Imitationserfolg handelt — von dem im Zeitablauf akkumulierten Wissen über die *Natur* des innovativen Gegenstandes ab. Die Unsicherheit über den Ersterfolgszeitpunkt wird von der strategischen Unsicherheit überlagert, die dadurch entsteht, daß die Konkurrenzunternehmung durch ihre entsprechenden Anstrengungen eine Zustandsvariable **Wissen** beeinflußt. Bei diesem Prozeß spielt die Tatsache eine Rolle, daß *zwangsweise* Informationen über das eigene Vorgehen offenbart werden. Man erhält dadurch eine Variante des sogenannten **induzierten technischen Wandels**.

Hat eine Unternehmung in einem Zeitraum der fortgesetzten technologischen Suche keinen Erfolg gehabt, entstehen für diesen Zeitraum Suchkosten. Wenn die Suche der einen Unternehmung vor der Suche der anderen Unternehmung Erfolg hatte, erzielt sie einen Monopolprofit, anderenfalls muß sie die Suchkosten tragen. Die explizite Berücksichtigung wahrscheinlichkeitstheoretischer Instrumente ist durch die Beschränkung auf die jeweilige *Erwartungssituation* eliminiert worden. Das Problem reduziert sich auf ein deterministisches dynamisches Spiel mit einer analytisch lösbaren Struktur. Dieses Modell wird auf dynamische Nash–Gleichgewichte und auf kooperative Gleichgewichte untersucht. Dabei wird insbesondere der *soziale Wert* einer Innovation mit ihrem für die Unternehmung *privaten* Wert verglichen. Je nach Diskrepanz dieser beiden Werte (die sowohl bei offenbarten als auch bei privaten Informationen auftritt) kann Unter– oder Überinvestition in F&E in Bezug auf das *soziale Optimum* vorkommen. Ein Zusammenschluß (Kartell) von Unternehmungen führt nur dann schneller zu erfolgreichen Innovationen, wenn die Information über die Forschungsergebnisse in hohem Maße *öffentlich* ist. Umgekehrt ist in einer nichtkooperativen Situation ein früherer Erfolg der Innovationen zu erwarten.

In einer Erweiterung dieses Modells auf n (identische) Spieler, wobei wiederum einer der Spieler den Wettbewerb zum Erstinnovator gewinnt, werden die Ausschüttungen dreifach unterteilt:

1. Auszahlung im Fall vom Erstinnovation,

2. Auszahlung im Fall von Innovationserfolg aber nicht Erstinnovation und

3. entstehende Kosten bei noch nicht eingetretenem Innovationserfolg.

Dadurch ist das Zielkriterium auch für den Fall, daß eine Unternehmung zu einem Imitator wird, angegeben. Entsprechend dem ersten Modell ist das Eintreten einer dieser drei Zustände zufallsbedingt, wobei die Wahrscheinlichkeitsverteilung für den Zeitpunkt des Erfolgseintritts durch Akkumulation von Wissen und durch Akkumulation von Information über das Wissen der Konkurrenten verändert wird. Auf Grund der speziellen formalen Struktur des Modells (welche heute in der technischen Literatur *Spiele des Reinganum–Typs* genannt werden) können auch für diesen Fall analytische Nash–Gleichgewichte abgeleitet werden. Insbesondere wird mit Hilfe der so bestimmten Gleichgewichte der Effekt von Wettbewerb auf die *Gleichgewichtsproduktion* analysiert. Ähnlich wie bei Feichtinger [Fe82] wird von einer anfänglich stochastischen *Vorstellung* des Innovationsprozesses durch einige formale Manipulationen auf ein deterministisches System geschlossen, welches das *Durchschnittsverhalten* des Innovationsprozesses beschreibt.

Der Zustand $z(t)$ gibt das im Zeitablauf *akkumulierte technische Wissen* an. Die Wahrscheinlichkeit, daß die i–te Unternehmung als Anführer oder als Nachfolger im technologischen Wettbwerb Erfolg hat, ist durch die *gedächtnislose* Zufallsverteilung $F(z) = 1 - e^{\lambda z}$ gegeben. Diese Verteilung erkennen alle Rivalen als zutreffende Beschreibung der (technologischen) Unsicherheit an.

Die Wahrscheinlichkeit bis zu einem Zeitpunkt t Erfolg zu haben, ist dann durch $w(t_i < t) = 1 - e^{\lambda z_i}$ gegeben. Die Wahrscheinlichkeit, daß die i–te Unternehmung im *nächsten Zeitpunkt* Erfolg hat, ist $w(t_i > t | t_i \in (t, t + dt)) = \lambda u_i$. Die Entscheidungsvariablen u_i geben die Höhe der F&E–Ausgaben der i–ten Unternehmung an.

Somit ergibt sich als Zustandsgleichung für das akkumulierte technische Wissen $\frac{d}{dt}z = u_i$ mit einer (erreichbaren) Trajektorie $z(t) \geq 0$ für $z(0) \geq 0$.

Das Zielkriterium für jede Unternehmung setzt sich additiv aus den Einflußgrößen Gegenwartswert der Erfolgsauszahlung $P_l > 0$ bei Eintreten einer (technologischen) Monopolsituation, dem Gegenwartswert der Erfolgsauszahlung $P_f > 0$ bei Eintreten eines Imitationserfolges minus der durch Suche entstandenen Kosten $C(u_i)$ für F&E–Aufwendungen bei Nichterfolg, zusammen. Diese drei *Auszahlungen* werden mit den erwarteten Eintritten der dazugehörigen Ereignisse gewichtet:

$$J^i(u_1,\ldots,u_n) = \int\limits_0^T \left\{ e^{-\lambda \sum_j z_j} \left[P_l \lambda u_i + P_f \sum_{k \neq i} \lambda u_k - e^{-rt} C(u_i) \right] \right\} dt,$$

mit $\lambda, r > 0$ und $j \in 1,\ldots,n$.

Der Momentbeitrag dieser *Profitfunktion* verringert sich (cet.par.) bei Erhöhung des *allgemeinen* technischen Wissens, und die eigenen F&E–Anstrengungen wirken sich positiv auf die Wahrscheinlichkeit eines Monopolprofits aus. Die Wahrscheinlichkeit der Imitatorauszahlung nimmt bei Erhöhung gegnerischer F&E–Aktivitäten in einem Zeitpunkt zu, da in dieser Formulierung Imitation nicht mit Kosten und *Wartezeiten* verbunden ist.

Somit ist eine plausible *monotone* Nichtnullsummen–Konkurrenzbeziehung modelliert, die die Entwicklung der Wahrscheinlichkeiten des Eintritts der drei möglichen Unternehmenssituationen in Abhängigkeit vom kumulierten technischen Wissen und der *momentanen* F&E–Aktivierungen angibt (für eine ausführliche Diskussion ähnlicher Modellansätze siehe Mehlmann [Me88], S.173 ff). Ohne den Lösungsweg dieses Modells zu beschreiben, geben wir an, daß die optimale F&E–Aktivierung wegen der unterstellten Identität der konkurrierenden Unternehmungen (und der n–fachen Identität der formalen Ausdrücke) auch hier eine Funktion der Zeit, der Anzahl der Spieler und der Strukturparameter ist.

Die Veränderungsrichtung der optimalen F&E–Aktivierung in Abhängigkeit von der Veränderung der exogenen technisch–ökonomischen Bedingungen des Modells ergibt sich dann durch Differenzieren der *symbolischen* (geschlossenen) Optimallösung nach den Parametern n, P_l, P_f, λ und r.

Bei *perfektem Wettbewerb* (was hier bedeutet daß es keine Patentierung gibt, d.h. $P_l = P_f$) ist es für eine Unternehmung mit zunehmender Anzahl von Konkurrenten weniger profitabel, in F&E zu investieren. Bei *perfekten Patenten* ($P_f = 0$) führt die Erhöhung der Anzahl der Konkurrenten auch zur Erhöhung der Gleichgewichtsausgaben von F&E für jede Unternehmung und beschleunigt den Eintritt eines Innovationserfolges. Wenn Imitatoren zugelassen sind (*schwache* Patentbeschränkungen, $P_l > P_f$), und wenn die Imitatoren einen Teil des Profites für sich erlangen können, führt eine größere Anzahl von Konkurrenten zu nichteindeutigen Effekten bezüglich der Veränderungsrichtung der F&E–Ausgaben und der erwarteten Innovationszeit.

Die formalen Eigenschaften des Modells, die den Erfolg des Ansatzes von Reinganum wesentlich ausmachen, erlauben einen analytisch gangbaren Lösungsweg des dynamischen Spiels (siehe dazu z.B. das Buch von Mehlmann [Me88], wo die wenigen geschlossen lösbaren Differentialspiele aufgelistet sind). Darüber hinaus hängt die optimale Steuerung nur von der Zeit und von den Modellparametern (Anzahl der Spieler, Diskontierung etc.) ab.

Dieses technische Ergebnis beruht auch auf der Annahme, daß identische Firmen betrachtet werden und erlaubt durch *qualitative* Sensitivitätsanalyse (im wesentlichen Vorzeichen erster partieller Ableitungen nach den Konstanten in der optimalen Steuerungsfunktion) eine Vielzahl von Aussagen mit unmittelbarer ökonomischer Interpretation. Der Grund der formalen Lösbarkeit in Zeitfunktionen besteht in der Reduzierbarkeit der Hamilton–Jacobi Gleichung (welche die Nash–Bedingungen enthält) auf ein System von linearen Differentialgleichungen mit zeitabhängigen Koeffizienten. Darüberhinaus ist die Eindeutigkeit der Optimallösung über die üblichen Bedingungen der Konvexität / Konkavität der Wertfunktion in den Zuständen und Kontrollen (siehe etwa Feichtinger und Hartl [FeHa86]) gesichert. Diese technischen Bemerkungen lassen erkennen, daß die Chance, einen ähnlichen Lösungsvorgang für allgemeine Modelle der Innovationskonkurrenz zu finden, sehr gering ist.

Feichtingers Modell (Feichtinger [Fe82]) hat zum Ziel, eine *qualitativ–analytische* Methode zur Lösung eines dynamischen Nichtnullsummen–Innovationsspieles des Duopols anzugeben. Auch in diesem Spiel *kämpft* jede Unternehmung um die Erstinnovation, z.B. die Entdeckung eines neuen Herstellungsverfahrens. Durch nach oben beschränkte F&E–Aufwendungen der i-ten Unternehmung $u_i(t)$ kann die eigene Zufallsvariable $F_i(t)$ mit der Interpretation *Wahrscheinlichkeit das Innovationsprojekt abzuschließen, unter der Bedingung, daß bisher kein Erfolg eingetreten ist,* erhöht werden. Für die den Innovationserfolg bewertende Verteilung F wird folgende einfache dynamische Übergangsgleichung angenommen:

$$\dot{F} = u_i(1 - F_i), \quad F(0) = 0, \qquad \text{mit} \quad 0 \leq F_i < 1 \quad \text{automatisch erfüllt.}$$

Jede Unternehmung maximiert ihre Profite über einen endlichen Zeithorizont T. In das Kriterium wird auch der Verkaufswert der Unternehmung in Endzeitpunkt T eingeschlossen. Dabei sind konvexe Kosten $C(u_i)$ zu berücksichtigen, sowie ein Monopolgewinn K_i und ein Profit bei Nichterfolg des Innovationsprojektes p_i. Die Variable S_i ist der Verkaufswert der Unternehmung, wenn das F&E–Projekt bis zum Endzeitpunkt erfolgreich abgeschlossen wurde und R_i der Verkaufswert bei Nichterfolg. Weiter sind alle Zahlungsströme mit der Diskontrate $r > 0$ auf den Nullzeitpunkt abgezinst.

Nach längeren — für unserer Diskussion nicht relevanten — Manipulationen ergibt sich als Wahrscheinlichkeit für Unternehmung i, **vor** Unternehmung j und in einem Zeitpunkt $t < T$ Erfolg zu haben, der Term $F_i(1 - F_j)$. Für die Zeit nach t gilt für die Wahrscheinlichkeit des ersten Erfolges (von Unternehmung i oder j) der Term $(1 - F_i)(1 - F_j)$. Mit diesen beiden Termen kommt man zu dem nichtdiskontierten Momentbeitrag für die Zielfunktion der i-ten Unternehmung:

$$K_j \dot{F}_i(1 - Fj) - [C(u_i) + p_i](1 - F_i)(1 - F_j) + p_i \qquad \text{für alle} \quad t < T.$$

Dieser Term gewichtet den Monopolprofit K_i mit seiner Eintrittswahrscheinlichkeit, zieht davon Kosten C und Profite p_i ab, die eintreten würden, wenn noch kein Erfolg beider Konkurrenten in t vorliegt und addiert den Profit p_i für den Fall, daß Unternehmung j vor Unternehmung i erfolgreich ist. Nach geringfügigem Umsetzen der Terme und Einsetzen in das Integral über $[0, T]$ gelangt man zu den Zielfunktionen J_i für beide Spieler:

$$J_i = \int_0^T e^{-rt} \left\{ [K_i u_i - C(u_i) - p_i](1 - F_i)(1 - F_j) + p_i \right\} dt$$

$$+ e^{-rT} \left\{ [S_i(T) - R_i(T)] F_i(T) + R_i(T) \right\} \longrightarrow \text{max}$$

Das Modell ist somit in seinen Zielfunktionen jeweils nur von dem Zustand des Gegenspielers abhängig. Insbesondere sind die beiden Zustandsgleichungen jeweils nur von dem Zustand und den Entscheidungen desselben Spielers abhängig. Das macht die Betrachtung der gemischten Kozustände für die Ermittlung einer Nash–Lösung redundant. Weiterhin entfallen durch die alleinige Betrachtung der *open-loop* Nash–Lösung die Einbeziehung derjenigen Terme der Kozustandsgleichungen, die die Kontrollen der Gegenspieler als (zu ermittelnde) Funktionen der Zustände enthalten. Wie sich später herausstellen wird, handelt es sich hierbei um eine sehr spezielle Modellstruktur, die durch geeignete Manipulationen auf ein autonomes dynamisches System zurückzuführen ist. Die Hamiltonfunktion des i-ten Spielers ist in *Gegenwartswertschreibweise*:

$$H_i = [K_i u_i - C(u_i) - p_i](1 - F_i)(1 - F_j) + p_i + \lambda_i u_i(1 - F_i)$$

Die Lösung u_i^* liegt im Inneren des zulässigen Kontrollbereiches, daher gilt als notwendige Bedingung $H_u = 0$. Der Term $H_u = 0$ ist nach der Kozustandsvariable $\lambda(t)$ auflösbar:

$$\lambda_i = [\frac{d}{dt} C(u_i) - K_i](1 - F_j) \quad := \quad \Lambda_i(u_i, F_j)$$

und man erhält die nach $u_i(T)$ auflösbare Endbedingung

$$C(u_i(T)) = K_i + S_i(T) - R_i(T).$$

Die nun folgenden schematisch beschriebenen Termersetzungen haben zum Ziel, alle Variablen, bis auf die Kontrollen aus den Gleichungen (Bedingungen) des Maximumprinzips zu eliminieren. Dadurch erhält man ein System von zwei nichtlinearen Differentialgleichungen in u_1 und u_2, welches durch gängige Methoden der qualitativen Analyse der Phasenebene (siehe dazu ein beliebiges moderneres Lehrbuch zu Differentialgleichungen, etwa Hirsch und Smale [HiSm74]) komplett charakterisiert werden kann.

Wird λ aus $-H_F$ und $\frac{d}{du}\Lambda$ in der Termersetzung benutzt, können die Zustände F_i und F_j eliminiert werden und man erhält folgendes Differentialgleichungssystem:

$$\dot{u}_i = \frac{1}{C''(u_i)}\left[C'(u_i)u_i - C(u_i) + [C'(u_i) - K_i](r_i - u_j) - p_i \right]$$

und für eine quadratische Kostenfunktion

$$\dot{u}_i = u_i^2 - u_i(r_i - 1) - u_i u_j + \frac{K_i}{2}u_j \frac{K_i r_i + p_i}{2}$$

Die Funktionen $u_2(u_1|\dot{u}_1 = 0)$ und $u_2(u_1|\dot{u}_2 = 0)$ sind im positiven Quadranten jeweils konkav mit positivem Absolutglied und konvex mit negativem Absolutglied, haben daher in $\mathbf{R}_+^2$ einen eindeutigen Schnittpunkt. Dieser Schnittpunkt ist der stationäre Punkt des dynamischen Systems $(\dot{u}_1, \dot{u}_2)$ in dem zulässigen Kontrollraum (hier Phasenraum) für (u_1, u_2). Es wird gezeigt, daß die Funktionaldeterminante

$$\frac{\partial \dot{u}_1}{\partial u_1}\frac{\partial \dot{u}_2}{\partial u_2} - \frac{\partial \dot{u}_1}{\partial u_2}\frac{\partial \dot{u}_2}{\partial u_1} > 0$$

positiv ist, wobei aufgrund der (ökonomisch sinnvollen) quadratischen Kostenfunktion C die Ausdrücke

$$\frac{\partial \dot{u}_i}{\partial u_i} > 0 \quad \text{und} \quad \frac{\partial \dot{u}_i}{\partial u_j} < 0, \quad \text{mit} \quad i \neq j$$

gelten. Letzteres zeigt die in vielen dynamischen 2–Personen– Nichtnullsummenspielen getroffene Annahme (siehe z.B. das dynamische Preisduopolmodell von Levine und Thépot [LeTh82]), welche in dem vorliegenden Fall besagt, daß die Effekte der *eigenen* Entscheidungen auf die *eigene* Dynamik stärker sind als die des Gegenspielers. Die beiden Bedingungen gemeinsam besagen, daß der gefundene stationäre Punkt instabil und ein sogenannter *Knotenpunkt*[1] ist. Daraus folgt wiederum, daß sich die Trajektorien von $(\dot{u}_1, \dot{u}_2)$ in alle Richtungen monoton (insbesondere ohne Schwingungen) vom Fixpunkt wegbewegen.

Setzt man vereinfachte Endbedingungen der Form $R_i(T) = S_i(T)$ ein, so erhält man für die Größen $u_i(T)$ Konstanten, d.h einen festen Punkt in $\mathbf{R}_+^2$, in welchen die optimalen Kontrolltrajektorien der Spieler in T hineinlaufen müssen. Da das System $(\dot{u}_1, \dot{u}_2)$ differenzierbar und deterministisch ist, kann die Optimaltrajektorie nur ein (zusammenhängendes) Stück einer Trajektorie sein, die den Fixpunkt mit $(u_1(T), u_2(T))$ verbindet (mit Ausnahme des Fixpunktes selbst). Je nach Parameterspezifikation ergibt sich eine spezifische Lage des Endpunktes relativ zu dem Fixpunkt. An der Abbildung 1 kann man die daraus gewinnbare Qualität von Aussagen zu diesem Modell zeigen.

---

[1] Beide Eigenwerte des um den stationären Punkt linearisierten Systems $(\dot{u}_1, \dot{u}_2)$ sind reell und positiv.

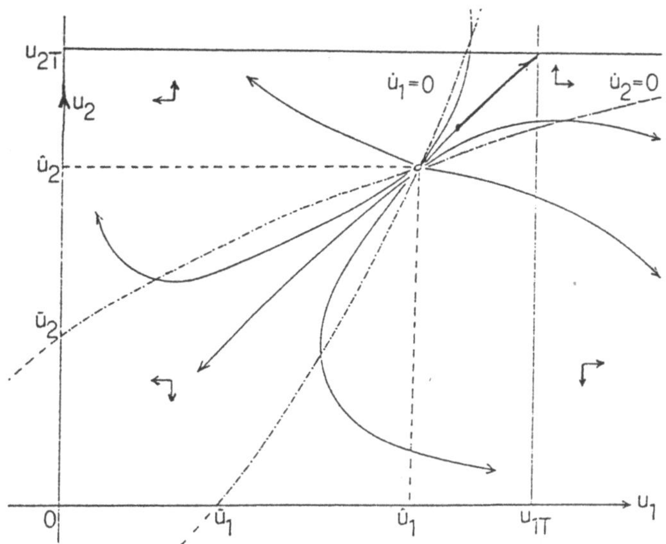

Abb. 1 Phasenraum und Nash–optimale F&E–Aufwendungen in zu-
standsunabhängiger Form (open–loop Lösung) für ein Duopol

Aus der Schar aller Trajektorien dieses Systems gibt es somit nur eine (Teil-) Trajektorie (u_1^*, u_2^*), die die Bedingungen des ursprünglichen Optimierungsproblems
erfüllt.

Als Resultat erhält man, daß in dem dynamischen Nash–Gleichgewicht von beiden
Konkurrenten eine monotone F&E–Aufwandstrajektorie gewählt werden muß (bei
den hier vorliegenden Endbedingungen nehmen die F&E–Aufwendungen beider Unternehmungen zu). Die absoluten Aufwendungen für beide Unternehmungen sind
durch die Eindeutigkeit der optimalen Trajektorie für jeden Zeitpunkt festgelegt.
Der Anfangspunkt der optimalen Trajektorie, $(u_1^*(0), u_2^*(0))$, wird durch *Rückwärts-
integration* über das Intervall $[0, T]$ aus dem Endpunkt (u_1^T, u_2^T) ermittelt.

Im allgemeinen stellt sich die Frage, wie speziell und wie groß die Klasse derjenigen Modelle ist, die die hier vorgestellte Vorgehensweise ermöglichen. Größere
Schwierigkeiten sind bei dem Versuch der Übertragung dieses Lösungsprogramms
auf dynamische *closed–loop* Gleichgewichte zu erwarten (siehe Feichtinger und Hartl
[FeHa86], S.533 ff). Für den hier vorliegenden Fall eines open–loop Problems, bestand der Erfolg des Vorgehens darin, daß das im allgemeinen Fall aus den Maximie-
rungsbedingungen resultierende *schwere* Randwertproblem — wegen der vollständigen Elimination der Zustands- und Kozustandsvariablen — umgangen und durch
ein *leichtes* Anfangswertproblem ersetzt werden kann.

Die *qualitative Lösung* dieses (immer noch nichtlinearen Problems) ist jedoch
möglich und liefert für die Fragestellung ausreichend präzise Antworten. Im Gegensatz zu den Modellen von Reinganum sind die Lösungen nicht durch eine für
alle Spieler stellvertretende Zeitfunktion gegeben. Dadurch können in diesem Mo-

dell gewisse Asymmetrien zwischen den Spielern — ausgedrückt durch jeweilige Endbedingungen — berücksichtigt werden.

Die im Modell durchgeführte Auflösung und Reduktion der Optimalitätsbedingungen auf zwei autonome dynamische Gleichungen ist in allgemeineren Modellen dieser Art nicht möglich. Dieses Modell enthält somit *nicht-offensichtliche Redundanz* (siehe *Modelle und Modellierbarkeit* aus den Vorbemerkungen). Würde es auch bei mehr als zwei Spielern gelingen, ein System autonomer Gleichungen, die die Optimalitätsbedingungen enthalten anzugeben, ist eine **komplette** qualitative Analyse der oberen Art (siehe Guckenheimer und Holmes [GuHo83]) mit neuen technischen Hindernissen verbunden.

Im zweidimensionalen Fall können die Endbedingungen vier qualitativ unterschiedliche Positionen in bezug auf den Fixpunkt annehmen, die die Richtung der Optimaltrajektorien bestimmen (siehe Abb. 1 für eine dieser Positionen, nämlich beide Endwerte größer als der stationäre Punkt). Mit jeder zusätzlichen Unternehmung würde — bei dem hier modellierten *vollkommenen* Wettbewerb — die Anzahl solcher Fallunterscheidungen stark zunehmen, während die Bedeutung einer zusätzlichen Unternehmung für das Ergebnis abnimmt.

Eine strategisch komplexere Situation des technologischen Wettbewerbs als bei Reinganum oder Feichtinger — aber unter Preisgabe des dynamischen Ansatzes — wird durch das **2–Stufen**-Duopolmodell von Mamer und McCradle [MaMc87] abgebildet. Der Innovationsprozeß besteht wie beim Modelltyp *Pferderennen* nach wie vor aus einer Stufe. Die Suche nach einer besseren technologischen Alternative unterliegt aber einem *optimalen Stopprozeß* (Stopprozesse werden üblicherweise als Modell für die (optimale) Fortdauer von Suchanstrengungen nach weiteren ökonomischen Alternativen, z.B. der Suche einer neuen Anstellung auf dem Arbeitsmarkt, etc., siehe Lippman und McCall [LiMc81], werwendet). Dieser Suchprozeß findet in der ersten Stufe des Spiels statt und kann von dem Konkurrenten nicht beobachtet werden. Zum Zeitpunkt der *simultanen Bekanntgabe des Sucherfolges* (2–te Stufe des Spiels) steht jede Unternehmung vor einer Nichtnullsummenauszahlung, die von der relativen Erfolgssituation beider Unternehmungen abhängt. Somit handelt es sich um ein Modell mit *stochastischer* und *strategischer* Unsicherheit.

Jede Unternehmung kann zur Einschätzung ihrer zukünftigen Profite ein Intervall P angeben in dem die tatsächlich realisierten Profite enthalten sind. Die Variation dieser *subjektiven Einschätzung der Profitabilität* P der Technologie kann durch *geheime Markttests* verringert werden, d.h. $P_{n+1} \subset P_n$, wobei n die Anzahl solcher Tests angibt.

Der Ablauf des Wettbewerbsprozesses hat dann folgende Struktur: In einer Reihe von Tests der Verbraucherreaktion prüfen die beiden Unternehmungen die Profitabilität $p_n \in P_n$ ihrer neuen Produktidee. Eine Unternehmung hat die Möglichkeit, eine Innovation anzunehmen, diese abzulehnen oder die Suche weiter fortzusetzen. Eine auch durch diese Informationsverbesserung nicht reduzierbare Unsicherheit verbleibt aber wegen der Präsenz des Gegenspielers; zu einem Stichzeitpunkt müssen die beiden Unternehmungen ihre jeweiligen Entscheidungen über

- Annahme der Innovation bzw.

- Zurückweisung der Innovation

bekanntgeben. Je nach Art des innovativen Produktes — in dem Modell wird zwischen **substitutiven** (sog. *market spoiling*) und **komplementären** Effekten der Produktbeeinflussung unterschieden — wird der Profit π der i-ten Unternehmung durch die Entscheidung des Konkurrenten die Technologie anzunehmen beeinflußt:

$$\pi^i(p_n^i) = g^i(a^j)A^i p_n^i - K^i, \qquad \text{mit} \quad i = 1,2 \quad \text{und} \quad j \neq i,$$

mit $a \in \{0,1\}$ den Entscheidungen für Annahme $a = 1$ und Aufgabe $a = 0$ der Innovation und A^i Produktions– sowie K^i Kostenkoeffizienten. Bei substitutivem Wettbewerb gilt $g(0) > g(1)$ und bei komplementärem Wettbewerb $g(1) > g(0)$. Auf Grund der Funktionen g^i genügt es im allgemeinen nicht, die Suche dann abzubrechen wenn P_n mit den Koeffizienten A und K eine Aussage über die Profitabilität **ohne** Konkurrenz zulassen.

Es wird gezeigt, daß es für dieses Spiel Nash–Gleichgewichtspunkte gibt (was für diese Form *sequenzieller* Entscheidungen nicht offensichtlich ist). Weiter konvergieren die Entscheidungen auf Grund *monoton* verlaufender Reaktionsfunktionen — nach einer Iteration auf diesen Reaktionsfunktionen (*iterated best response play*[2]), d.h. die gefundenen Suchgleichgewichte sind stabil. Die ökonomisch interpretierbaren Resultate dieses technisch aufwendigen Modells sind, daß substitutiver Wettbewerb auf ein risikoaverses Suchverhalten führt (d.h. die Wahrscheinlichkeit der Annahme einer Technologie ist niedrig) und daß komplementärer Wettbewerb das Gegenteil bewirkt. Weiter ist die Wahrscheinlichkeit der Annahme einer Technologie unter Wettbewerb insgesamt höher als ohne Wettbewerb. Darüberhinaus werden unter Wettbewerb gelegentlich auch *nichtprofitable* Technologien übernommen.

Mit diesem Modell wollen wir die Diskussion technisch *anspruchsvoller* Kombinationen der Modellierungstechniken für den technologischen Wettbewerb beenden. Viele der bisher diskutierten Resultate bestätigen die Intuition zur Wirkung von F&E–Ausgaben. Die Modelle konnten darüberhinaus die nichteindeutige Wirkung der Konkurrenz auf den Innovationsprozeß plausibel zeigen.

Der Ansatz von Reinganum hat den größten Einfluß auf spätere Modelle in der Literatur ausgeübt. Die Auffassung von Innovation als *dynamischer Konkurrenzprozeß* hat auf Grund eines ungünstigen Verhältnisses zwischen mathematischer Komplexität der Modelle und der Qualität[3] der *interpretierbaren* Resultate relativ wenig Verbreitung gefunden.

In ihrer Wichtigkeit (besonders auch in der Häufigkeit ihrer Verwendung) sind hingegen Auffassungen der Innovationskonkurrenz als *extensive* spieltheoretische Modelle mit wenigen Entscheidungsstufen ungeschlagen. In diesen Modellen werden Aspekte des Innovationsprozesses als eine Abfolge *logischer* Stufen behandelt, die die tatsächliche *Verweilzeit* der Unternehmungen auf diesen Stufen nicht berücksichtigen. In den nachfolgenden Abschnitten werden wir daher verstärkt auf Einzelaspekte des Innovationsprozesses unter Konkurrenz eingehen.

---

[2] Diese einfache iterative Methode findet bei nichtleerer Schnittmenge der *Reaktionsflächen* der Spieler einen stationären Punkt in Entscheidungen mit der Eigenschaft eines Nash–Gleichgewichts.

[3] dem Allgemeinheitsgrad, aber auch der empirischen Relevanz und der Akzeptanz

2.4   Tradeoff zwischen Neuheit und Zuverlässigkeit

Graduelle Innovation oder die Einführung völlig neuer Produkte ist eine weitere
Wahlmöglichkeit der innovierenden Unternehmung. In der Literatur findet diese
Wahlmöglichkeit, meist ohne explizite Berücksichtigung von Konkurrenzwirkungen,
eine gewisse Aufmerksamkeit. Dabei wird eine unimodale Abhängigkeit zwischen
dem Neuigkeitgrad und dem Unternehmenserfolg unterstellt. Dieser Erfolgsverlauf
(angegeben als Umsatz, Nachfrage, etc.) hängt vom erwarteten technologischen
Erfolg und vom Risiko der Innovation ab. Der erwartete technologische Erfolg
nimmt dabei im Neuigkeitsgrad degressiv und das Risiko der Innovation nimmt im
Neuigkeitsgrad progressiv zu.

Das zunehmende Risiko erklärt sich aus der verminderten Zuverlässigkeit neuer
Produkte, sei es wegen technisch noch nicht ausgereifter Lösungen, oder wegen des
Nutzungsrisikos durch lernende Konsumenten. Die Bewertung dieser Abhängig-
keit ist von der *Risikoeinstellung* der Unternehmung abhängig, was dazu führt, das
bei Risikofreude maximale Neuigkeitsgrade und bei Risikoscheu intermediäre Neu-
igkeitsgrade *optimal* sind (siehe Brockhoff [Br88b], S.120 ff) und die dort zitierte
Literatur; ebenda findet man die Empfehlung als innovative Unternehmung extreme
Neuigkeitsgrade zu vermeiden).

In Konkurrenzsituationen liefert Patentierung eine Möglichkeit, in der durch sie
entstehenden technologischen Monopolphase, Defizite an Zuverlässigkeit von Produkten mit hohem Neuigkeitsgrad zu überwinden.

Insgesamt hat die Erfolgs–Neuigkeitsbeziehung (trotz ihrer empirischen Bedeutung)
in der Modellierung technologischer Konkurrenz kaum Eingang gefunden. Im zweiten Teil dieser Arbeit (Teil II, Abschnitt 9.1) wird in einer konzeptionellen Anlehnung an die hier diskutierten Beziehungen eine F&E–induzierte Nachfragefunktion
konstruiert, in der Konsumenten (potentielle) Erfolge der Unternehmungen mit
großem Marktanteil *kritisch* in bezug auf sehr hohe F&E–Aktivitäten pro Zeitein-
heit bewerten, den *Neuheitsgrad* der Produkte der Unternehmungen mit kleinem
Marktanteil und hohen F&E–Aufwendungen auf Grund bestimmter externer Effekte (siehe auch die Abschnitte 2.6 und 3.1) *positiv* bewerten, was dann (stilisiert)
bedeutet, daß die Neuerungen *kleiner* Unternehmungen gemessen an den F&E–
Möglichkeiten eines Marktführers, nur *graduell* sind. Argumente für eine stärkere
Konzentration auf die Einführung gradueller technischer Veränderungen und die
Optimalität beständiger Investitionen in Prozeßverbesserungen in der Unterneh-
mung finden sich auch in einer Arbeit von Fine und Porteus (Fine und Porteus
[FiPo89]).

2.5   Produktfolge–Strategien

In einer beträchtlichen Anzahl von Industrien und Märkten ist die Nachfrage nach
einem Produkt durch die bereits bestehende oder die zu erwartende Verbreitung
dieses Produktes (oder der Technologie) bestimmt (siehe dazu auch Abschnitt 3.1).
Darunter fallen insbesondere solche Industrien, deren Produkte zu ihrer Nutzung
Lern– und Anpassungsaktivitäten auf Konsumentenseite erfordern. In so einem
Fall liegen für die Produzenten externe Effekte (*network–competition, network–*

externalities) vor. In engem Zusammenhang zu diesem Nachfrageverhalten steht auch die Neigung zur Setzung von *Produktstandards.* Diese zwingen dann einige Konsumenten dazu, das für sie *teurere* Produkt zu erwerben. Die langfristige Gefahr von Produktstandards besteht aber in der Reduktion der Produktvielfalt und der Errichtung von *Barrieren* für die Suche nach neuen technologischen Alternativen.

Für den Fall konkurrierender Technologien, die durch externe Effekte Standardisierung begünstigen, zeigen Katz und Shapiro [KaSh86] anhand eines Nachfragemodells mit zwei (logischen) Abfolgestufen, daß sich Standardisierung und speziell *sozial optimale* Standardisierung in Abhängigkeit von den Eigentumsrechten (und der daraus resultierenden **Technologieverpflichtung** der Unternehmungen) einstellt. In dem Modell können pro Unternehmung und Spielstufe je zwei Technologien gewählt werden. Auf Grund der externen Effekte begünstigt die Wahl einer Technologie in der ersten Spielstufe dann auch die Wahl dieser Technologie in der zweiten Stufe.

Die marginalen Kosten einer Technologie (die den Preis des Produktes im Gleichgewicht in der Situation ohne Eigentumsrechte an Technologien angeben) können pro Spielstufe unterschiedlich sein und Werte aus einem großen Bereich annehmen. Damit können Technologien auf unterschiedlichem Entwicklungsstand verglichen werden. Die Menge von Differenzen der marginalen Kosten beider Technologien und beider Stufen wird in vier Partitionen aufgeteilt. Jede Partition gibt für eine der vier möglichen Technologieabfolgen die Kostenkombinationen an, für die die aktuelle Technologieabfolge die Gleichgewichtslösung des Spiels ist.

Hat eine Unternehmung *Eigentumsrechte* an einer Technologie, kann sie Preise fordern, die von den marginalen Kosten abweichen, indem sie z.B. in der ersten Stufe des Spiels einen *nicht kostendeckenden* Preis einsetzt. Unabhängig von dieser Technologieverpflichtung ist die Variationsbreite der Stufenkosten, innerhalb welcher in beiden Stufen jeweils gleiche Technologien gewählt werden, sehr groß. Ist keine der beiden Technologien *Eigentum* einer Unternehmung, besteht die Gleichgewichtslösung häufiger in der Wahl der Technologie mit Kostenvorteilen in der ersten Spielstufe. Ist nur eine der Technologien *Eigentum* einer Unternehmung wird diese Technologie, auch wenn sie der *öffentlichen* Technologie unterlegen ist, häufiger gewählt. Besitzt schließlich jede Unternehmung eine (andere) Technologie, wird die Technologie mit Kostenvorteilen in der zweiten Spielstufe häufiger gewählt (diese wird mit dem *technisch neueren* Verfahren identifiziert).

Die individuell optimalen Breiche der Kostendifferenzen, die auf die jeweils gleiche Wahlfolge der Technologien führen, stimmen nicht immer mit den sozial optimalen Bereichen überein. Die Ergebnisse deuten auch auf soziale Vorteile einer *begrenzten Kartellbildung* der Anbieter, da bei Vorliegen externer Effekte — durch Verlagerung hoher Anfangskosten in höhere Preisforderungen *späterer* Perioden — die Bereitschaft der Unternehmungen erhöht wird, in neue Technologien zu investieren.

In diesem Modell ist die Unterscheidung zwischen Produkten und Prozessen unscharf. Für diesen nicht-produktionstheoretisch orientierten Modelltyp ist daher geeignet anzunehmen, daß ein neuer Prozeß immer mit einem neuen Produkt verbunden ist.

2.6   Abfolgestufen von Innovation zu Produktion

In diesem Abschnitt diskutieren wir die verschiedenen Innovationsstufen in der Produktentwicklung der Unternehmung aus empirischer Sicht. Von den *technologieintensiven* Unternehmungen werden während der Entstehung eines neuen Produktes verschiedene Stufen von **Grundlagenforschung** über **Entwicklung** bis zur **Einführung des marktreifen Produktes** durchlaufen. Für diese Stufen gibt es in den Unternehmungen zuständige Abteilungen, deren Aufwände gemessen werden können. Dabei kommt es für den (kompetitiven) Erfolg einer Unternehmung auf die Geschwindigkeit und die Zuverlässigkeit an, mit der die einzelnen Stufen durchlaufen werden.

In einer neueren empirischen Studie greift Mansfield [Ma88] die Unterschiede in der Allokation der Innovationskosten zu den verschiedenen Stufen der Innovation und Produktentwicklung am Beispiel USA und Japan auf. Die Resultate dieser Studie sollen als Beispiel der Rolle der *leicht* identifizierbaren Stufen des Innovations- und Entwicklungsprozesses aufgeführt werden.

Für diese Studie wurden aus drei *technologieintensiven* Industrien (Chemie, Maschinenbau und Elektroindustrie) jeweils siebzig zufällig ausgesuchte Unternehmungen beider Ländern ausgewählt. In bezug auf Kosten und Geschwindigkeit wurde bei *internen* Innovationen ein gewisser Vorteil der US-Industrie festgestellt. Dieser Vorteil besteht in einer kleineren Variation der (festgestellten) Innovationskosten und einer etwas größeren Sensitivität der Innovationszeit bezüglich der Variation dieser Kosten. Die durchschnittliche Innovationszeit ist für beide Länder etwa gleich. Bezüglich Innovationen, die auf *externen* Technologien basieren (siehe auch das Modell von Cohen und Levinthal [CoLe89] in Abschnitt 2.7, welches inter-industriellen Wissenstransfer berücksichtigt), besteht ein deutlicher Vorteil der japanischen Industrien. Der Vorteil ergibt sich aus geringerer Innovationszeit bezogen auf alle festgestellten Innovationsaufwendungen.

Eine Erklärung dieser Ergebnisse wird in der Studie durch Gegenüberstellung der typischen Aufwendungen der Unternehmungen beiden Länder für sechs Stufen des Innovations- und Entwicklungsprozesses gesucht. Diese sechs Stufen werden mit den jeweiligen relativen Aufwendungen der beiden Länder dargestellt (in Prozent der Gesamtaufwendungen für Innovation im engeren Sinne plus Produktions- und Absatzvorbereitungen):

Innovationsstufe	USA	Japan
Angewandte Forschung	18%	14%
Produktspezifikationen	8%	7%
Prototypen- sowie Pilotanlagen	17%	16%
Werkzeuge und Ausrüstung	23%	44%
Produktionsanlauf	17%	10%
Marketinganlauf	17%	8%

Die Resultate dieser Studie zeigen einen bisher nicht diskutierten Aspekt der strategischen Modelle des Innovationsprozesses: Die Festlegung auf ein typisches Muster der F&E–Aufwendungen ist eine bemerkenswert *starre* Strategie der Unternehmungen der beiden Länder. Insbesondere wirken sich die höheren Aufwendungen japanischer Unternehmen für "Werkzeuge und Ausrüstung" positiv auf die Zuverlässigkeit (und Geschwindigkeit) der Einführung ihrer Produkte (siehe Eingang "Produktionsanlauf") aus und sie können durch die hohen Marketingaufwendungen auf amerikanischer Seite nicht effektiv kompensiert werden.

Wie aus einem Beitrag von Reich [Re89] hervorgeht, ist die relative Ineffektivität der amerikanischen Industrien in den letzten drei Stufen (und die sich hieraus ergebenden Wettbewerbsnachteile) auf die eingeschränkte oder fehlende Kommunikation (Rückkopplung) der mit allen Stufen identifizierbaren Unternehmensabteilungen zurückzuführen. Weiter besteht im Fall amerikanischer Firmen ein (in etwa) den Innovationsstufen entsprechendes Gefälle in der *Hierarchie* (eine Ausnahme bildet der Marketingbereich) und besonders in dem internen *Prestigestatus* der Unternehmensabteilungen.

Aus theoretischer Sicht ist die vorgefundene Asymmetrie Ausdruck einer *Anführer–Nachfolger–* Situation. *Technologische Führerschaft* setzt verstärkte Aktivitäten in den ersten drei Stufen und wegen der *Neuheit* der Produkte verstärkte Marketingaufwendungen voraus. Ein Nachfolger kann sowohl auf einen Teil der Forschungs– als auch auf einen Teil der Marketingaktivitäten verzichten und sich auf die Sicherstellung von Zuverlässigkeit und Effektivität der Implementation von Innovationen konzentrieren. Dieser spezielle Einsatz der Fähigkeiten führt im Zeitablauf zu ökonomischen Erfolgen des Nachfolgers, die dann die Position des Anführers bedrohen.

Die Anführer–Nachfolger–Situation ist als (unstabiles) Gleichgewicht denkbar. Eine Situation mit *gleichberechtigter* Konkurrenz ist (intuitiv) stabil, vorausgesetzt, die Konkurrenten erkennen die (meist historisch motivierte) Gleichberechtigung an. Die Bereitschaft zum Übergang vom Anführer zum gleichberechtigten Konkurrenten ist außer durch sofortigen Reputationsverlust durch die Gefahr eines Rollenwechsels und eines damit verbundenen *großen* Reputationsverlustes gemindert. Der Übergang vom (ökonomisch) erfolgreichen Nachfolger zum (technologischen) Anführer fördert die Reputation, versetzt die Unternehmung (Industrie) aber in eine riskantere Situation (erhöhtes Innovationsrisiko).

Eine in Abhängigkeit von den temporären Innovationserfolgen wechselnde und von den Konkurrenten *anerkannte* Folge "Anführer–Nachfolger" ist auf Grund träger Reputationswirkungen kaum zu erwarten. Mit Hilfe dieser Betrachtung kann die Wirksamkeit der Anpassungsargumente von Mansfield und Reich (für eine Konkurrenzsituation, in der sich z.B. die USA aktuell befinden) in Zweifel gezogen werden. Statt einer einseitigen Anspassungsstrategie könnte eine *beharrliche Strategie des Führungsanspruches* für beide Seiten von Nutzen sein.

Unsere Argumentation wird indirekt durch die Ergebnisse eines dynamischen Duopolmodells von Gaimon [Ga89] unterstützt. In diesem Modell werden die Rate der Einführung neuer Technologien und die Preise als Instrumente zur (nichtkooperativen) Profitmaximierung eingesetzt. Weiter werden die Situationen analysiert, in denen beide Konkurrenten *closed–loop* oder *open–loop* Lösungen benutzen und die

Fälle, in denen ein Konkurrent die irreversible *open–loop* Lösung und der andere
Konkurrent die anpassungsfähige *closed–loop* Lösung benutzt.

Bei symmetrischer Verwendung der *open–loop* Lösung sind die Nachfragen höher,
die eingesetzten Techologien neuer, und die Preise und Profite niedriger als in der
symmetrischen *closed–loop* Variante. Bei asymmetrischer Benutzung der Informa-
tionsstrukturen ist der die *open–loop* Lösung verwendende Konkurrent seinem (die
closed–loop Lösung verwendenden) Gegenspieler auch in den erzielten Profiten über-
legen. Dabei gilt die *Profithierarchie*: $\pi_{co} < \pi_{oo} < \pi_{oc} < \pi_{cc}$ wobei der Profit π für
den Spieler mit dem ersten Index gilt.

Übertragen auf die obere Diskussion haben sich die Konkurrenten Japan und USA
auf eine *traditionsgemäß* irreversible F&E–Strategie festgelegt, jedoch mit Tendenzen des Spielers USA, sich *einseitig* anzupassen und mit der Konsequenz die Auszahlung π_{co} zu erhalten. Die *Wunschauszahlung* π_{cc} ist gerade wegen der hervorragenden Rolle von temporären Ungleichgewichten in der Preis–, Nachfrage– und
Technologieentwicklung und dem dadurch erforderlichen Anpassungsaufwand auf
dem Weltmarkt nicht wahrscheinlich.

2.7 Staatliche Steuerung innovativer Märkte

Unabhängig vom Typ der Innovationskonkurrenz führt rationales Verhalten der
Unternehmungen nicht immer zu sozial optimalen Resultaten bezüglich der Höhe
auf F&E–Aufwendungen und manchmal auch zu *nicht wünschenswerten* technologischen Ergebnissen. Das führt uns zur Diskussion der Möglichkeiten staatlicher
Moderation von technologischem Wettbewerb.

Die wichtigste Rolle des Staates besteht in der Beeinflussung der Eigentumsrechte
der Innovationen und des *öffentlichen* Informationsflusses bezüglich technischer
Neuerungen. Die Wirkung dieser gesetzlichen Instrumente kann von den Unternehmungen nur schwer unterlaufen werden. Weiter kann der Staat verschiedene
direkte Formen der F&E–Förderung betreiben, oder die für die allgemeine technologische Entwicklung *kritischen* F&E–Projekte selbst übernehmen.

In diesem und in den nächsten Abschnitten werden wir den Zusammenhang zwischen staatlichen Maßnahmen und verschiedenen Aspekten des technologischen
Wettbewerbs und besonders der Verbreitung technologischer Informationen erörtern.
F&E–Aufwendungen führen nicht nur zu (gelegentlichen) Innovationserfolgen, sondern geben der Unternehmung die Möglichkeit, die "an anderer Stelle" (d.h. in der
gleichen Industrie, in anderen Industrien, in nichtkommerziellen Forschungsinstitu-
tionen) erzielten Innovationsergebnisse leichter zu verstehen und zu ihrem Vorteil
zu benutzen.

Cohen und Levinthal [CoLe89] bilden dazu in einem *statischen* n–Personenspiel
sowohl den Einfluß der *intra–industriellen* Lerneffekte, als auch die mögliche Übernahme von technologischen Ideen aus *fremden* Industrien auf das Wissen einer Unternehmung ab. Die Nutzung der unterstellten absorptiven Kapazität durch kumulierte F&E–Anstrengungen unterscheidet sich von dem *learning by doing*–Konzept
dadurch, daß letzteres von der Höhe der tatsächlichen Produktion abhängig ist und
die unternehmensintern gesammelte Erfahrung in Verbesserungen der Produkte und

Produktionsprozesse umsetzt. Weiterhin wird im Fall des *learning by doing* technisches Wissen als *öffentliches Gut* vorausgesetzt.

In dem Modell sind die Kosten der *sofortigen* Imitation dann gering, wenn die aktuelle Unternehmung schon *in der Nähe* der Entstehung dieser technischen Resultate geforscht hat. Das Wissen z^i der Unternehmung i führt deterministisch und mit abnehmenden Grenzerträgen zu Umsätzen und Profiten $\Pi^i > 0$. Die Eigenschaften dieser Profitfunktion werden nur *qualitativ*, d.h. durch die Bedingungen $\Pi^i_{z^i} > 0$ und $\Pi^i_{z^i z^i} < 0$ spezifiziert.

Die Entstehung des Wissens einer Unternehmung wird durch die *bisherigen* eigenen F&E–Investitionen M^i, durch die F&E–Aufwendungen der Konkurrenten aus der gleichen Industrie M^j, sowie durch das in anderen Industrien (oder in staatlichen Forschungseinrichtungen) vorhandene technologischen Wissen T beeinflußt:

$$z^i = M^i + \gamma \left(\sigma \sum_{j \neq i} M^j + T \right).$$

Die Parameter $0 \leq \gamma, \sigma \leq 1$ geben den "Anteil des öffentlichen Wissens, das die Unternehmung absorbieren kann" (γ) und den "Grad oder die Stärke der intra–industriellen spill–overs" (σ) an. Weiter kann die *absorptive Kapazität* γ auf naheliegende Weise endogenisiert werden, indem sie als eine, im eigenen Wissen M^i, degressiv zunehmende Funktion angenommen wird:

$$\gamma(M^i, \beta) \quad \text{mit} \quad \gamma_M > 0, \quad \gamma_{MM} < 0, \quad \gamma_\beta < 0 \quad \text{und} \quad \gamma_{\beta M} = \gamma_{M\beta} > 0.$$

Der Parameter $\beta > 0$ gibt die *Komplexität des technischen Wissens* an. In der Komplexität des Wissens soll die Möglichkeit zur *Absorption* anderer F&E–Resultate abnehmen, der marginale (positive) Effekt eigener F&E–Anstrengungen soll aber von zunehmender Komplexität des Wissens nicht beeinflußt werden. Die Konkurrenz wird durch eine übliche Annahme eingeführt, nach der sich eigenes und in der Industrie vorhandenes Wissen auf den Profit *substitutiv* auswirkt:

$$\Pi^i_{z^i} > 0, \quad \Pi^i_{z^j} < 0 \quad \text{und} \quad \Pi^i_{z^j z^j} < 0, \quad \text{mit} \quad j \neq i.$$

Das für alle Konkurrenten gleiche F&E–Ausgabenniveau M^* (Nash–Gleichgewicht) wird — zu Einheitskosten für F&E–Aufwendungen — durch die simultane Maximierung der Profitfunktionen

$$\Pi^i(z^i(M^*), z^j(M^*)) = \max_{M^i} \Pi^i(z^i(.), z^j(.)),$$

$$\text{mit} \quad R^i_{M^i}(.) - 1 = 0 \quad \text{für alle} \quad i$$

ermittelt. Die Funktionen $R^i_{M^i}$ geben dabei den Grenzerlös der jeweiligen F&E–Ausgaben der i-ten Unternehmung an.

Es ist den Autoren möglich zu zeigen, daß das Vorzeichen der Funktion M^*_α immer gleich dem Vorzeichen von $R^i_{M^i}$ ist. Die Ableitung nach der Variable α steht dabei stellvertretend für die Ableitung nach den Variablen β, σ und T. Aus dieser allgemeinen Bedingung kann die Veränderungsrichtung der optimalen F&E–Niveaus für die Variation folgender Einflußgrößen angegeben werden:

- Wenn sich die Komplexität β des Wissensgebietes erhöht, erhöht sich auch das Nash–Niveau der F&E–Ausgaben.

- Wenn — wie in den meisten Konkurrenzmodellen angenommen — die Wirkung des eigenen Wissens auf die eigenen Erträge größer als die Wirkung des Wissens der Konkurrenz ist (d.h. $|\Pi^i_{z^i}| > |\Pi^i_{z^j}|$), dann steigen die gleichgewichtigen F&E–Ausgaben bei Erhöhung der Wirkung intra–industrieller spill–overs σ. Dieses Resultat widerspricht gängigen Thesen zur Wirkung der *Erleichterung der Imitation durch Patentierung*.

- Wenn die *absorptive Kapazität* endogen ist (d.h $\gamma = \gamma(M^i, .)$) folgt auch aus Erhöhung des exogenens Wissens T, daß sich auch die gleichgewichtigen F&E–Ausgaben erhöhen, während bei exogen gegebenem γ eigene F&E–Ausgaben mit exogenem Wissen ersetzt werden.

Die Ergebnisse des Modells können sowohl in der Diskussion der für eine Unternehmung verwertbaren Forschungsaufwendungen als auch für den *sozialen* Nutzen der Patentierung verwendet werden. Für eine Unternehmung sind danach (auch bei kleinem Produktspektrum) anhaltende F&E–Investitionen in direkt oder auch nur indirekt umsetzbare Wissensgebiete vorteilhaft. Die durch *Patentierung* verhinderte *Aneigenbarkeit* von technischen Wissen hat nichteindeutige oder sogar negative Effekte auf die (Höhe der gleichgewichtigen) F&E–Niveaus der Unternehmungen. Dieses etwas *globale* Resultat kann durch die genauere Betrachtung der Konkurrenz unter verschiedenen Patentvorschriften (siehe Abschnitt 2.7.1) relativiert werden.

2.7.1 Patente und die Zugänglichkeit technologischen Wissens

In den Abschnitten 2.5 und 2.7 wurde deutlich, daß zentrale Determinanten für den Verlauf und die soziale Effizienz von technologischem Wettbewerb die Handhabung der Eigentumsrechte bezüglich technischer Neuerungen sowie die Verbreitung technologischen Wissens (als öffentliches Gut) sind. Patente, die die wesentlichen technologischen Eigenschaften einer Innovation offenlegen (was zumindestens gemäß Gesetzestext der Fall sein sollte) verhindern zwar Nachahmung, wandeln aber das neuste technische Wissen sofort in ein öffentliches Gut um. Das führt aber auf ein strategisches Problem der innovierenden Unternehmung und der staatlichen Patentkonventionen. Neben der (optimalen Länge der) Patentdauer — die auf Grund zufällig eintretender Nachfolgeinnovationen oft irrelevant wird — ist eine entscheidende Maßgabe, welcher *Neuheitsgrad* (d.h., ob eine hohe oder schon geringe Neuheitsanforderung) zu einem Patent führt.

Dieser Frage wird in einem extensiven Spiel für zwei innovative Unternehmungen in Scotchmer und Green [ScGr90] nachgegangen. Die Innovation findet in zwei Stufen statt, wobei der Erfolg auf der ersten Stufe als Zwischenergebnis interpretiert wird, das bei *geringen Neuheitsanforderungen* patentiert werden kann. Der Erfolg auf der zweiten Stufe stellt ein Innovationsergebnis mit *hohen Neuheitsanforderungen* dar, welches in jedem Fall patentiert wird. Weiter kann sich jede Unternehmung — nach Abschätzung ihrer Erfolgsaussichten — vor und nach der ersten Innovationsstufe durch Marktaustritt zurückziehen.

Den Unternehmungen stehen in diesem extensiven Spiel die sequentiellen Entscheidungsmöglichkeiten

- Patentierung oder

- Geheimhaltung des technischen Zwischenerfolges,

- im Markt verbleiben oder

- Marktaustritt

zur Verfügung. Der Eintritt eines Innovationserfolges wird durch eine zufällige Ziehung aus einer Poisson– Verteilung modelliert ("Zug der Natur"). In dem Modell werden für eine große Variationsbreite der Forschungskosten und der Erwartungswerte der Zufallsverteilung Bereiche angegeben, für die in der Optimallösung jeweils gleiche Entscheidungsfolgen gelten (eine ähnliche Modellierungsstrategie verfolgen Katz und Shapiro [KaSh86], siehe Abschnitt 2.5).

Obwohl *frühe* Patentierung wegen der schnelleren Verbreitung technischer Ideen sozial überlegen ist (siehe auch das Modell von Cohen und Levinthal [CoLe89] in Abschnitt 2.7), umgehen die Unternehmungen in dem nichtkooperativen Gleichgewicht die Preisgabe der Zwischenresultate. Weiter führen beide Formen der Patentierung zu einer starken Neigung, im Wettbewerb zu verbleiben. Der soziale Nutzen (oder Schaden) eines Marktaustritts hängt von den Forschungskosten ab und ist unter beiden Patentkonventionen nicht eindeutig. Ein Marktaustritt des Konkurrenten könnte eher durch die glaubhafte Ankündigung eines ersten Innovationsergebnisses ohne Patentierung erreicht werden. So eine Ankündigung wird glaubhaft, wenn es der Unternehmung gelingt, Wagniskapital anzuwerben.

In einer Arbeit von Rockett [Ro90] wird auf den Zusammenhang von Patentierung und Markteintritten hingewiesen. Danach wird ein erfolgreicher Innovator ein Patent *früh* anmelden und an bestimmte Konkurrenten Lizenzen vergeben. Dieses Verhalten tritt in einer Situation auf, in der der technologische Anführer durch von ihm begünstigte oder initiierte Markteintritte *kleiner* Konkurrenten, den Markteintritt von *großen* Konkurrenten abwehren will. Dieses *market crowding* ist somit ein (gleichgewichtiges) Resultat in innovativen Märkten, das die Marktstruktur (indirekt) einbezieht. Im Modell kann gezeigt werden, daß der Lizenzgeber seine Marktmacht auch nach Auslaufen der Patentzeit behält, indem die Lizenznehmer bestimmte Anfangsbedingungen des *Folgesspiels* akzeptieren.

2.7.2 Innovation, Subventionen und Wagniskapital

Aus den vorherigen Abschnitten lassen sich deutliche Ansatzpunkte für staatliche Eingriffe in den technologischen Wettbewerb erkennen. Die Präsenz von Wettbewerb für die Aufrechterhaltung von Innovation, aber auch die Möglichkeit zur Innovation als Entstehungsgrund für anhaltenden Wettbewerb, wird von keiner Literaturstelle bestritten. Technologischer Wettbewerb besteht aber aus einer großen Anzahl möglicher *strategischer* Ablaufformen. Daraus ergibt sich für den Staat das

Problem, bestimmte Ablaufformen (oder Spieltypen) vorzugeben, mit dem Ziel, private und soziale Auszahlungen von Innovationen anzunähern.

Staatliche Subventionierung ist wegen ihrer (grundsätzlichen) Reversibilität meistens einfach durchzusetzen und mit wenigen unmittelbaren Risiken verbunden. Gesetzliche oder institutionelle Maßnahmen sind dauerhafte Festlegungen und daher erheblich riskanter; sie vermeiden aber die durch Subventionen oft entstehenden *Nebenschauplätze* des technologischen Wettbewerbs (etwa Wettbewerb um Föderungsmittel). In einer Zusammenfassung der Wirkungsmechanismen staatlicher Förderung von F&E kommt Brockhoff zu dem Schluß: "...wir stellen also fest, daß das Für und Wider staatlicher Forschungs- und Entwicklungsfinanzierung recht komplizierte und oft wenig operationale Abwägungen erforderlich macht. Dabei ist ... auch die Art der Förderung von Einfluß auf die Beurteilung" (Brockhoff [Br88b], S.71).

Die *Art der Förderung* betrifft Formen der direkten oder nur indirekten Einflußnahme des Staates. Zu der direkten Föderung zählen projektgebundene Maßnahmen (hauptsächlich Finanzhilfen) deren Rolle auch durch Einsatz von Wagniskapital übernommen werden kann. Indirekte Maßnahmen betreffen das Bildungssystem und die *Lenkung* von technologischem Wettbewerb. Während auch das Bildungssystem (prinzipiell) privatisiert werden kann, ist die Lenkung des technologischen Wettbewerbs nur durch den Staat *glaubhaft* durchzuführen. So wird in den USA durch das Pentagon technologischer Wettbewerb in der Rüstungsindustrie global und langfristig erfolgreich "gesteuert". Diese Situation findet sich fast spiegelbildlich im Verhältnis von MITI und den technologieintensiven Branchen der japanischen Zivilindustrie wieder. In diesen Fällen werden neben der Festlegung von Konkurrenzformen auch technologische Ziele der Forschung vorgegeben.

3 Diffusion, Lerneffekte und Innovation

Marktein- und Austritte von Unternehmungen verändern die strategische Situation eines Marketes. Dabei spielen in der ökonomischen Diskussion *Barrieren* (hohe Kapitalintensität, hohe Startkosten, Abwehrblöcke der etablierten Konkurrenten) eine hervorragende Rolle.

Im Zusammenhang mit Innovationen ist der Zeitpunkt des Markteintritts — analog zum Erfolg der Erstinnovation — sowie die Existenz von stufenweisem oder gleichzeitigem Eintritt (und Austritt) für strategische Gleichgewichte von Bedeutung. Der Nachweis stufenweisen Eintritts als Gleichgewicht bildet eine theoretische Voraussetzung für die Diffusionsforschung, welche sich mit verschiedenen zeitlichen Formen der Verbreitung von Technologien befaßt.

In der Literatur zum strategischen Eintrittsproblem werden verschiedene Aktionen untersucht, die einen tatsächlichen Eintritt durch Signalwirkung auf potentielle (und rational handelnde) Eintreter abwenden. Eintritts- und Austrittsprozesse werden (Glazer [Gl85]) im Zusammenhang mit der Behauptung *frühe Innovation führt zu ökonomischem Erfolg* analysiert. Dabei wird durch die Unterscheidung *ökonomisch langfristig erfolgreiche Innovatoren* und *erfolgreiche Innovatoren* auf gleiche erwartete Gewinne für frühe und späte Eintreter aufmerksam gemacht. Diese Gewinnerwartung folgt aus einer höheren Austrittsrate innovativer *Früheintreter*, da viele dieser Vorreiter keinen dauerhaften Markt initiieren können.

Übereinstimmend wird in den Modellen von Tandon [Ta84] und Nti [Nt89] freier Eintritt, oder eine hohe Zahl potentieller Eintreter mit niedrigerer Gesamtleistung (Wettbewerb, Profite, Wohlfahrtseffekte) als eine Situation mit Eintrittsbarrieren identifiziert.

Davon teilweise abweichend wird in dem Modell von McLean und Riordan [McRi89] gezeigt, daß bei sequentiellem Eintritt zur Bestimmung der nachfolgenden Marktstruktur (Abwehr weiterer Eintritte) inferiore Technologien gewählt werden können und damit ein *Gleichgewichtsmarkt* mit weniger Unternehmen entsteht als bei der Wahl einer effizienteren Technologie (siehe dazu auch Abschnitt 3.1). Von McLean und Riordan wird jedoch eingeräumt, daß sich dieser Effekt umkehren könnte, wenn stufenweise eine große Anzahl von Technologien zur Auswahl steht.

3.1 Einschluß inferiorer Technologien

Auf *realen* Märkten verwendet man Produkt– sowie Prozeßtechnologien, für die z.T. *deutlich bessere* Alternativen bekannt sind. Die *besseren* Technologien werden aber **nicht** eingesetzt. Für den externen Beobachter sind diese *besseren* Technologien nie als ernsthafte Kandidaten in den Konkurrenzprozeß eingegangen, oder sie wurden — aufgrund undurchsichtiger Mechanismen — vom Markt eliminiert.

In diesem Abschnitt werden *ökonomisch rationale* Verhaltensweisen diskutiert, die im Bereich der Technologiekonkurrenz von Unternehmungen zu einer solchen Diskrepanz zwischen *bekannten* und *benutzten* Technologien führen können. Die im folgenden angeführten Modelle aus der Literatur enthalten nicht alle möglichen Determinanten eines solchen Verhaltens bezüglich der Technologiewahl, sie relativieren aber eine Sichtweise, die solche Diskrepazen durch *Unternehmensmacht* oder *kooperative Lösungen* (z.B. Absprachen) erklärt.

Arthur [Ar89] betrachtet eine Industrie (oder Ökonomie), in der die Unternehmungen zum Zeitpunkt ihrer Entstehung oder ihres Markteintritts zwischen bekannten Technologien wählen können. In dem Modell stehen zwei Technologien (A und B) zueinander im Wettbewerb. Diese beiden Technologien können von einer (prinzipiell) unbegrenzten Zahl von Unternehmungen eingeführt werden. Dabei sind die Eigenschaften dieser Technologien vor der *Einführung* bekannt und die Technologien bleiben auch nach ihrer eventuellen Weiterentwicklung ein öffentliches Gut. Daher können sie in ihrem Einsatz und ihrer potentiellen Verbreitung nicht durch *Eigentumsrechte* (Patentierung) einer der Unternehmungen beeinflußt werden.

Die Unternehmungen werden in zwei Typen (R und S) unterteilt, die jeweils eine *natürliche Präferenz* für eine der beiden Technologien haben. Die zeitliche Entwicklung der Erlöse E aus der Wahl einer Technologie hängt für eine Unternehmung von der Präferenz P (Typ R präferiert Technologie A und Typ S präferiert Technologie B) und von der Anzahl N der vergangenen Übernahmen einer Technologie ab:

$$E_Y^X = P_Y^X + yn^X(N),$$

mit $X \in \{A, B\}$, $Y \in \{R, S\}$, $n^X(N)$ der Anzahl der bis zur N–ten Technologiewahl auf den Markt eingetretenen Unternehmungen mit der Technologie X und $y \in \{s, r\}$ und mit $s, r \in \mathbf{R}$, Konstanten, die die *Lerneffektivität* des jeweiligen Unternehmenstyps angeben.

Es liegen **konstante Erträge** des Lernerfolges durch Technologieübernahmen vor, wenn $y = 0$, **sinkende Erträge**, wenn $y < 0$ und **steigende Erträge**, wenn $y > 0$ ist. In dem Modell werden nur Situationen betrachtet, in denen die Lerneffekte für beide Unternehmenstypen vom jeweils gleichem Ertragstyp sind.

Jeder Unternehmenstyp wählt zu einem Zeitpunkt $t^Y > 0$ die, auf Grund der Erlösfunktion E präferierte, technologische Alternative. Die Wahrscheinlichkeit, daß eine weitere Unternehmung vom Typ R zu einem Zeitpunkt durch eine solche Technologiewahl in den Markt eintritt, beträgt 1/2. Die Reihenfolge der Typen in der Eintrittssequenz $\{Y\}$ bleibt den potentiellen Markteintretern daher unbekannt. Diese Reihenfolge steht für modellexogene, *historische* Ereignisse, die für die Unternehmung (bei beschränktem Informationshorizont) nicht vorhersehbar sind.

Im Fall konstanter Erträge wird der Typ R immer Technologie A und der Typ S immer Technologie B wählen (wegen der Präferenzordnung, und da hier $E_Y^X = P_Y^X$ gilt). Für diesen Fall gleicht der zufällige Prozeß der Technologiewahl einer Reihe von Münzwürfen. In den Fällen nichtkonstanter Erträge aus Lerneffekten kann dieser Zufallsprozeß an *Ränder* stoßen, die einen zusätzlichen Markteintreter entgegen seiner *natürlichen* Präferenz (R wählt A und S wählt B) entscheiden läßt:

$$n^A(N) - n^B(N) < \frac{P_R^A - P_R^B}{r} = \Delta^R < 0 \qquad \text{für den Fall } \text{``}R \quad w\ddot{a}hlt \quad B\text{''}$$

und

$$n^A(N) - n^B(N) < \frac{P_S^B - P_S^A}{s} = \Delta^S > 0 \qquad \text{für den Fall } \text{``}S \quad w\ddot{a}hlt \quad A\text{''}.$$

Für $r, s > 0$, d.h., für steigende Erträge aus Lerneffekten, hat diese *Umkehr* der Technologiewahl folgende Auswirkungen: Die untere Ungleichung besagt, daß sich der Unternehmenstyp S dann für die von ihm *nichtpräferierte* Techologie A entscheidet, wenn der *Lerngewinn* aus der Verwendung von A statt B (d.h. $sn^A - sn^B$) seinen Ertrag E um einen größeren Betrag erhöht als der *garantierte* Gewinn ($P^B - P^A$) aus der Verwendung der von ihm *präferierten* Technologie. Eine analoge Interpretation gilt für den Typ R (obere Ungleichung multipliziert mit -1). Innerhalb des Bereichs $[\Delta^S, \Delta^R]$ verhält sich der Technologieübernahmeprozeß weiterhin wie eine Reihe von Münzwürfen. Hat eine Technologie einen zufälligen Vorteil in der Anzahl ihrer vergangenen Einführungen erreicht, kann durch die Differenz ($n^A - n^B$) einer der *Ränder* Δ^Y überschritten werden. Ab diesem Zeitpunkt wird von beiden Unternehmungstypen nur noch die stark verbreitete Technologie gewählt. Der resultierende Zufallsprozeß hat somit *absorbierende Ränder*; auf dem Markt kann sich schon nach wenigen Technologieübernahmen eine der Technologien (die möglicherweise in bezug auf die Koeffizienten P_Y^X inferior ist) *irreversibel* durchsetzen.

Für den Fall (von in der Verbreitung der Technologien) **abnehmenden Erträgen** geben analoge Ungleichungen einen Zufallspozess mit *reflektierenden* Rändern an.

Durch die Verbreitung einer Technologie entstehen für diese Technologie bevorzugende Unternehmungen *Verluste*. Bei Überschreiten der Ränder zwingen diese Verluste die Unternehmung (mindestens zeitweise) die weniger verbreitete Technologie zu verwenden. Für Technologien mit konstanten und abnehmenden Lernerträgen kann in diesem einfachen Modell folglich die Koexistenz beider Technologien vorausgesagt werden (mit *Wahrscheinlichkeit von eins* wird Technologie A nach unendlich vielen Markteintritten von der Hälfte aller Unternehmungen benutzt).

Im Fall **zunehmender Erträge** kann nicht vorhergesagt werden, welche der beiden Technologien (nach endlicher oder unendlicher Zeit) auf dem Markt überlebt (mit *Wahrscheinlichkeit von eins* wird aber entweder Technologie A oder Technologie B nach unendlich vielen Markteintritten in allen Unternehmungen benutzt).

Die Hinzunahme *rationaler Erwartungen* verstärkt den Einschlußeffekt einer (möglicherweise inferioren) Technologie, indem sie die Beträge der Ränder Δ^Y verkleinern. Das geschieht dadurch, daß die Erträge eines Unternehmenstyps, der jeweils eine Technologie bevorzugt, bei *korrekter* Vorhersage der zufälligen Ereignisse *Technologiewahlen*, um einen Zusatzgewinn erhöht werden.

Aus diesen Ergebnissen kann eine bemerkenswerte Schlußfolgerung für die Innovations– und Subventionspolitik des Staates gezogen werden:

- Märkte, deren Produkte mit sinkenden bis konstanten Erträgen aus Lerneffekten (der Herstellungsverfahren) erzeugt werden, sollten vom Staat nicht beeinflußt werden, d.h., in diesen Situationen ist eine Politik des *laissez faire* angebracht. Zu dieser Kategorie gehöhren auch Sektoren der Energie– und Rohstoffausbeutung (knappe Ressourcen) die sich oftmals in staatlichem Besitz befinden.

- Bei Präsenz steigender Erträge aus Lerneffekten in alternativen Produktionsverfahren für die Produkte eines Marktes, führen staatliche Eingriffe im Sinne der Unterstützung beständiger *Suche* nach technologischen Alternativen dazu, daß sich eine superiore Technologie mit größerer Wahrscheinlichkeit durchsetzt, oder verschiedene Technologien mit einem für alle Unternehmenstypen *vorteilhafteren* Ertrag erhalten bleiben. Staatliche Eingriffe nach dem **Einschluß** einer Technologie, die die Technologiewahl umkehren, sind kaum praktikabel, da die Mittel für diesen Zweck i.A. unbeschränkt erhöht werden müssen.

Die Resultate des Modells heben die Bedeutung jeweiliger *Technologiegeschichte* als triviale Abfolge von Ereignissen für die technologische Entwicklung von Märkten mit *externen Effekten* (siehe auch Abschnitt 2.5) hervor. In diesen Märkten ist dem ökonomisch kurz– bis mittelfristig rationalen Verhalten der Einzelakteure langfristig fortgesetzte Suche nach besseren technologischen Alternativen vorzuziehen. Es werden Auffassungen technisch — empirischer Studien zitiert, wonach in die Kategorie **eingeschlossener und inferiorer** Technologien etwa die heute verwendeten Brennstoffmotoren (anstelle der Dampfkraft!) und große Teile der heute verwendeten zivilen Nukleartechnologie (Druckwasserreaktor anstelle von Reaktortypen mit anderem Aufbau sowie Kühlmittel, etc.) angehören. Schließlich ist noch anzumerken, daß Ertragsgesetze der Verbreitung einer Technologie, für den Fall, daß mit dem Begriff Technologie ein Produktionsprozeß gemeint ist, *konkurrenzabhängige Skalenerträge* angeben.

3.2 Diffusion technischer Neuerungen

Nichtstrategische, sog. *epidemische* Modelle führen zu einem S-förmigen Verlauf der Diffusionskurve neuer technischer Verfahren. Dieser Verlauf basiert auf der *aktiven* Informationsverbreitung durch Kommunikation zwischen potentiellen Nutzern einer Technologie. Die Präsenz von Wettbewerb führt unter gewissen Bedingungen ebenfalls zu einem S-förmigen Verlauf der Nutzung neuer Technologien.

In einem Diffusionsmodell untersuchen Jovanovic und Lach [JoLa89] die Entwicklung des Ein- und Austritts von Unternehmungen (oder Produktionsverfahren) mit im Zeitablauf zunehmend kostengünstigeren Techniken. In dem Modell ist das Angebot durch die Anzahl der neu eintretenden Konkurrenten (Verfahren) abzüglich der vom aktuellen Outputpreis abhängenden Anzahl von Austritten alter Verfahren bestimmt. Die Nachfragefunktion ist in der Zeit konstant und der Outputpreis räumt den Markt in jedem Zeitpunkt. Weiter werden Lerneffekte (learning by doing) unterstellt; die Kosten der Produktion nehmen daher mit zunehmender Anzahl von Markteintritten (oder neuen Produktionsverfahren) ab.

In einem dynamischen Gleichgewicht mit *vollkommener Voraussicht* ist die Anzahl der Eintritte zu den laufenden Profiten proportional. Eine Unternehmung ist in der Wettbewerbsvariante des Modells an ihre Technologie gebunden. Sie ist daher bei anhaltenden Markteintritten auf Grund der einsetzenden Veralterung ihrer Technologie *irgendwann* zum Marktaustritt gezwungen.

Wegen der zu erwartenden Vorteile bei *späterem* Eintritt nähert sich die Diffusionskurve dem sozialen Optimum der Nutzung neuer Technologien mit zunehmender Stärke der Lerneffekte ebenfalls später, aber in jedem Fall asymptotisch, an. Für eine Monopolsituation — in der auch die Verwendung der Anzahl neuer Verfahren, bezogen auf die Anzahl ausscheidender Techniken, eine Rolle spielt — wird gezeigt, daß innovative Technologien, wegen der *Aneigenbarkeit* von entstehenden Kostenvorteilen, **früher** installiert werden als im Wettbewerbsfall. Die höhere Rate technologischer Veränderungen eines Monopols gilt aber nur für einen anfänglichen Zeitabschnitt der Entstehung eines Marktes und wird danach von der des kompetitiven Markt überholt.

Jensen [Je83] geht von zwei potentiellen Innovationen auf dem Markt aus, wobei die Unternehmung — die sich für die Übernahme einer Innovation entscheiden muß — nicht weiß, welche Innovation profitabler ist. Der dann einsetzende Suchprozeß hat zum Ziel, den Grad der Gewißheit bezüglich der Qualität der Innovationen, über schrittweises Lernen zu verbessern. Das geschieht im Modell durch wiederholte *Tests* und eine schrittweise Bayes'sche Verbesserung der Sicherheit, wobei Kenntnisse, die von einer Unternehmung erworben werden, geheim bleiben. Dabei benutzt die Unternehmung ein Suchverfahren mit einer optimalen Stoppregel, das die *wahren* Eigenschaften der beiden Innovationen möglichst schnell herausfinden soll (siehe auch das Modell von Mamer und McCardle in Abschnitt 2.3). Es wird gezeigt, daß bei vielen Unternehmungen (im Modell ein Kontinuum von Unternehmungen), die alle dieses Suchverfahren verwenden, eine *S*–förmige Diffusionskurve der *besseren* Innovation entsteht, die aber unabhängig von *Demonstrationseffekten* auf dem Markt ist.

Aus den Ergebnissen dieser Modelle kann man schlußfolgern, daß die Annahme *S*–förmiger Diffusions– und Adoptionskurven für neue Technologien zwar eine gültige Arbeitshypothese sind, diese aber nicht durch Kommunikation oder Verarbeitung globaler Marktinformationen durch die Unternehmungen erklärt werden müssen. Weiter legen diese Ergebnisse nahe, Innovations– und Diffusionsprozesse in einer entstehenden Industrie zu verstärken, indem in einer frühen Phase der Marktentstehung ein (möglicherweise staatlich abgesichertes) Monopol anbietet, und in einer späteren Phase *unbeschränkte* Konkurrenz zugelassen wird.

4 Konkurrenzprozesse im Grenzbereich der Innovation

Neben dynamischen Modellen, die Innovation, Wissenserwerb und Diffusion als ökonomisch *autonome* Konkurrenzprozesse abbilden, soll auch eine Bestandsaufnahme der thematisch angrenzenden Konkurrenzmodelle erfolgen. Der Innovationswettbewerb unterscheidet sich vom *klassischen* Wettbewerb im wesentlichen durch das Problem der Aneigenbarkeit technischer Informationen und der hervorragenden Rolle externer Effekte.

Der Nutzen der folgenden Abschnitte besteht in einer Einschätzung des Einflusses, den technischer Wandel auf die *klassischen* ökonomischen Variablen ausüben kann. Weiter erfolgt eine Vorauswahl ökonomischer Prozesse, die in einem neuen Konkurrenzmodell Verwendung finden (siehe das Modell in Teil II), das aus einer **technologischen** und einer, im engeren Sinne, **ökonomischen** Komponente besteht.

In den Abschnitten 2 und 3 wurde an mehreren Stellen auf die, dort durch technologischen Wandel bedingten, Marktein– und –austritte von Unternehmungen hingewiesen. Die Analyse solcher Strukturveränderungen des Marktes findet man aber hauptsächlich in Modellen, die Innovation nicht explizit berücksichtigen. Diese Modelle betreffen insbesondere die Produktvielfalt eines Marktes und damit zusammenhängende Formen des unvollständigen Wettbewerbs.

In Märkten mit differenzierten Produktpositionen ist ein typisches Problem der Unternehmung, Produkte im *Auffassungraum* der Konsumenten (optimal) zu positionieren oder auf Grund veränderter kompetitiver Bedingungen zu repositioniern. Schließlich zählen noch alternative Funktionen des Preises (*Qualitätssignale*) und Marktanteilsmodelle zu den nächsten Verwandten der technologischen Konkurrenz.

Die Unternehmung kann verschiedene Instrumente einsetzen, um dem — in seinen Konsequenzen oft ruinösen — klassischen Preis– und Mengenwettbewerb zu entgehen. Dafür werden aber andere Wettbewerbsformen erkauft, die i.A. auf eine komplexere Entscheidungssituation führen. Diese Konkurrenzprozesse werden in den verbleibenden Unterabschnitten anhand neuerer Modelle aus der Literatur diskutiert.

4.1   Produktvielfalt und unvollständiger Wettbewerb

In der Literatur findet man verschiedene Argumente, die eine Abnahme der Produktvielfalt auf effizienten Märkten postulieren. Neben älteren Lehrbuchmeinungen wie Hotellings Prinzip der *minimalen (Produkt-) Differentiation* werden solche Tendenzen auch bezüglich der *technologischen Vielfalt* von Gibbons und Metcalfe [GiMe86] vermutet; Standardisierung und die daraus folgende Minderung der Produktvielfalt tritt z.B. bei Technologiekonkurrenz mit externen Effekten auf (siehe Abschnitt 2.5).

Economides [Ec89] gibt in einem strategischen Gleichgewichtsmodell optimale Entscheidungen in drei klassischen, *nicht-innovationsgebundenen* Variablen der Unternehmung für einen Markt mit unvollkommenem Wettbewerb an. Der Markt wird als Spiel in drei logischen Stufen aufgefaßt, wobei die Stufen nach dem *Grad der Reversibilität* und der *Langfristigkeit* der anfallenden Entscheidungen abfolgen. In der ersten Stufe entscheidet eine Unternehmung, ob sie in einen Produktmarkt eintreten soll, in der zweiten Stufe entscheidet sie, welche Produktposition gewählt wird und in der dritten Stufe, welchen Preis sie für ihre Produkte fordert.

Der Produktraum enthält die Produktvarianten, die durch ein eindimensionales Kriterium unterschieden werden. Weiter wird der Produktraum als *ringförmig geschlossen* angenommen. Es kann ein Kontinuum von Produkten angeboten werden (d.h. beliebig feine Differentiation ist möglich), was besagt, daß es für jede Produktvariante Konsumenten gibt, die auf Grund ihrer Präferenzen genau diese Variante bevorzugen.

Im Produktraum benachbarte Produkte üben die jeweils größte Konkurrenzwirkung aufeinander aus. Jeder Konsument hat eine Nutzenfunktion, die die Abweichung eines Angebots von seiner bevorzugten Produktvariante im Produktraum quadratisch bestraft. Hat eine Unternehmung eine bestimmte Produktposition gewählt, so ist ihre Nachfragefunktion — unabhängig von der Präsenz eines direkten Konkurrenten im Produktraum — im Preis konkav. Zusammen mit der Annahme nichtfallender marginaler Kosten ist für das Preisspiel des Modells ein nichtkooperatives Gleichgewicht gesichert. Damit kann die *Rückwärtsrechnung* für ein *Teilspiel-perfektes* Gleichgewicht (eine Lösung von der letzten Spielstufe abwärts, die analog dem Optimalitätsprizip von Bellman die Lösung eines *verkürzten* Spiels als Teil einer Gesamtlösung liefert) erfolgen.

Auf die Wiedergabe des formalen Modells wollen wir verzichten und direkt zu dessen Ergebnissen übergehen. Das Preis-Teilspiel führt in Abhängigkeit von den marginalen Kosten einer durch die Unternehmung gewählten Produktvariante und dem Reservationspreis (den größten Preis, den ein Konsument für ein **differenziertes** Produkt zu zahlen bereit ist) zu drei möglichen Gleichgewichten. Diese sind

- ein kompetitives Gleichgewicht,

- ein *Übergangsgleichgewicht* und

- ein Gleichgewicht der *lokalen Monopole*.

Ein kompetitives Gleichgewicht bedeutet, daß alle Konsumententypen (auf dem Kontinuum des Produktraumes) durch ein Produktangebot *bedient* werden. Entsprechend bedeutet die Situation *lokales Monopol*, daß kein direkter Wettbewerb mit einem Konkurrenten stattfindet, und daß es folglich Abnehmer gibt, deren bevorzugtes Produkt zwischen den im Gleichgewicht existierenden Angeboten liegt — diese also auf jeglichen Konsum verzichten. Im Übergangsfall ist der *marginale Konsument* zwischen Kauf oder dem Verzicht auf Produkte des Marktes indifferent.

Im Gleichgewicht wird jedes angebotene Produkt von genau einer Unternehmung produziert. Weiter sind die gewählten Produkte im Produktraum äquidistant positioniert. Die gleichgewichtige Produktdiversität ist erheblich höher als eine die Überschüsse aller Unternehmungen maximierende Produktdiversität. Die Hinzunahme eines zusätzlichen Produktangebots erhöht den Konsumentennutzen nur für eine *ursprünglich* kleine Anzahl von Produkten (in dem Modell acht Produkte!).

In einem ähnlichen Modell zeigt Spulber (Spulber [Sp89]), daß *nicht-lineare Preissetzung* oder *Mengenrabatte* als Gleichgewichtslösung in Märkten mit unvollständigem Wettbewerb auftritt und zu einer Erhöhung der Produktvielfalt führt.

Diese Modelle zeigen die strategische Bedeutung des unvollkommenen Wettbewerbs und die dadurch implizierten Eintrittsbarrieren. Dabei ist weder *maximimale Differentiation* noch *minimale Differentiation* der Produkte optimal. Weiter befinden sich die Märkte im Gleichgewicht auch nicht in einer kollektiv oder individuell maximalen Profitsituation, sondern in einer optimalen Abwehrhaltung bezüglich neu eintretender Konkurrenz.

4.2 Produktpositionierung

In einem Markt mit unvollkommenem Wettbewerb ist Produkt(re)positionierung ein weiteres Instrument zur Erhöhung der Profiterwartung der Unternehmung. Geht man von einem mehrdimensionalen Raum der Produktvarianten aus, können (im Gegensatz zu den in Abschnitt 4.1 diskutierten Modellen) zwei *Bewegungen* der Unternehmung im Produktraum unterschieden werden. Die Absicht einer Produktbewegung ist, die Distanz zu Konkurrenten zu verändern, und die Absicht der zweiten Produktbewegung ist die Annäherung an einen — der Unternehmung bekannten oder unbekannten — *Idealpunkt* im Produktraum. Dieser Idealpunkt gibt eine Produktvariante an, die dem Nutzenmaximum des durchschnittlichen Konsumenten entspricht.

Bei zwei Unternehmungen mit verschiedenen Ausgangspositionen im Produktraum, die sich aber auf dem gleichen Nutzenniveau des durchschnittlichen Konsumenten befinden, besteht der *Kegel der rationalen Produktrepositionierung* aus den Richtungen zwischen direkter Annäherung zum Idealpunkt und der Richtung, die das Nutzenniveau gerade noch beibehält, die Distanz zu dem Konkurrenten aber vergrößert. Wenn sich beide Unternehmungen in Richtung des Idealpunktes bewegen, vermindert sich die Diversität ihres Angebots und die Konkurrenz wird verstärkt.

Carpenter [Car89] geht in seinem Modell von einer unimodalen Verteilung des durchschnittlichen Konsumentennutzen aus. In einem zweidimensionalen **Perzeptionsraum** der Konsumenten stehen zwei Produktvarianten (*brands*) zueinander im Wettbewerb, wobei gleiche Konsumentennutzen *kreisförmige* Höhenlinien um den Idealpunkt bilden, sodaß deren Wert mit zunehmender Distanz vom *Idealpunkt* abfällt. Die Unternehmen können in dem Modell die **Position** ihres Produktes im Perzeptionsraum, den Preis und die Werbungs- und Distributionsaufwendungen wählen. Somit wird Preiswettbewerb und Wettbewerb in Werbungs- und Distributionsausgaben separiert.

Das Modell führt auf ein Gleichgewicht mit **minimaler Produktdifferentiation** (siehe auch Abschnitt 4.1), wenn die Nachfrage nur durch geringe Kreuzpreiseffekte beeinflußt wird. In diesem Fall führt die Annäherung an den Idealpunkt für beide Produzenten weder zu fallenden Preisen noch zu fallenden Ausgaben für Werbung und Distribution. Folglich kompensiert der Wettbewerb der Werbungs- und Distributionsaufwendungen einige Effekte des Preiswettbewerbs.

Die Profite, die Preise und die Aufwendungen für Werbung und Distribution nehmen mit der Nähe der gewählten Produktposition zu der idealen Produktvariante und mit der Entfernung zum Konkurrenten zu. Sind die Kreuzpreiseffekte auf die Profite groß, besteht die *optimale* Repositionierung in der Vergrößerung der Unterschiede der beiden Produkte.

Dieses Modell zeigt, wie durch Modifikation einiger Annahmen bestimmte Resultate der Modelle aus Abschnitt 4.1 relativiert werden können. Der Übergang zu einem zweidimensionalen Raum der (Eigenschaften der) Produktvarianten und die Hinzunahme der Konkurrenz in Marketingausgaben führt auf Fälle, in denen ein hohes Maß direkter Konkurrenzbeeinflussung und folglich *minimale Produktdifferentiation* das optimale Verhalten angeben.

4.3 Marktanteilsmodelle

Wegen der leichten empirischen Verifizierbarkeit der Resultate ist das Interesse an Marktanteilsmodellen auch in theoretisch orientierten Arbeiten groß. Modelle zu fast allen kompetitiven ökonomischen Aktivitäten können in eine Marktanteilsformulierung überführt werden.

Ein allgemeines Verfahren zur Modellierung dynamischer Konkurrenz als (Markt–) Anteilsentwicklungen bietet sich durch den Einsatz der sog. *Replikatorgleichungen* an. In der Populationsbiologie werden diese zur Stabilitätsanalyse und Berechnung *gemischter* Verhaltensstrategien erfolgreich angewendet (siehe etwa Hofbauer und Sigmund [HoSi84]). Dieser Gleichungstyp läßt sich auf eine beliebige Anzahl von konkurrierenden Einheiten erweitern und kann durch Variantenbildung eine Vielzahl von Rückkopplungen berücksichtigen. Trotz dieser Vorzüge wurde die Replikatorgleichung in Marktanteilsmodellen nicht verwendet.

In diesem Abschnitt diskutieren wir zwei statische Marktanteilsmodelle aus der Literatur. Ein Modell leitet Gleichgewichtslösungen in Preisen sowie in mehreren Marketingaktivitäten pro Unternehmung auf einem oligopolistischen Markt ab (in der Tradition von Kotler [Ko65]), während das andere Modell den Wettbewerb von zwei Unternehmungen auf mehreren Produktmärkten modelliert.

Monahan [Mo87] bestimmt in einem **Marktanteils–Attraktionsmodell** mit zwei Unternehmungen, die auf n (voneinander unabhängigen) Produktmärkten konkurrieren, die diesen Märkten zugeordneten optimalen "Aufwendungen" der Unternehmungen. Diese Aufwendungen sind ihrer Natur nach nicht näher spezifiziert, es kann sich dabei etwa um Investitionen in Marketing- oder in F&E-Aktivitäten handeln. Dabei ist

- V_i das Nachfragevolumen des i-ten Marktes ($i = 1, \ldots, n$),

- x_i und y_i die Allokation von *Aufwendungen* auf dem i-ten Markt von Unternehmung X und Unternehmung Y,

- $S_i(x_i, y_i)$ und $V_i - S(x_i, y_i)$ der mit dem Marktvolumen gewichtete Marktanteil der Unternehmung X und von Unternehmung Y auf dem i-ten Markt,

- a_i und b_i die relative Effektivität der Aufwendungen von X und Y,

- β_i die *Attraktionselastizität* für die Aufwendungen; sie ist auf dem i-ten Markt für X und Y gleich.

Das Marktvolumen der Unternehmung ist eine einfache Funktion der normierten Aufwendungen

$$S_i(x_i, y_i) = \frac{V_i a_i x_i^{\beta_i}}{a_i x_i^{\beta_i} + b_i y_i^{\beta_i}}$$

und die *Attraktionselastizität* ist

$$\beta_i = \frac{d(a_i x_i^{\beta_i})}{dx_i} \frac{x_i}{a_i x_i^{\beta_i}}.$$

Für $0 \leq \beta \leq 1$ ist der Marktanteil konkav in x und für $\beta > 1$ S-förmig in x. Für das Modell wird $0 \leq \beta \leq 1$ angenommen. Unter zwei Budgetrestriktionen der Form

$$\left\{ \Omega_x = \{X | \sum_i x_i \leq B_X, \quad \text{mit} \quad x_i \geq 0 \right\} \qquad \text{für Spieler} \quad X$$

$$\left\{ \Omega_y = \{Y | \sum_i y_i \leq B_Y, \quad \text{mit} \quad y_i \geq 0 \right\} \qquad \text{für Spieler} \quad Y$$

maximieren beide Konkurrenten ihre Profite

$$\pi^X(X, Y) = \sum_i m_i^X S_i(x_i, y_i) \qquad \text{und} \qquad \pi^Y(X, Y) = \sum_i m_i^Y (V_i - S_i(x_i, y_i))$$

über alle Märkte i, mit den Lösungen X^* und Y^*:

$$\pi^X(X^*, Y^*) = \max_{X \in \Omega_x} \pi^X(X, Y^*) \geq \pi^X(X, Y^*)$$

und

$$\pi^Y(X^*, Y^*) = \max_{Y \in \Omega_y} \pi^Y(X^*, Y) \geq \pi^Y(X^*, Y).$$

Die Existenz dieser Lösungen ist auf Grund des Fixpunktsatzes von Kakutani[4] gesichert. Die Konstanten m_i^X und m_i^Y geben die Profitanteile ("*profit margins*") der beiden Unternehmungen auf den Märkten an.

Das Optimierungsproblem wird dadurch erweitert, daß die Budgets B_X und B_Y endogen bestimmt werden können, was wir im folgenden für Spieler X angeben:

$$\max_{x_i, B_x} \pi^X(X, Y^*) - B_X^\alpha \quad \text{und} \quad \sum_i x_i - B_X = 0, \quad \text{mit} \quad B_X \geq 0, x \geq 0, \alpha \geq 1,$$

wobei B_X^α etwa die Kosten für die Beschaffung des Budgets in der Höhe $\sum_i x_i$ oder Opportunitätskosten für B sind. Solche Kosten entstehen, wenn die Budgets nicht aus anderen Bereichen der Unternehmung zur Verfügung steht.

Das Hauptresultat des Modells ist die fallweise Angabe der *optimalen Veränderungsrichtung* der Aufwendungen bei Erhöhung des eigenen Marktanteils. Die optimale Veränderungsrichtung hängt von dem *kompetitiven Vorteil R*, gegeben durch

$$R_i = \frac{a_i}{b_i} \left(\frac{B_X}{B_Y} \right)^{\beta_i}$$

ab. Ist beispielsweise $R_i > 1$, hat die Unternehmung X im i-ten Markt einen *kompetitiven Vorteil*, und es ist für sie vorteilhaft, die Aufwendungen x_i zu reduzieren. Wenn die Budgets exogen gegeben sind, ist die relative Budgetgröße der entscheidende Einflußfaktor für die Wettbewerbsposition.

Die optimale Allokation (im Sinne des hier verwendeten Nash–Gleichgewichtes) ist eine unimodale und konkave Funktion in der *Attraktionselastizität* β für das Intervall $[0.2 \leq \beta \leq 0.8]$, mit einem Maximum innerhalb des Intervalls. Der Ort des Maximums wird durch die relative Budgetgröße bestimmt. Wenn eine Unternehmung größer ist, führt somit eine Erhöhung des kompetitiven Vorteils zu einer *Linksverschiebung* des Maximums der Aufwendungen in dem Markt.

Wenn die Budgets endogen bestimmt werden, werden bei linearen Kosten für die *Beschaffung* der Aufwendungen die relativen Profitanteile zur entscheidenden Determinante der Wettbewerbsposition ($R = (a_i/b_i)(m_i^X/m_i^Y)^{\beta_i}$ für Unternehmung X).

Karnani [Ka85] gibt ein strategisches Marktanteils- Attraktionsmodell von n Unternehmungen, mit m verschiedenen Marketingaktivitäten und den Preisen als Entscheidungsvariable der Unternehmung an. Im Gegensatz zum Modell von Carpenter in Abschnitt 4.2 handelt es sich hier um ein oligopolistisches Modell. Eine Unternehmung kann sich daher der *direkten* Konkurrenz nicht entziehen. Das Modell verwendet folgende Variablen:

- e_{ik} Aufwendungen der i–ten Unternehmung in der k–ten Marketingaktivität,

- p_i Preis des Produktes der i–ten Unternehmung,

---

[4]Ein Fixpunktsatz für *mengenwertige* Abbildungen, siehe Arrow und Intrilligator [ArIn86], Band I.

- y_i Absatzvolumen der i-ten Unternehmung (in Mengeneinheiten),

- a_i Konsumentenpräferenz für i-te Unternehmung,

- s_i Marktanteil der i-ten Unternehmung,

- R Gesamtmarktvolumen (in Geldeinheiten) und

- $\alpha, \theta, \epsilon_1, \ldots, \epsilon_m$ industriespezifische Parameter.

Der Marktanteil der i-ten Unternehmung ist durch den folgenden Ausdruck

$$s_i = \frac{a_i p_i^{-\alpha}(\prod_{k=1}^m e_{ik}^{\epsilon_k})}{\sum_{j=1}^n a_j p_j^{-\alpha}(\prod_{k=1}^m e_{jk}^{\epsilon_k})}, \qquad \text{mit} \quad \alpha > 0, \epsilon_k \geq 0$$

gegeben. Der Beitrag der Unternehmung setzt sich aus einem durch den Preis bestimmten Nachfragefaktor und einem (diskutablen) Faktor der Marketingaktivitäten zusammen. In dieser Formulierung ist die Unternehmung insbesondere gezwungen, alle Marketinginstrumente zu benutzen. Die Größe des Marktes R ist im Gegensatz zu Monahans Modell endogen bestimmt:

$$R = \left[\sum_{j=1}^n a_j p_j^{-\alpha}(\prod_{k=1}^m e_{jk}^{\epsilon_k})\right]^\theta, \qquad \text{mit} \quad 0 \leq \theta < 1,$$

wobei der Wertebereich von θ abnehmenden Grenznutzen der Konsumenten ausdrückt (bei $\theta = 1$ würde in diesem Modell auch jede kompetitive Interdependenz verschwinden).

Das Absatzvolumen der i-ten Unternehmung ist $y_i = s_i R/p_i$, und jede Unternehmung maximiert ihre Profite (hier Erlöse abzüglich Produktionskosten abzüglich Marketingaufwendungen):

$$\max_{p_i, e_{ik}} \quad V_i = p_i y_i - c_i y_i^\beta - \sum_{k=1}^m e_{ik}, \qquad \text{mit} \quad p_i, e_{ik} \geq 0,$$

wobei c_i die Einheitskosten und β die Skaleneffekte in der Produktion angeben.

Macht man ein paar übliche Annahmen zu den Preis- und Marketingelastizitäten, existiert für dieses Problem ein Nash-Gleichgewicht. Das Gleichgewicht muß aber nicht eindeutig sein.

Wenn (steigende) Skalenerträge vorhanden sind, d.h., wenn $\beta > 1$ gilt, können in den Reaktionsfunktionen Unstetigkeitstellen auftreten. Diese können dann weiter dazu führen, daß unter *Iteration kurzsichtig bester Reaktionen* keine Ausgangssituation der Entscheidungsvariablen zu einem Gleichgewicht konvergiert. Auf Grund dieser möglichen Instabilität aller Gleichgewichte[5] beschränkt sich Karnani auf eine *Partialanalyse* von Bedingungen, die unter simultaner Maximierung der Profite gelten müssen:

---

[5]Es kann auch der Fall eintreten, daß keine Punkt-Gleichgewichte oder überhaupt keine Gleichgewichte vorliegen.

- Auf dem Markt gibt es einen minimalen (positiven) Marktanteil, der als Funktion der Kosten und der Wettbewerbsstruktur gegeben ist.

- Es besteht ein positiver Zusammenhang zwischen Profitabilität und Größe des Marktanteils.

- Der Marketinganteil am Umsatz sinkt bei steigendem Marktanteil der Unternehmung.

Insgesamt deuten die Marktanteilsmodelle auf sich selbst verstärkende Effekte, die ab einem (Marktanteils–) Schwellenwert eintreten. Beide Modelle zeigen eine Abnahme von absoluten bzw. relativen *nicht direkt produktiven* Aufwendungen bei Zunahme der Marktmacht der Unternehmung. Einschränkend muß hier angemerkt werden, daß in diesen Modellen *direkt produktive* Ausgaben nicht explizit auftreten, und daß diese Resultate auch auf die *klassische* Preis–Nachfragewirkung zurückzuführen sind.

Insbesondere zeigt das Modell von Karnani, daß man schon bei statischen Modellen mit nichtstrukturierten Konkurrenzbeziehungen (bei Oligopolen) schnell auf Grenzen der *Lösbarkeit* spieltheoretischer Ansätze stößt.

4.4 Reputation und Preise

Wir beenden die Betrachtung von Konkurrenzmodellen, die technologischem Wettbewerb *benachbart* sind mit der Diskussion nichtklassischer Preiswirkungen. Wie im vorigen Abschnitt bemerkt, bestimmen die Annahmen zur Wirkung der Preissetzung auf die Nachfrage die Art der Gleichgewichtslösungen vieler Modelle. Ein dynamisches Duopolmodell der Unternehmung, das die wichtigsten Implikationen des klassischen Preiswettbewerbs unter *open–loop–* sowie *closed–loop–* Informationsbedingungen enthält, findet man bei Levine und Thépot [LeTh82]. Neben der Auswirkung verschiedener Kreuzpreiselastizitäten sind auch alternative Wirkungen der Preisvariation von Bedeutung.

Solche Preiswirkungen werden in einer Arbeit von Wolinsky [Wo83] untersucht. In dem Modell werden strategische Reaktionen von Produzenten und Konsumenten auf einem Markt mit unvollkommener Information dargestellt, in dem die Produktion eines Gutes auf beliebigen Qualitätsstufen möglich ist. Die Konsumenten ziehen hohe Qualität vor, die Produzenten haben durch die Herstellung höherer Qualität höhere Kosten. Die wahre Qualität des Produktes ist nur dem jeweiligen Hersteller bekannt.

Die Konsumenten können aber vor dem Erwerb des Produktes *kostenlose* Informationen über die Qualität des Produktes einholen. Dieses **Qualitätssignal** hängt zwar von der tatsächlichen Qualität des Produktes ab, es ist aber *gestört* und daher unzuverlässig. Das Modell unterscheidet zwei Typen von Akteuren, die jeweils in großer Zahl aufreten:

- *F* sind Unternehmungen, die eine bestimmte Qualitäts–Preis– Kombination anbieten.

- *I* sind Konsumenten, mit bestimmten Qualitäts–Preis– Erwatungen.

Weiter sind $Q = 1, 2, \ldots$ die verschiedenen *Qualitäten* eines Produktes.

Jede Unternehmung $i \in F$ kann eine Kombination des Preises und der Produktqualität ($p_i, q_i \in Q$) wählen. Die qualitätsabhängigen Produktionskosten sind $c(q)x - Z$, wobei x die produzierten Mengen und Z die Fixkosten bezeichnen. Jede Unternehmung maximiert ihre erwarteten Profite:

$$\Pi_i = (p_i - c(q_i))x_i - Z.$$

Die Konsumenten I teilen sich, nach ihrer Bereitschaft für Qualität zu zahlen, in m verschiedene Gruppen I_j auf, wobei für jede Gruppe eine Nutzenfunktion

$$u_j(q) - p, \qquad \text{mit} \quad u' > 0, \quad u(0) = 0, \qquad \text{mit} \quad j \in \{1, \ldots, m\}$$

gilt. Jeder Konsument plant den Kauf einer Einheit des Produktes auf Grund seiner Qualitäts–Preis–Erwartungen und der als bekannt vorausgesetzten Preise $P = \{p_1, p_2, \ldots, p_i, \ldots\}$ aller Unternehmungen. Dabei kann der Konsument die Unternehmungen in k diskreten Schritten *besuchen*.

Die *kostenlose* Information über die Qualität des jeweiligen Produktes unterliegt einer Wahrscheinlichkeitsverteilung, die von der tatsächlich produzierten Qualität und von weiteren Zufallseinflüssen abhängt. Dabei soll gewährleistet sein, daß die von einer Unternehmung tatsächlich angebotene Qualität auf Grund des kostenlosen Signals mit positiver Wahrscheinlichkeit festgestellt werden kann. Ein Konsument kann die Entscheidungen

- Eintritt,

- Kauf,

- Verlassen des Marktes oder

- kein Kauf und weitere Suche

treffen. Bei fortlaufender Suche werden dann diejenigen Unternehmungen *besucht*, die gerade den Preis fordern, mit dem der Konsument seine nutzenmaximierende Qualitätsstufe verbindet. Gelingt es einer Unternehmung nicht zu verkaufen, verschwindet sie vom Markt.

Jeder Suchschritt verursacht dem Konsumenten *kleine* Kosten in Höhe von k. Endet die Suche nach n Schritten mit *Kauf bei Unternehmung i*, so ist der Nutzen des Konsumenten durch folgenden Ausdruck gegeben:

$$u_i(q_i) - p - nk.$$

Dieser Term ist bei gegebenen Preisen P und den Erwartungen des Konsumenten bezüglich der Preis-Qualitätsverhältnisse zu maximieren. Eine Unternehmung wird bei stark *gestörten Signalen* versuchen, eine niedrigere Qualität anzubieten als diejenige, die den Konsumentenerwartungen entspricht. Dabei muß sie mögliche Verluste und Kosteneinsparungen abwägen. Die Verluste entstehen durch die sich verbessernde Information der Konsumenten (und die folglich unterlassenen Käufe).

Für diesen Prozeß werden *separierende Gleichgewichte* definiert, welche die erwartete Profitmaximierung der Unternehmungen und die erwartete Nutzenmaximierung der Konsumenten in Einklang bringen. Um diese Gleichgewichte zu ermöglichen, geht Wolinsky von Punkt–Erwartungen $q^e(p)$ der Konsumenten aus, die einem Preis genau eine Qualität zuordnen und die eine *eindeutige* Strategie der Suche der Konsumenten zulassen. Jeder Konsument besucht danach die Unternehmung, die für ihn — aufgrund der Erwartung $q^e(p)$ — das gewünschte Preis–Qualitätsverhältnis anbietet, und

- kauft das Produkt, oder

- sucht bei Auftreten einer Disparität zwischen *erwarteter* und *signalisierter* Qualität des Produktes weiter.

Unter der Bedingung, daß die Punkt–Erwartungen $p^e(q)$ auch Erfahrungen der Konsumenten mit Nicht–Gleichgewichtssituationen einschließen ("...sufficiently accurate common knowledge..."), stellt der Autor — bis zu einem bestimmten Ausmaß der Störung der Qualitätssignale — ein eindeutiges *Separationsgleichgewicht* mit den folgenden Eigenschaften fest:

- Der Preiszuschlag zu marginalen Kosten der Produktion einer Qualität (markup) nimmt mit zunehmender *Unvollkommmenheit* der Information zu.

- Wenn dieser Preiszuschlag hinreichend groß ist, überwiegt der Nachfrageverlust die eingesparten Produktionskosten und umgekehrt.

- Im Gleichgewicht sind die profitmaximierenden Qualitäten gerade diejenigen, die von den Preisen signalisiert werden (!).

Bei *vollkommen unzuverlässiger* Information der kostenlosen Qualitätssignale finden keine Verkäufe statt. In dieser Situation fordern die Unternehmungen zu hohe Preiszuschläge und überschreiten damit das Reservationspreisniveau der Konsumenten.

Die Tatsache, daß die Informationsbeschaffung über das Produkt keine anderen Kosten als diejenigen für den *Besuch* der Unternehmungen (nk) verursacht, ist für die Existenz dieser Gleichgewichte grundlegend: Denn im Gleichgewicht ist diese Information für den Konsumenten wertlos, da die Preise die *wahre* Produktqualität offenbaren. Folglich würde im Gleichgewicht kein Konsument diese Informationen einholen, solange diese mit Kosten verbunden wären. Die Unternehmungen würden unter diesen Bedingungen ihrerseits niemals die Qualität produzieren, die den Preisen entspricht. Somit könnte das Gleichgewicht nicht existieren.

Im Gegensatz zu gängigen kompetitiven Preisabsatzfunktionen führt bei diesen unvollkommenen Märkten und dem dargestellten Gleichgewichtskonzept ein geringerer

Preis nicht zu erhöhter Nachfrage, da dieser eine geringere Produktqualität signalisiert. Da der Konsument die Qualität des gekauften Produktes maximieren will und auf Grund eines von ihm unterstellten Reputationsmechanismus Preise (per Annahme) mit Qualitäten identifiziert werden, war es die Aufgabe des Modells, zu zeigen, daß die Unternehmungen diese Erwartungen der Konsumenten nicht mit für sie (vordergründig) kostensparenden Qualitäten unterlaufen.

Diskrete *Sprünge* in der Qualität sind in dem Modell allerdings notwendig, da sich *genügend kleine* Qualitätsreduktionen im Nutzeneffekt geringer als Suchkosten auswirken können, und damit die *Drohung des Konsumenten* weiter zu suchen unglaubwürdig wird.

5 Evolutionäre Aspekte der Innovation und Imitation

Wir gehen zur Diskussion von Modellen des technologischen Wandels und der technologischen Konkurrenz über, die dynamische Eigenschaften *großer* Märkte in den Vordergrund stellen. Das strategische Optimierungsziel tritt hier in seiner Bedeutung im Vergleich zu den Modellen aus Abschnitt 2 zurück. Der Ausdruck *evolutionär* bezieht sich im technischen Sinne auf die potentielle Fähigkeit der Modelle **Entwicklungen** aufzuzeigen und wird — übergreifend — für deterministische, stochastische, kontrollierte oder autonome, synchrone und ereignisorientierte dynamische Systeme benutzt.

In der ökonomischen Modellbildung wird der Begriff in Abgrenzung zu den optimierenden (aber oft statischen) Marktmodellen gebraucht. Das Hauptmerkmal des evolutionären Denkansatzes in der ökonomischen Theorie liegt in der Annahme, daß es nicht möglich ist, *konsistente* Realitätsausschnitte aus dem ökonomischen Prozeß zu abstrahieren, die von den restlichen ökonomischen Einflußfaktoren unabhängig genug sind, um auf sie bezogene Konzepte des rationalen Verhaltens zu definieren und mit Erfolg anzuwenden.

In den vorigen Abschnitten konnte anhand der Gegenüberstellung verschiedener verwandter Modelle wiederholt gezeigt werden, daß es nicht gelingt, eine Repräsentationsform der technologischen Konkurrenz zu finden, die auf verschiedenen Aggregationsstufen des Problems konsistent bleibt. Weiter finden sich oft gleich plausible Modifikationen der Annahmen eines Modells, die zumindestens einige der Resultate des urprünglichen Modells umkehren. Solche Beobachtungen führen bei vielen Vertretern des evolutionären Modellierungsansatzes auf die Ablehnung des langfristig zielgerichteten Verhaltens der ökonomischen Akteure als gültige Modellierungshypothese. An dessen Stelle treten meist Aussagen, die sich auf Eigenschaften stochastischer Modelle gründen. Die *Stochastifizierung* wird mit dem Ziel vorgenommen, die Vielfalt technisch–ökonomischer Entwicklungen zumindestens in ihren durchschnittlichen Eigenschaften zu beschreiben. Die in diesen Modellen den Akteuren unterstellten Verhaltensmodelle sind im Kern aber ebensowenig allgemein und meistens weniger *verfeinerbar* als die elaborierten spieltheoretischen Modelle.

5.1   Evolutionäre Erfolge von Unternehmungen und Technologien

Das Simulationsmodell von Nelson und Winter [NeWiSc76] hat in mikro– und makroorientierten Bereichen ökonomischer Modellbildung einiges Aufsehen erregt. Ein wesenlicher Grund dafür ist, daß dieses Modell als eine gelungene Formulierung des *Schumperter'schen Wettbewerbs* angesehen wird (siehe etwa Stoneman [Sto83]), in dem das innovative Potential und die erstaunliche Anpassungsfähigkeit bestimmter Formen kapitalistischen Unternehmertums als primäres Erfolgskriterium — im Gegensatz zur Betonung des rational optimierenden Verhaltens in den Gleichgewichtstheorien — aufgefaßt wird.

Das Simulationsmodell von Nelson und Winter bildet den zeitlichen Produktions–Investitionsablauf vieler Marktteilnehmer ab. Nach der Maßgabe **Erfolg führt zu weiterem Erfolg** kann ein Teil der Profite als F&E–Aufwendungen für die Suche nach effizienteren Technologien verwendet werden. Weiter ist die Höhe dieser F&E–Aufwendungen proportional zu der Größe der Unternehmung. Die Innovationserfolge sind mit den Aufwendungen positiv korreliert. Die Gesamtinvestitionen unterliegen jedoch einer Kreditbeschränkung. Die Preise sind markträumend und es wird bei voller Kapazitätsauslastung produziert. Das in den meisten Ausprägungen konventionell erscheinende Modell wurde benutzt, um zu zeigen, daß sich eine Ausgangskonfiguration vieler gleichgroßer Unternehmungen, im Zeitablauf auf eine konzentrierte oligopolistische Marktstruktur zubewegt. Die resultierenden Größenverteilungen der Unternehmungen stimmen — so die Autoren — mit in der Empirie vorfindbaren Verteilungen gut überein. Da Markteintritte in dem Modell nicht zugelassen sind und auch keine Imitation stattfindet, gibt das Modell ein Bedingungssystem an, wodurch auf große Innovationsmöglichkeiten Marktkonzentration folgt (siehe auch das Modell von Jovanovic und Lach aus Abschnitt 3.2 im dem umgekehrt — nämlich von der Marktform auf den Verlauf und die Intensität des Einsatzes neuer Technologien geschlossen wird).

Ein *evolutionärer* Ansatz in der Tradition von Nelson und Winter ist das dynamische Modell des technischen Wandels von Montaño und Ebeling [MoEb80]. In diesem Modell wird der technische Wandel nicht primär aus Sicht einer einzelnen Unternehmung modelliert; dafür stehen globale Aspekte wie Imitation neuer Technologien im Vordergrund. Ein Markov-Prozeß, der auf einem abzählbaren Raum von Technologien definiert ist, ergibt dabei das Übergangssystem für die Entstehung und Diffusion neuer Technologien. Diese Technologien treten durch die *Produktionskapazität je Werk* (plant) oder je Unternehmung in Erscheinung.

Die Diagonalelemente der Übergangsmatrix des dynamischen Prozesses geben der Reproduktionsrate der jeweiligen Technologien an. Die Nichtdiagonalelemente stehen für die *Mutationsrate* von einer Technologie i zu einer Technologie j. Hierbei wird *Bidirektionalität* der Übergänge angenommen. Die *Richtung* des technischen Wandels ist nicht a priori eingeschränkt.

Die Wahrscheinlichkeit dafür, daß sich die Anzahl von Unternehmungen, die eine Technologie verwenden um eine weitere Unternehmung erhöht (d.h. die Rate der Selbstreproduktion einer Technologie) ist proportional zu der Anzahl der Unternehmungen, die diese Technologie schon benutzen (siehe auch das Modell von Arthur

[Ar89] aus Abschnitt 3.1). Weiterhin unterliegt *jede* Technologie einer *Fehlwahrscheinlichkeit*, die exogen vorgegeben ist. Es besteht schließlich die Möglichkeit, daß bestimmte Technologien imitiert werden, was wiederum abhängig von der Investitionsrate der Unternehmungen ist, die diese Technologie verwenden.

Ein wichtiger Einflußfaktor für die Suche nach neuen Technologien ist für die jeweilige Unternehmung die **technologische Distanz** der aktuellen Technologie zu Technologien die (möglicherweise) übernommen werden sollen. Die Suche nach technischen Alternativen findet **lokal** statt. Daher nimmt die Übergangswahrscheinlichkeit einer erfolgreichen technischen Übernahme mit zunehmender Distanz zweier Technologien stark ab. Bei großen Unternehmenserfolgen nimmt hingegen die Neigung zur weiteren Suche nach neuen Technologien — für jeden Suchhorizont — ab (*satisficing*).

Der Zustand der Industrie ist durch die (ganze) Zahl $N_i(t)$ gegeben, die die Anzahl der Produktionseinheiten (*plants*) angibt, die die Technologie i zum Zeitpunkt t verwenden. In Anlehnung an ein Modell von Glushkov und Pshenichnyi [GlPs77] gehen die Autoren von einer deterministischen Übergangsgleichung aus:

$$\frac{d}{dt}N_i = -(1-\gamma_i)N_i(t) + \sum_j A_{ij}\lambda_j(t)u_j(t)N_j(t), \qquad \text{mit} \quad N_i(0) \geq 0$$

mit $0 \leq \lambda_j(t) \leq 1$ und $0 \leq u_j(t) \leq 1$ Entscheidungsvariablen der Unternehmungen (oder der Industrien). Wie schon eingangs bemerkt, geben die Diagonalelemente a_{ii} der Matrix A die *Rate der Selbstreproduktion* einer Technologie und die Nichtdiagonalelemente $a_{ij}, i \neq j$, die *Rate der Mutation* von Technologie j zu Technologie i an.

Um einen stochastischen Prozeß zu definieren, der Imitation und Innovation berücksichtigt, werden folgende vier Übergänge definiert:

1. Die Wahrscheinlichkeit für die Selbstreproduktion einer Technologie i

$$W(N_i + 1|N_i) = A_i N_i, \quad \text{mit} \quad A_i > 0,$$

einem Produktionskoeffizienten.

2. Die Wahrscheinlichkeit für das Versagen einer Technologie i

$$W(N_i - 1|N_i) = D_i N_i, \quad \text{mit} \quad 0 < D_i < 1, \text{ einer Defektrate.}$$

3. Die Wahrscheinlichkeit für die Imitation der Technologie i von einer ökonomischen Einheit (etwa Unternehmung), die bisher die Technologie j verwendete

$$W(N_i + 1, N_j - 1|N_i, N_j) = (IM)A_i N_j(N_i/N),$$

mit $(IM) > 0$, einem Skalierungsfaktor.

4. Die Mutation, d.h., die Suche nach einer neuen Technologie durch F&E–Ausgaben ist dadurch dargestellt, daß sich die Produktionskapazitäten einer

Technologie j um eine Einheit erhöhen, wenn sich *technologisch benachbarte* Einheiten (Unternehmungen) um eine Einheit erhöhen. Ausgedrückt als Übergangswahrscheinlichkeit erhält man

$$W(N_i + 1, N_j + 1 | N_i, N_j) = A_{ij}\lambda_j(t)u_j(t)N_j, \quad \text{mit } i \neq j.$$

Damit dieser Effekt mit zunehmender *Distanz der Technologien* genügend schnell abklingt, werden die für die Mutation zuständigen Elemente A_{ij} in Abhängigkeit von der technologischen Distanz $d(i,j)$ angegeben. Diese technologische Distanz ist eine nicht näher spezifizierte monotone und positive Funktion von Produktionskoeffizienten A_i und A_j. Es wird ein *Schwellenwert* $d_{crit} > 0$ verwendet, der die **maximale technologische Distanz** angibt, in deren Reichweite eine technologische Beeinflussung erfolgen kann. Die Übergangswahrscheinlichkeiten für die lokale technologische Suche sind

$$A_{ij} = \begin{cases} (IN)(d_{crit} - d(i,j)A_j & \text{wenn} \quad d(i,j) \leq d_{crit} \quad \text{und} \quad A_j \leq A_{crit} \\ 0 & \text{wenn} \quad d(i,j) > d_{crit} \quad \text{oder} \quad A_j > A_{crit} \end{cases}$$

Der Schwellenwert A_{crit}, mit $0 < A_{crit} < 1$, gibt eine *Stufe der Produktivität* der Technologie j an, ab der die Unternehmung j keine weitere technologische Suche durchführt (*satisficing*).

Eine differenzierbare Alternative zu den oberen Mutationsraten A_{ij} ist

$$\overline{A}_{ij} = (IN)A_j q_{ij},$$

mit

$$q_{ij} = (IN)\left\{ \frac{d_{crit}}{1 + d(i,j)/d_{crit}} \right\}\left\{ \frac{1}{1 + (A_j/d_{crit})^2} \right\},$$

einer endogenen F&E–Politikfunktion. Der Parameter $(IN) > 0$ ist wie (IM) ein Skalierungsfaktor und steht für die "Leichtigkeit der Innovation".

Die Verteilungsfunktion $p(N_1, N_2, \ldots N_i, \ldots; t)$ gibt die Wahrscheinlichkeit für die möglichen Industriestrukturen, d.h., die Verwendung der Technologien in der Industrie und in der Zeit, an. Für die zeitliche Entwicklung dieser Verteilung gilt folgende stochastische Differentialgleichung:

$$\begin{aligned} p_t = f(p, p_{\Delta N}) &\equiv \frac{\partial}{\partial t} p(N_1, N_2, \ldots N_i, \ldots; t) = \sum_i \Big\{ A_i(N_i - 1)p(N_1, \ldots, N_i - 1, \ldots) \\ &+ D_i(N_i - 1)p(N_1, \ldots, N_i + 1, \ldots) - (A_i - D_i)p(N_1, \ldots, N_i, \ldots) \Big\} \\ &+ \sum_{ij} \Big\{ (IM/N)A_i(N_i - 1)(N_j + 1)p(N_1, \ldots N_i - 1, \ldots, N_j + 1, \ldots) \\ &- (IM/N)A_i N_i N_j p(N_1, \ldots N_i, \ldots N_j, \ldots) \Big\} \end{aligned}$$

$$+ \sum_i \left\{ A_{ij}(N_j + 1)p(N_1, \ldots N_i - 1, \ldots, N_j + 1, \ldots) \right.$$

$$\left. - A_{ij}N_i p(N_1, \ldots N_i, \ldots, N_j, \ldots) \right\}.$$

Für diesen Prozeß ist das *durchschnittliche* Verhalten als lineare Differentialgleichung in $\hat{N}(t) = \sum_k N_k p(N_1, \ldots N_k, \ldots; t)$ gegeben:

$$\frac{d}{dt}\hat{N}_k(t) = (A_k - D_k)\hat{N}_k(t) + (IM)(A_k - <A>)\hat{N}_k + \sum_i (A_i\hat{N}_i - A_{ik}\hat{N}_k)$$

mit dem *sozialen technologischen Durchschnitt* $<A> = \sum_i A_i\hat{N}_i/\hat{N}$.

Die Resultate dieses Modellansatzes bestätigen die Intuition insoweit, als der Erfolg der Technologie k mit ihrer *Produktivität* A_k einhergeht. Abweichungen der Technologie vom sozialen Durchschnitt können durch den Übergang zu erhöhten F&E–Ausgaben, bzw. zu mehr Imitation, kompensiert werden. Für *leistungsschwache* Unternehmungen ist die beste Strategie Imitation.

Dieser Modellansatz steht in starker Analogie zu Modellen biologischer Evolutionsprozesse. Neben Eigenschaften wie *Selbstreproduktion, Fehleranfälligkeit* und *Mutation* (technischer Wandel) tritt hier auch die Möglichkeit auf, erfolgreiche Technologien *bewußt* zu imitieren. Aus unserer Sicht ist diese Analogie nur unter Vorbehalten zulässig: Der Entwicklungspfad einer Unternehmung gleicht in seinen möglichen Ausprägungen keinesfalls einem genetisch programmierten Prozeß, dem die meisten Veränderungen biologischer Organismen unterliegen. Insbesondere sind die Wachstumsmöglichkeiten der einzelnen Unternehmungen stark durch institutionelle Bedingungen und die Art der Konkurrenzbeziehungen zu anderen Unternehmungen bestimmt und daher für wirkungsvolle Selektionsmechanismen *zu anpassungsfähig.* Das legt es nahe, anstatt Unternehmungen als Individuen in ökonomischen Evolutionsprozessen, Produkte, Technologien und Strategien zu verwenden.

Typisch für ökonomische sowie biologische Systeme ist hingegen, daß die Anzahl der "zulässigen" Ausprägungen, die Individuen (Unternehmungen, Produkte, Organismen) annehmen können, bei weitem die Anzahl der Individuen übertrifft, die jemals gleichzeitig oder in beobachtbaren Zeiträumen existieren können (siehe Schuster [Sch86]). Daraus folgt, daß die Angabe der globalen Eigenschaften (Entwicklungsmöglichkeiten) aus der Bewertung der Outputs einer praktikablen Simulation eines solchen Modelltyps nicht möglich ist. Falls *deduktive* Resultate existieren, sind diese wegen ihrer Allgemeinheit meist nicht *verwertbar*, und / oder offenbaren (im Sinne der Übereinstimmung mit der Intuition) eher *triviale* Aspekte der Evolutionsprozesse (siehe auch das Modell von Montaño und Ebeling).

Ein neuerer Ansatz der Modellierung von Innovationskonkurrenz unter Anwendung evolutionärer Elemente **und** strategischer Optimierung ist das Modell von Hopp [Ho87]. In diesem Modell versucht eine Gruppe konkurrierender Unternehmungen das Patent für die Entwicklung eines bekannten technischen *Zwischenresultats* zu gewinnen. Nach erfolgreichen Innovationen werden Nachfolgeinnovationen zugelassen. Dieses Modell läuft folglich über mehrere Stufen, wobei eine Stufe aber nicht mit einem konstanten Zeitintervall zu identifizieren ist, sondern den Erfolg einer, in der Zeitdauer unbestimmten, F&E–Investition angibt. Folglich ist jede Unternehmung pro Erfolgsstufe entweder im Zustand **Gewinner** oder **Verlierer**. Weiter ist die Unternehmung nur dann Gewinner, wenn sie die Innovation als erste erringt.

Ausgehend von dem Zeitpunkt des letzten Erfolges tritt der nächste Erfolg nach einem zufälligen Zeitabschnitt ein. Die Länge dieses Zeitabschnittes ist eine exponentielle Zufallsvariable (etwa e^{-h}), deren Parameter $h(x)$ von der Höhe der F&E–Ausgaben x abhängt. Es wird nur (qualitativ) festgelegt, daß h eine positive S–förmige Funktion, mit $h(0) = 0$, ist. Diese Eigenschaften gelten unabhängig davon, ob eine Unternehmung aktuell *Gewinner* oder *Verlierer* ist. Der Unterschied der beiden Zustände G und V besteht darin, daß ein Gewinner größere Chancen einer Nachfolgeinnovation besitzt. Es gilt daher $h^G(x) = h(x) + s(x)$, mit $s \geq 0$ und $h^V(x) = h(x)$.

Die Wahrscheinlichkeit in der nächsten Stufe Erfolg zu haben erhöht sich, wenn sich die eigene Erfolgserwartung bezogen auf die Erfolgserwartung der Konkurrenten erhöht. Dieses ist eine ähnliche Annahme wie bei Nelson und Winter (siehe auch die Diskussion in diesem Abschnitt).

Eine Unternehmung kann auf der k–ten Zeitstufe eine Investitionspolitik x_k^i aus $[x_k^G, x_k^V]$ *wählen*, die davon abhängt, ob sie auf der Vorstufe $k - 1$ Gewinner oder Verlierer war. Die Profitfunktion V der l-ten Unternehmung ist für N Erfolgsstufen (die sich nicht zwingend auf Erfolge dieser Unternehmung beziehen) durch

$$
V^l(x, N) = \sum_{j=1}^{N} \left\{ \prod_{k=0}^{j-1} \begin{bmatrix} \dfrac{h_k^G(x_k^G)}{a_k^G + h_k^G(x_k^G) + r} & \dfrac{a_k^G}{a_k^G + h_k^G(x_k^G) + r} \\[2ex] \dfrac{h_k^V(x_k^V)}{a_k^V + h_k^V(x_k^V) + r} & \dfrac{a_k^V}{a_k^V + h_k^V(x_k^V) + r} \end{bmatrix} \right\} \times \left\{ \begin{bmatrix} w_j \\[1ex] 0 \end{bmatrix} - \begin{bmatrix} x_j^G \\[1ex] x_j^V \end{bmatrix} \right\}
$$

gegeben, mit $a_k^i = a_k^{il} = \sum_{s \neq l} h_k^{is}(x_k^{is})$, und $i \in \{G, V\}$. Der Vektor $W = (w_k, 0)$ gibt den erwarteten und mit r abdiskontierten Nettoerlös an.

Wenn Unternehmung l in Stufe k Gewinner ist, dann erhält sie einen Profit von $w_k - x$ und wenn sie Verlierer ist, dann entstehen ihr die Kosten x.

In der Periode 0 wird dieser inhomogene Markov-Prozeß mit der Einheitsmatrix gestartet. Im Zeitablauf entsteht eine (von der Einheitsmatrix unterschiedliche) Markov-Matrix, die die Übergangswahrscheinlichkeiten für den Erfolg als aktueller Gewinner und den Erfolg als aktueller Verlierer in der nächsten Stufe angibt.

Das F&E-Investitionsproblem wird nicht in der angegebenen Allgemeinheit gelöst. Vielmehr werden die Koeffizienten $a_k^{il} \geq 0$ als gegeben angenommen. Eine Beschränkung $a_k^i \leq \hat{a}$ garantiert, daß jeder Konkurrent der Unternehmung bis zum Erreichen eines Innovationserfolges auf Stufe k eine positive Zeitdauer benötigt.

Die Profitfunktion V ist eine Wertfunktion im Sinne der dynamischen Programmierung. Wegen der Differenzierbarkeit und Unimodalität von V in x, und weil $x \geq 0$ und nach oben nicht beschränkt ist, sind die notwendigen und hinreichenden Bedingungen für einen profitmaximierenden Investitionsvektor $x^* = \{x_0^*, x_1^*, \ldots, x_N^*\}$ durch

$$\left(\frac{d}{dx_k^i}\right)\frac{h_k^i\left[(a_k^i+r)\mathcal{V}_{k+1}^G(N)-a_k^i\mathcal{V}_{k+1}^V(N)\right]}{(a_k^i+h_k^i+r)^2}=1$$

und

$$\left(\frac{d^2}{d(x_k^i)^2}\right)\left((a_k^i+h_k^i+r)-2(\frac{d}{dx_k^i})h_k^i\right)^2<0$$

gegeben[6]. Im Fall endlich vieler Stufen kann das Problem durch Rückwertsiteration gelöst werden. Auch für unendlich viele (oder eine unbestimmte) Anzahl von Stufen genügt es, in Entscheidungsproblemen des Markov–Typs die *ersten* Stufen zu lösen. Dieses Vorgehen wird durch die Existenz sogenannter *Prognosehorizonte* ermöglicht. Diese Resultate gelten für **kontrahierende Prozesse** (siehe Hopp [Ho89]) des hier verwendeten Typs und besagen, daß es einen Planungshorizont $K>0$ gibt, für den gilt, daß alle Informationen, die über mehr als K Stufen des Planungsproblems hinaus gehen, keinen, oder, im formalen Sinne präzisierbar, nur sehr kleinen Effekt auf die optimalen Entscheidungen x_k^*, für $k<K$, haben. Eine Sensitivitätsanalyse des endlichen Problems liefert danach auch für ein Problem mit beliebigem Planungshorizont gültige Aussagen.

Im Fall eines Oligopols mit n identischen Unternehmungen sind die Konkurrenzkoeffizienten a_k^i Funktionen der Erfolgsparameter der Verlierer mit $a_k^G=(n_k-1)h_k^V(x_k^{V*})$ und $a_k^V=(n_k-2)h_k^V(x_k^{V*})$, mit x^* den Nash–Gleichgewichtsaufwendungen (es gibt pro Stufe nur einen Gewinner). Die Lösung des dynamischen Planungsproblems im vorher angedeuteten Sinne ist dann auch die Lösung eines nicht–kooperativen Gleichgewichts.

Eine Sensitivitätsanalyse des endlichen Problems ergibt, daß *freier Eintritt* zu übermäßigem Wettbewerb und zu einer Überinvestition bei Gewinnern und Verlierern auf jeder Innovationsstufe führt. Trotzdem nehmen die Investitionen in F&E mit zunehmendem Konkurrenzdruck ab. Bei *großer* Wahrscheinlichkeit, daß ein Gewinner in der nächsten Stufe wieder Gewinner ist, nehmen seine F&E–Ausgaben jedoch auch bei zunehmender Konkurrenz zu. Weiter kommt es bei verkürzter Patentlaufzeit (was indirekt in kleineren Erlösen w ausgedrückt ist) zu Unterinvestition der Gewinner. Das führt zu der Schlußfolgerung, das zur Kompensation dieser unerwünschten Effekte eine *Reduktion* der Patentlaufzeit und gleichzeitig Subventionen für *mehrere aufeinander folgende Patente* notwendig sind.

5.2 Evolutionäre ökonomische und technische Entwicklungen

Neben der Modellbildung des Innovationsprozesses wird in den Arbeiten von Nelson und Winter [NeWi82] eine *philosophisch–psychologische* Theorie entwickelt, die sich auf "negative" Resultate wie die *praktischen Undurchführbarkeit* und die *evolutionären Nachteile* einiger Analyse– und Steuerungsaktivitäten der Unternehmung konzentriert. Zu diesen Aktivitäten gehören:

---

[6]nach einigen zusätzlichen technischen Annahmen zu h_k^i.

- Die (erschöpfende) Formalisierung vorfindbarer Prozesse von Konkurrenz und Innovation,

- Die (erschöpfende) Formalisierung vorfindbarer ökonomischer Verhaltensweisen und

- Die global–optimale Auswahl einer (Innovations–) Strategie.

Formalisierung schließt hier auch die (erschöpfende) Suche und Klassifikation der relevanten Daten und die korrekte Angabe *temporär* geltender Modelle ein. Eine ähnliche Disskusion zu *Formalisierung natürlicher Fähigkeiten* im Bereich der Perspektiven künstlicher Intelligenz findet man schon in den ersten Anfängen, siehe dazu etwa Rota [Ro86]. Auch im Bereich der ökonomischen Theorie kehren solche "Unmöglichkeitsargumente" periodisch wieder. Diese stützen sich zum Teil auf die Auswirkung *irreversibler technologischer Entwicklungen* (siehe dazu etwa Georgescu–Roegen [Ge71] und die aus der Arbeit von Arthur in Abschnitt 3.1 verwendeten Argumente).

Vielen Innovationen folgt ein starker Strukturwandel der Märkte mit nur unvollständig determinierter Ausprägung. *Deduktiv–allgemeine* Modellbildung des ökonomischen Technologie-Konkurrenzprozesses wird deshalb — wenn auch nur auf eine Abstraktionsstufe beschränkt — nicht möglich sein.

6   Nichtklassischer Wettbewerb von Innovatoren

Nichtklassische Formen des technologischen Wettbewerbs beziehen sich auf strukturierte Konkurrenzbeziehungen, auf Maßnahmen der Unternehmung die *direkte* Konfrontation mit den potentiellen Konkurrenten zu umgehen, sowie auf die **Absicht**, das ökonomische und speziell das *strategische* Risiko von Investitionen in F&E zu vermindern. Im allgemeinen wird dadurch aber nur die *klassische* (d.h., direkte, symmetrische und nichtkooperative) Spielsituation durch eine neue, in ihrem Potential an Unsicherheit weniger gut zu durchschauende strategische Situation ersetzt. Diese neue strategische Situation enthält dann oftmals Elemente eines kooperativen Spiels.

Die Veränderung der Regeln und der Auszahlungsstruktur des *klassischen* Innovationsspiels geht in Richtung einer temporären Verschiebung oder Aufhebung antagonistischer Elemente. Das Gelingen dieser *vorkompetitiven Kooperation* ist aber selbst wieder ein, dem "offiziellen" Wettbewerb vorgeschaltetes Spiel, meist vom Typ *Gefangennendilemma* (für *implizit kollusive* Lösungen dieses Spieltyps siehe z.B. Axelrod [Ax84]). In vielen Fällen einer solchen bedingten Zusammenarbeit besteht die Chance, daß eine Unternehmung, aus der mit dieser Situation verbundenen Informationsoffenlegung *einseitigen Nutzen* zieht (Man findet in der Praxis Beispiele für größere, nicht nur zur Nutzung gemeinsamer F&E-Ergebnisse intendierte Kapitalbeteiligungen, die kurzfristig wieder rückgängig gemacht wurden).

6.1 Vorkompetitive Kooperation und Joint Ventures

Unterstellt man konkurrierenden Unternehmungen, daß sie beständig nach Möglichkeiten suchen, das Risiko der technologischen Konkurrenz — zumindest für erste Stufen des Innovationsprozesses — zu umgehen, bietet sich die vorkompetitive Kooperation (*research joint venture*) an. Auf den ersten Blick bietet diese Form der zeitweisen Kooperation erhebliche Vorteile in bezug auf Erfolgs- und Profiterwartungen aller Konkurrenten, sowie einige Nachteile durch den erforderlichen Koordinationsaufwand. In einem Modell mit zwei (logischen) Innovationsstufen liefern Grossman und Shapiro [GrSh87] Argumente für einen strategisch motivierten Verzicht auf solche Kooperationsformen. Damit können sie zur Erklärung einer — im Vergleich zu ihren *naiven* Erfolgserwartungen — nur mäßig verbreiteten Kooperationsform beitragen.

In ihrem Duopolmodell mit zwei Innovationsstufen wird, ohne die Möglichkeit zur Kooperation, für beide Unternehmungen folgendes strategische Gleichgewicht im F&E–Ausgabeverhalten abgeleitet: Vor dem ersten Innovationserfolg (z.B. einer technischen Vorstufe des gewünschten Endproduktes) wenden beide Unternehmungen *gleichviel und in moderater Höhe* für F&E auf. Tritt der erste Innovationserfolg auf (im Regelfall nicht bei beiden Unternehmungen gleichzeitig), so erhöht die erfolgreiche Unternehmung ihre gleichgewichtigen F&E–Ausgaben auf ein intermediäres Niveau, während die erfolglose Unternehmung ihre F&E–Ausgaben auf ein *niedriges* Niveau absenkt. Erreicht die anfangs erfolglose Unternehmung schließlich die erste Stufe vor dem endgültigen Durchbruch der ersten Unternehmung (2–te Stufe des Spiels), so steigen die gleichgewichtigen F&E–Ausgaben beider Unternehmungen auf das *maximale* Niveau. Wird der erste Innovationserfolg von der zweiten Unternehmung jedoch nicht vor dem endgültigen technischen Durchbruch erreicht, verbleiben beide Unternehmungen auf dem *intermediären* bzw. auf dem *niedrigen* Ausgabenniveau.

Im Fall eines, die erste Stufe des Innovationsprozesses betreffenden, *joint ventures* tritt nach dem ersten Innovationserfolg die kostspielige *maximale* F&E–Konkurrenz ein. Diese Situation kann die Profiterwartungen im Vergleich zu den zwei möglichen Entwicklungen in der *vollständig* nichtkooperatien Konkurrenzsituation verringern. (es sei darauf hingewiesen, daß die *sozial* oftmals erwünschte Minimierung der Gesamtinnovationszeit bei diesen Profiterwartungen keine Rolle spielt).

6.2 Andere Kooperationsformen und technologische Aufkäufe

Um die **globale** Konkurrenzfähigkeit sowie die Marktmacht zu erhöhen, können sich Unternehmungen, deren Ressourcen (und Fähigkeiten ihrer Arbeitskräfte) für die Initiierung und Aufrechterhaltung eines *globalen Vertrags- und Logistiksystems* ausreichen, an zwei Typen *kooperativer* Technologieverwertung beteiligen. Diese Formen der technologischen Kooperation werden von Lei (siehe Lei [Le89]) in Anlehnung an ihre Wissenstransferfunktion als "**X**–type ventures" und "**Y**–type ventures" bezeichnet.

Danach besteht die **X–Koalition** in getrennten, aber in bezug auf das Absatzziel komplementären, Aktivitäten. Dieser Typ der Kooperation ist dann (zumindestens kurzfristig) vorteilhaft, wenn die einzelnen Unternehmungen *asymmetrische* oder komplementäre technisch–ökonomische Fähigkeiten besitzen. Die gemeinsamen technischen Fähigkeiten können dann besonders zur Vermarktung eines Produktes notwendig werden (strategisch ist dieser Koalitionstyp militärischen Allianzen ähnlich).

Die **Y–Koalition** beschreibt die Situation, in der etwa eine ökonomisch potente Unternehmung die Fähigkeiten des technologischen Anführers sucht. Diese Kooperationsform kann unter idealen Bedingungen zu Risikominderung bei technischen Neuentwicklungen sowie zu Lern- und Skaleneffekten führen.

Die Form der **Y–Koalition** führt aber wegen ihrer Auszahlungsstruktur nur bei Unternehmungen, die einer — der Kooperation übergeordneten — Interessensgemeinschaft angehören, zu glaubhaft konformen Verhalten, wie das folgende Zitat aus Lei [Le89], S. 105 belegt: "...Japanese firms do not enter joint ventures with the intention of working out issues and technical problems in an equitable manner, but to force the U.S. firm into a position of extreme dependency on the Japanese partner by undermining their core strengths and taking over their critical skills...". Dieses Zitat zeigt nicht auf einen *Defekt* der japanischen Wahrnehmung von Wettbewerb (was von einigen Autoren jedoch ernsthaft zu zeigen intendiert wird) sondern auf ein zentrales *nichtkooperatives* Problem zukünftiger technologischer Konkurrenz, nähmlich *Eingehen* oder *Nichteingehen* einer effektiven technologischen Kooperation.

Insgesamt scheinen auch große Unternehmungen die (positiven) Auswirkungen der Internationalisierung und der Diversifikation in ihrer Bedeutung für das Unternehmensergebnis zu überschätzen. Entscheidender könnte das Erkennen und die Förderung der sog. *core skills* einer in verschiedenen Industrien tätigen Unternehmung sein. Lei weist besonders auf die Gefahr der Konzentration der strategisch–-unternehmerischen Aktivitäten auf technologische Aufkäufe und die gleichzeitige Vernachlässigung dieser *core skills* hin.

Die Verminderung dieser internationalen organisatorischen Aktivitäten würde eine ökonomische *Entpflechtung* der Produktentwicklung zur Folge haben (siehe das Modell von Economides in Abschnitt 4.1, das für Märkte mit Produktdifferentiation zeigt, daß eine Unternehmung im Optimum genau ein Produkt herstellt). Die strategische Stabilität einer solchen Entpflechtung bei Technologiekonkurrenz ist aber noch nirgends gezeigt worden.

7 Zusammenfassung und Thesen

Die in Teil I dargestellten Modelle und Zusammenhänge von Innovation und Konkurrenz werden in diesem Abschnitt nach

- typischen Strukturen aus Modellierungsansätzen sowie

- wichtigen Resultaten theoretischer und empirischer Arbeiten zusammengefaßt. Nach einer kurzen Einschätzung der Formalisierbarkeit und ihrer Hauptprobleme welche die theoretisch / experimentelle — im Gegensatz zur empirischen — Analyse begleiten, folgt jeweils ein Katalog von in Teil I diskutierten ökonomischen Strukturen und Prozessen, der typischen Ziele und Effizienzmaße sowie der Instrumente und Strategien. Weiter werden die wichtigsten ökonomischen Einzelresultate der Modelle zusammengefaßt. Schließlich werden aus den diskutierten Zusammmenhängen und aus den wichtigsten Resultaten der Literaturmodelle Thesen zu einer Effizienzsteigerung der Innovationskonkurrenz und des Innovationsprozesses angegeben.

7.1 Klassifikation der Konkurrenzmodelle

Die Literaturauswahl der vorigen Abschnitte liefert einen Überblick über die Qualität theoretischer Aussagen zum kompetitiven Innovationsprozeß, so wie sie mit den heute üblichen Modellierungsinstrumenten möglich sind. Dabei werden auch einige Limitationen des theoretisch–deduktiven Vorgehens deutlich. Man kann grob folgende Modellvarianten klassifizieren:

- Entscheidungsorientierte Ansätze (optimale Stoppzeiten für Suche nach neuen technologischen Verfahren).

- Spieltheoretische Ansätze (Suche nach maximalen erwarteten Profiten bei strategischer Unsicherheit, hervorgerufen durch Innovationskonkurrenz).

- Kombination der beiden oben genannten Ansätze (d.h., optimale Stoppzeit und strategische Unsicherheit).

- Evolutionäre Ansätze (Innovations–Diffusionsverhalten von stochastischen Modellen).

Die Modellstrukturen sind entweder vom Optimierungstyp, wobei Belohnungen bei innovativen Erfolgen ausgezahlt werden, oder vom Typ eines *nicht zielgerichteten* dynamischen Systems, welche nach einem festgelegten Mechanismus *evolutionäre* Eigenschaften von technologischer Veränderung, Imitation und resultierenden Überlebenschancen einzelner Modellunternehmungen als Prozeß darstellen. Es werden zwei Arten von Unsicherheit betrachtet, die jeweils zu typischen Modellausprägungen führen:

- Technologische Unsicherheit, d.h. die Unsicherheit über den Zeitpunkt einer erfolgreichen Innovation. Typischerweise kann diese Unsicherheit durch Akkumulation von Wissen (technisch) oder Information (über Konsumentenreaktionen) verringert werden. Dieses Suchverhalten stellt den Entscheidungsträger vor das Problem, bei *länger andauerndem* Mißerfolg die Suche abzubrechen (optimale Stoppzeit).

- Strategische Unsicherheit. Sie entsteht durch die Präsenz von Konkurrenten und ist (in den Modellen und in der Realität) nicht verringerbar. Sie führt zur Suche nach Gleichgewichtspunkten im Entscheidungsraum. Leider besteht zwischen den Resultaten zur Existenz solcher Gleichgewichte und der *operationalen* Nutzbarkeit dieser Konzepte (noch) eine große Diskrepanz.

Aus methodischer Sicht laufen Modelle der F&E–Investition unter Konkurrenz unabhängig vom strategischen Kontext i.A. auf zwei Abfolgeskalen ab: Je nach Modell kann eine dieser Skalen die natürliche Zeit sein. Die Anzahl der Suchschritte und andere besonders ausgezeichnete logische Stufen wie Erfolgszeitpunkt, Stichzeitpunkt, Annahme / Ablehnungszeitpunkt der Innovation bilden die zweite Ablaufskala. Die *Entscheidungsmodelle* haben eine ausgezeichnete Stufe (Erfolg, Mißerfolg oder Stoppzeit); die strategischen Modelle beschränken sich meistens auf zwei oder mehrere logische Stufen (Suche, kompetitive Zusammenführung der Ergebnisse); die evolutionären Modelle bestehen aus einer Kombination beider Skalen.

Die Präsenz von Innovation auf *freien* Märkten impliziert Wettbewerb um Monopolprofite und um Imitatorenbelohnung. In diesem Zusammenhang stellt sich das Problem der Berücksichtigung von zwangsweise offenbarten Informationen bzw. der Geheimhaltung von Informationen. Damit zusammenhängend, aber nicht identisch, ist die Berücksichtigung von (staatlich auferlegten) Patentbestimmungen.

Eine anderer Problemkreis ist die Wirkung der Anzahl der Konkurrenten und die damit nicht immer identische Wirkung der Marktstruktur. Damit ist die Effektivität von Investitionen in F&E verbunden (Überinvestition, Unterinvestition, Auswirkungen auf exportorientierte (Wirtschafts–) Gemeinschaften). Die *Höhe* der Eintrittsbarrieren auf Märkten ist durch die Auswirkung der Veränderung der Konkurrentenanzahl und der Patentlaufzeiten bestimmt. Marktein- und –austritte beeinflussen die Diversität der verwendeten Technologien.

Insgesamt können wir folgende bedeutende theoretische Resultate der diskutierten Modelle angeben:

1. Die Erhöhung der Anzahl von Konkurrenten einer Unternehmung erhöht die Wahrscheinlichkeit einer erfolgreichen Innovation, verringert jedoch die Auszahlungen für den Erfolg.

2. Ist *learning by doing* ein wichtiger Faktor, sind — zumindestens kurzfristig — Monopole die effektiveren Innovatoren.

3. Patentschutz erhöht die Rate des technischen Wandels eindeutig; die Erhöhung der Anzahl der Konkurrenten erhöht die F&E–Ausgaben im Nash–Gleichgewicht für alle Unternehmungen.

4. Für die Wirksamkeit der Patente ist die Art der *Informationsoffenlegung* wichtiger als die Patentdauer.

5. Wenn Imitatoren zugelassen sind, hat eine Veränderung der Anzahl der Konkurrenten keine eindeutige Wirkung auf die Wahrscheinlichkeit, Erfolg in der Erstinnovation zu haben.

6. Nash–Gleichgewichte in F&E–Ausgaben fallen nicht mit *sozial optimalen* Ausgaben zusammmen, unabhängig davon, ob das technologische Wissen *privat* oder *öffentlich* ist.

7. Wenn technologisches Wissen privatisiert ist, finden Innovationen bei nichtkooperativ handelnden Unternehmungen früher statt als bei Kartellstrukturen. Wenn das Wissen (zwangsweise) während des F&E-Prozesses offenbart wird, ist das Gegenteil der Fall.

8. Bei unbekannter Profitabiliät einer Innovation sinkt in Gegenwart von Wettbewerb die Wahrscheinlichkeit der Annahme dieser Innovation, wenn die Technologien substitutiv sind (Konkurrenz um Marktanteile) und sie steigt, wenn die Technologien komplementär sind.

9. Komplementäre Technologien können (unter Beibehalt ihrer Auswirkungen) konzeptionell leichter auf Modelle mit einer beliebigen Anzahl von Unternehmungen übertragen werden.

10. Externe Effekte spielen eine zentrale Rolle in der Informationsverbreitung technischen Wissens und in der Erklärung technologischer Entwicklungen.

11. Die Verfügbarkeit öffentlichen technischen Wissens führt nicht zwangsweise zu der (substitutiven) Reduktion unternehmensinterner F&E-Anstrengungen.

12. Nicht–zielgerichtete Innovationsprozesse haben die Tendenz, Märkte zu konzentrieren.

13. Bei mehrstufigen Spielen (mit Nachfolgeinnovationen für die erfolgreichen Innovatoren) führt die Möglichkeit sofortiger Imitation zu F&E-Überinvestitionen aller Spieler; die Verkürzung der Patentzeiträume führt zu Unterinvestitionen der erfolgreichen Innovatoren.

14. Vermeintlich risikomindernde, quasi–kooperative Zusammenschlüsse (wie etwa *joint ventures*) sind *strategisch* riskant; die an sie geknüpften Erfolgserwatungen sind zu hoch.

7.2 Realitätsausschnitte und Modellstrukturen

In diesem Abschnitt wird eine Liste der wichtigsten, den technologischen Wettbewerb betreffenden, Modellierungsgestände aufgeführt. Die Eingänge dieser Liste geben Realitätsauschnitte und Abstraktionen an, die in der Modellierung von technologischem Wettbewerb in der Literatur verwendet wurden oder in Teil II der Arbeit verwendet werden. Die Eingänge der Liste werden nach der (empirischen) Relevanz R in bezug auf technologischen Wettbewerb, der Vielfalt alternativer Modellierungstypen MD und ihre bisherigen Verwendung in strategischen Modellen kleiner Märkte (meistens Duopole) $M1$, in strategischen Modellen großer Märkte $M2$ und in nicht–strategischen Modellen (Simulation, etc.) ME bewertet. Die Komponenten von Wettbewerbs- und Innovationsprozessen, die Eingang in die Modellbildung aus Teil II finden, werden in der Spalte K markiert.

Die Bewertungen der Liste dieses Abschnitts und der Listen der Abschnitte 7.3 sowie 7.4 stützen sich auf das persönliche Studium der Literaturmodelle und sind daher *subjektiv*. Für die Konstruktion von Modellen mit höheren Ansprüchen an die empirische Validierung, sind solche Listen von einer größeren Zahl kompetenter Personen zu bewerten und dadurch zu *objektivieren*.

REALITÄTSAUSSCHNITT	R	MD	M1	M2	ME	K
Produktionsstruktur	+		X		X	X
Kostenstruktur	+		X	X	X	
Nachfragestruktur	++	+	X	X	X	X
Ähnlichkeit von Technologien	++	++			X	X
Komplementäre / substitutive Güter	+		X	X		
Standardisierungen, externe Effekte	++	+	X		X	X
Trade–Off zwischen Neuheit und Zuverlässigkeit	++					X
"Core Skills"	++					
Patentschutz	++	+	X	X		
Erfolge von Innovationsanstrengungen	++	+	X	X	X	X
Optimale Suche nach technologischen Möglichkeiten	+		X	X	X	
F&E–Resultate als öffentliches Gut	++	+	X	X		
Diffusion technischer Neuerungen	+	+		X	X	X
Imitation und kreative Imitation	++					
Sozial optimale Innovation und individuell optimale Innovation	+	+	X	X		
Unvollständiger Wettbewerb	++	++	X	X		X
Unternehmenszusammenschlüsse	+	+		X		X
Variable Marktform (Marktein- und –austritte)	++	+	X		X	X
Goodwill, Reputation	++	+	X			X
Marktanteilsmodelle	+	++	X	X	X	
Qualitäts–Preissignale	+		X			
Preiskampf nach erfolgter Innovation	+		X			
Subventionen	+				X	
Rolle des Wagniskapitals	++					
Vorkompetitive Kooperation und Joint Ventures	++		X			

Die Einträge "+" und "++" in der Spalte R bedeuten, daß die entsprechenden Komponenten als *mäßig relevant* und als *sehr relevant* eingeschätzt werden, und in der Spalte MD, daß die Varianten der Modellierung (und die *inhaltliche* Auffassung) des Gegenstandes nur gering oder stark voneinander abweichen. Der Eintrag "X" bedeutet, daß eine entsprechende Kombination in der Literatur gefunden wurde oder (in Spalte "K"), daß der Realitätsausschnitt in Teil II implizit verwendet wird.

7.3   Ziele und Effizienzmaße

Die Ziele der Unternehmung und der *Öffentlichkeit* sind in der Situation technologischer Konkurrenz in einer schwer durchschaubaren Weise interdependent. Strikt antagonistische Auswirkungen von jeweils zwei dominierenden Unternehmenszielen oder Interessensgruppen sind kaum auszumachen.

Die Spalten der folgenden Tabelle haben in Analogie zu Abschnitt 7.2 den Eintrag
R für die Gewichtung der empirischen Relevanz eines Ziels; der Eintrag C gibt

ZIELE		R	C	W	K
A	Kurzfristige Profite	++	B-G		
B	Monopolprofite auf Innovationen und Technologieführerschaft	+	A,G		
C	Maximierung des Marktanteils	++	A,H		X
D	Koordination von technologischem und ökonomischem Erfolg	++	A		X
E	Produktdiversität	+	A	F	X
F	Standardisierung	++	A,G	E,H	
G	Soziale optimle Innovation (Wohlfahrtsmaximierung)	+	A,B,F,H		X
H	Attraktion von Wagniskapital	++	C,G	F	

an, welches Ziel zum aktuellen Ziel (Zeileneintrag) in Konkurrenz steht, die *gegenläufige* Wirkung aber durch Koordinationsanstrengungen gemindert (oder sogar umgekehrt) werden kann, und der Eintrag W steht für die Ziele, deren gegenläufige Wirkung zu dem jeweils aktuellen Ziel nicht *entschärft* werden kann. Der Eintrag K ist besetzt, wenn das Ziel in das Modell aus Teil II der Arbeit aufgenommen wird.

7.4 Instrumente und Strategien

Die Instrumente oder Aktionsmöglichkeiten der Unternehmung und des Staates, die sich zur Beeinflussung des technologischen Wettbewerbs eignen, sind in bezug auf die Reversibilität ihrer Wirkung (d.h. ihre strategischen Bedeutung und Qualität) sehr unterschiedlich. Entsprechend findet man in der folgenden Tabelle *periodenweise anfallende* und *ereignisabhängige* Entscheidungen.

Die Spalten der folgenden Tabelle haben in Analogie zu Abschnitt 7.2 den Eintrag R für die Gewichtung der empirischen Relevanz eines Instruments, der Eintrag G gibt an, in welcher Entscheidungsvariable (Zeileneintrag) in der Literatur zu Innovationskonkurrenz spieltheoretische Gleichgewichte angegeben werden, und der Eintrag U steht für den Fall, daß es für die Verwendung des jeweiligen Instrumentes *generische* Strategien gibt. Der Eintrag K ist wie in den vorigen Abschnitten besetzt, wenn das Instrument (als Entscheidungsvariable oder als endogene Komponente) in das Modell aus Teil II der Arbeit aufgenommen wird.

Für einige Instrumente, die auch in anderen ökonomischen Zusammenhängen als

INSTRUMENTE	R	G	U	K
Budgetierung von F&E	++	X		X
Preissetzung für innovative Güter	+	X		X
Stoppen der Suche nach neuen tech- nologischen Alternativen	+	X	X	
Marktein- und -austritt	++	X		X
Unternehmenszusammenschluß	++			X
Produkt(re)positionierung	+			X
Produktdiversifikation	+			X
Informationsbeschaffung über Konkurrenten	+			X
Verträge zu "vorkompetitiver" Kooperation	++	X		
Forschungsförderung durch den Staat	+			
Zeiträume für Patentschutz	+			
Starke vs. schwache "Neuheits- anforderung" für ein Patent	++	X	X	

dem technologischen Wettbewerb auftreten, wurde eine große Zahl von strategischen Modellen entwickelt (siehe Abschnitt 4). Diese Modelle werden in unserer
Aufstellung nicht berücksichtigt.

7.5   Thesen und Überleitung zum Teil II

Der *Erfolg* und der Verlauf des kompetitiven Innovationsprozesses hängt in hohem Maße von der Qualität staatlicher Beobachtungen und den daraus abgeleiteten
strukturellen Maßnahmen ab. Je nach Typ der technologischen Konkurrenz in den
jeweiligen Industrien (etwa duch externe Effekte getragen) sind *ideologisch konträre*
Politiken angebracht (was Regierungen nicht immer leicht fällt, und die aktuell sehr
populären ideologiegebundenen *politischen* Entwicklungs- und Technologiepolitiken
als Wunschdenken entlarvt).

Die *exogene Vorgabe* von Basisinnovationen führt zu sehr effektiver innovativer Konkurrenz mit dem Ziel ökonomischer Perfektionierung. *Mehrstufige* Innovationsprozesse innerhalb der Unternehmungen führen zu komplexen strategischen Abwägungen in der Patentpolitik und in der Unternehmung selbst, von welchen nicht zu
erwarten ist, daß sie in der Realität adäquat eingesetzt werden.

Das strategische Problem der Offenlegung (oder Geheimhaltung) von technischen
Zwischenresultaten wäre durch eine Zweiteilung des Innovationsprozesses (Staat:
Basisinnovation — Unternehmungen: Perfektion der Innovation) ausgeschaltet. In
diesem Sinne argumentieren auch Fine und Porteus [FiPo89], indem sie die Vorteile
von **kummulativen Effekten kleiner technischer Verbesserungen** im Unternehmen den Auswirkungen **technologischer Sprünge** gegenüberstellen ("techno-
logically spectacular vs. economically significant"), ohne jedoch zu sagen, wer die
(ebenfalls notwendigen) neuen technologischen Anstöße liefern soll.

Neben der *Auflösung* der strategischen Situation, die in Bezug auf technologisches Wissen (was oft nicht identisch mit marktfähiger Technologie ist) besteht, können durch diese Zweiteilung der Innovationsaktivitäten schwer korrigierbare Fehler wie die **Marktdominanz inferiorer Technologien** vermieden werden. Demgegenüber sollten die F&E–Abteilungen der Unternehmen aber angehalten werden, einen Teil ihrer Ressourcen auf, für die Unternehmung *nicht direkt profitable*, Forschungsgebiete zu verwenden. Diese Aktivitäten sind nicht identisch mit der ersten Stufe der zielgerichteten Forschung, sie ermöglichen aber eine — auch strategisch stabile — komplementäre Verwendung *externer* und eigener F&E–Resultate.

Diesen Thesen kann eine Argumentation über die (implizite) **Intelligenz kompetitiver Prozesse** gegenübergestellt werden. Diese deutet auf eine Reduktion der Einflußnahme des Staates hin; wenn ein hohes innovatives Potential in einen beständigen technischen und strukturellen Wandel der Märkte umgesetzt werden kann, so ist nach Aulin (siehe Aulin [Au89]) die Voraussetzung dafür gegeben, die gesellschaftlichen (hierarchischen) Kontrollstrukturen ohne Verlust von *Sicherheit* zu reduzieren.

Umgekehrt erzwingt technologischer und struktureller *Stillstand* Erhöhung der Steuerungsaufwendungen und zunehmende Hierarchisierung in einem ökonomischen System. Die Rolle der *Steuerungsentropie* wird von Aulin anhand langfristiger *geschichtlich–ökonomischer* Entwicklungen postuliert. Dieser Zusammenhang trifft auch verstärkt für die ökonomisch–technologische Marktentwicklung und ihrer Steuerungsanforderungen zu. Daher kann etwa eine *global–ökologisch* motivierte Selbstbeschränkung der Dynamik des technischen Wandels sozial *fatale* Folgen haben — nämlich die Begünstigung der Herausbildung dirigistischer, (nicht primär politisch motivierter) quasi–diktatorischer Steuerungsstrukturen.

Im Sinne unserer Argumentation, sollte die staatliche Einflußnahme in den Industrien konzentriert werden, in denen technologische Neuheit **schneller** als Märkte entsteht und in den Industrien aufgegeben werden, in welchen es ein erhebliches Potential für **kleine** Innovation innerhalb bestehender Märkte gibt.

Diese Thesen sind eine Interpretation wichtiger Resultate der gegenwärtigen Forschung zu Innovation und Konkurrenz. Von einem endgültigen Verständnis des technologischen Wettbewerbs (Entstehung und Verbreitung neuer technischer Informationen **und** ökonomische Perfektionierung unter individuell und sozial stabilen Bedingungen) ist man — entgegen mancher Behauptung — in der Fachliteratur und besonders auch in (wirtschafts–) politischen Kreisen weit entfernt.

Aus der Diskussion der verschiedenen Modelle der Literatur ist ersichtlich, daß fast durchweg kleine Realitätsausschnitte aus dem Prozeß technologischer Konkurrenz behandelt werden. Diese Struktur der Modelle, aber auch die große *Vielfalt* der Modellbildung wird durch das (in der theoretischen Literatur überwiegende) Modellierungsziel "Ableitung nichtkooperativer Gleichgewichtslösungen" hervorgerufen. Daraus resultierende (oft sehr innovative) Modelle zur technologischen Konkurrenz, führen auf eine Vielzahl von zum Teil nur schwer vergleichbaren Resultaten (siehe auch die Zitate aus Abschnitt 2).

Möglicherweise ist aber gerade die Tatsache, daß die Modelle nicht als Komponenten eines größeren ökonomischen (Modell-) Zusammmnenhangs aufgefaßt werden, der

Grund für die Explosion der Anzahl *fallweiser Resultate*.

Ist man gewillt, analytische Zugänglichkeit preiszugeben, lassen sich für die Definition eines Modells mit erweitertem Modellrahmen (d.h. Realitätsausschnitt) für technologische Konkurrenz folgende Minimalanforderungen stellen:

1. Es ist notwendig, die Unternehmung durch einem *ökonomisches* Modell und ein *technologisches* Modell abzubilden.

2. Technologische Konkurrenz ist unvollkommen.

3. Markteintritt und Marktaustritt sowie Produkt / Prozeßdiversität muß abbildbar sein.

4. F&E–Politiken sollten plausibel implementierbar sein. Antizipation (nichtaggregierter) globaler Marktentwicklungen sollte i.A. nicht versucht werden.

Entlang dieser Anforderungen entwickeln wir im nachfolgenden Teil (Teil II) ein dynamisches Modell vieler konkurrierender Innovatoren.

Teil II

DYNAMISCHE KONKURRENZMODELLE UND F&E–BUDGETIERUNG

8 Strukturierte Konkurrenzformen und dynamische Unternehmensmodelle

In diesem Teil der Arbeit entwickeln wir ein neues dynamisches Konkurrenzmodell zur Analyse der Entwicklung von Märkten mit innovativen und kurzsichtigen Unternehmungen. Wir betrachten einen Produktmarkt mit Produktperfektion und einen Übernahmeprozeß für neue Produktionstechniken. Die Marktentwicklung wird durch raum–zeitlich kurzsichtige F&E–Rückkopplungsregeln der Unternehmung und durch unbedingte Marktaustrittsbedingungen gesteuert. Im Vordergrund steht dabei die Implementierbarkeit einer F&E–Regel und die Koordination ökonomischer (kommerzieller) und technologischer Erfolge der Unternehmungen. Das Ziel einer plausiblen Implementierung zwingt zur Abkehr vom (globalen) Optimierungsgedanken. Divergierende ökonomische und technologische Erfolge sind für Unternehmungen ein empirisch oft festgestelltes Problem. Hier kann ein theoretisches Modell zur Klärung und zur Bereitstellung "robuster" Politikalternativen beitragen. Nach Angabe einer Konkurrenzstruktur und der Auswahl geeigneter Modellkomponenten validieren wir daher die relativen ökonomischen, technologischen und evolutionären Erfolge der F&E–Politiken für verschiedene institutionelle Randbedingungen. Die Marktakteure verfolgen dabei implizit unterschiedliche Ziele. Der Informationsfluß und die direkten Konkurrenzwirkungen werden auf lokale Konkurrenz im Produkt- und Prozeßraum beschränkt.

Die genannten Prioritäten in unserer Untersuchung schließen die Anwendung eines spieltheoretischen Gleichgewichtskonzepts zur "Ableitung" einer robusten F&E–Politik aus. Die "Teilprozesse" des Modells können als dynamische Spiele für mittlere bis große Märkte aufgefaßt werden. Würde man etwa den Produktmarkt vernachlässigen, könnte man für jede Unternehmung ein kompetitives Modell für Prozeßübernahmen, mit dem Ziel neue Techniken möglichst schnell einzuführen, angeben. Diese Ziele wären aber bestenfalls *Ziele der technischen Abteilungen* der Unternehmungen. Analog dazu bestehen implizit auch andere formale "Auszahlungsstrukturen" (für andere Unternehmensbereiche) im Modell, deren Implikationen für das informale Unternehmensziel *komparativer ökonomischer und technologischer Erfolg* aber nicht unmittelbar verwendet werden. Der Begriff Auszahlungsstruktur bezieht sich immer auf solche Teilziele, die dann auch nur in die Begründung der (heuristischen) F&E–Regeln einbezogen werden.

Ein Markt mit innovativen Unternehmungen ist ein zeitlicher Prozeß mit stark asynchronem und parallelem Verlauf der Einzelaktivitäten. Weiterhin ändert sich die Anzahl der ökonomischen Akteure im Zeitablauf. Insbesondere ist die Information der Akteure bezüglich ihrer Konkurrenten unvollständig oder zumindestens (fast) nie "aktuell". Auch ist die direkte Wirkung von Aktivitäten der ökonomischen Akteure meist begrenzt, da man von einer ausreichenden Differentiation der Produkte konkurrierender Unternehmungen und von Konsumenten ausgehen kann, die sich an Produkte "binden" lassen [7]. Die explizite Modellierung aller relevanten Ak-

---

[7]Im Modell wollen wir von der Konkurrenz "identischer" Unternehmungen absehen, bzw. diese in einer *produktgebundenen Unternehmung* zusammenfassen. In Teil I Abschnitt 4 haben wir zudem gesehen, daß Einproduktunternehmungen mit "positivem Abstand in den Produkteigenschaf-

teure, der asynchronen zeitlichen Entwicklung und eine differenzierte Angabe der Informations– und Wirkungskanäle der Unternehmungen würden in der Auswertung des Modells zu viele Freiheitsgrade belassen. Entsprechende Erweiterungen sind aber, nebst detaillierterer Spezifikation der Unternehmungen, konzeptionell und programmtechnisch naheliegend (siehe 23.2).

Folglich vertritt diese Arbeit den Standpunkt, daß unser Modellierungsziel, in einer ersten Annäherung, durch ein zeitlich synchron getaktetes Modell, nur mit expliziter Modellierung der Produzenten und diese mit "festen" Informations– und Wirkungsradien ausgestattet, erreicht wird. Andere Akteure wie Konsumenten sind in Verhaltensannahmen implizit berücksichtigt. Diese Vorgaben können wir durch die Annahme unvollständiger Konkurrenz realisieren. Nach der Auswertung des Kernmodells führen wir in Abschnitt 20 ereignisorientierte Modellerweiterungen ein, die den Unternehmungen ermöglichen, ihre Aktivitäten (sporadisch) im Markt zu verlagern.

Die zentrale Annahme für unsere Märkte ist, daß Produkte der gleichen Produktklasse hergestellt werden, daß sich aber jedes Produkt von seinen Nachbarprodukten für die Konsumenten "deutlich" unterscheidet. Zuerst geben wir daher eine Konkurrenzstruktur an, deren direkte Informations– und Wirkungskanäle nicht kritisch von der Anzahl der zueinander in Konkurrenz stehenden Unternehmungen abhängt. Das bedeutet jedoch nicht, daß die Resultate (Entwicklung) eines solchen Marktes unabhängig von der Anzahl der Konkurrenten sind. Je nach betrachteter Konkurrenzsituation — der Größe des Marktes (Anzahl der Unternehmungen), aber auch der Anzahl der maximal zugelassenen direkten Konkurrenten — ergibt sich für die Kopplung des Gesamtsystems eine eher diagonalähnliche oder eine eher *volle* Abhängigkeitsstruktur. Zunächst geben wir einige Definitionen an, die für alle Unternehmungen sowie für alle Modellerweiterungen in späteren Abschnitten gelten. Die maximale Anzahl der Produktpositionen und (Einprodukt–) Unternehmungen auf dem Markt wird mit m bezeichnet. Wir betrachten nur Märkte mit $m \geq 2$. Die i-te Unternehmung, mit $i \in \{1, \cdots, m\} = \mathcal{M}$ (der Produktraum), hat eine direkte Konkurrenzumgebung $U_i \subset \mathcal{M}$; u_i bezeichnet die Anzahl der Elemente in U_i, d.h. die maximale Anzahl der direkten Konkurrenten der i-ten Unternehmung. Insbesondere werden wir uns für die Fälle $u_i \geq 2$ und $u_i \ll m$ interessieren. Eine weitere Einschränkung der Struktur der Umgebungen U_i ist $u_i = u_j$ für alle $i, j \in M$ und für alle U_i, d.h. alle direkten Konkurrenzumgebungen sind gleich groß und bleiben im Zeitablauf konstant. Diese Konkurrenzform läßt nur indirekte Einflüsse von im Produktraum "entfernten" Unternehmungen zu. Direkte Beinflussung ist auf die Unternehmungen der jeweiligen Nachbarschaft beschränkt. Scheiden direkte Konkurrenten einer Unternehmung aus, befindet sich diese entweder in einer reduzierten Konkurrenzsituation oder sie wird zu einem lokalen Monopol. Dadurch wird auch der indirekte Einfluß (aller) nicht benachbarter Unternehmungen unterbrochen und es entstehen unabhängige (Teil-) Märkte. Diese Teilmärkte können lokale Monopole oder Blöcke von miteinander direkt und indirekt in Konkurrenz stehenden Unternehmungen sein. An dieser Stelle wird die Vielfalt der reduzierten Konkurrenzsituationen klar, würde man mehrdimensionale Produkträume verwen-

---

ten" als (optimale) Lösung vom Marktmodellen mit der Hierarchie von Eintritts–, Positionierungs– und Preisentscheidungen auftreten.

den. Jede Dimension eines solchen Produktraums könnte dann mit der Ausprägung eines bestimmten Produktmerkmals identifiziert werden.

Da wir im Modell von einer streitbaren Liste empirisch motivierter Produktmerkmale absehen wollen und andererseits auf möglichst einfache Weise die oben beschriebenen Konkurrenzformen erzeugen wollen [8], führen wir eine zusätzliche vereinfachende Annahme ein. Danach sind die Konkurrenzumgebungen eine **Nachbarschaftsstruktur** für jeweils ähnliche Produktmerkmale und damit verbundene ähnliche technologische Merkmale der Produktionsverfahren, jedoch ohne die *Nachbarschaft dieser Merkmale* durch ein Maß näher anzugeben. Die Definition der Umgebungsstruktur enthält also keine Information über *konkrete* Produktmerkmale oder technologische Merkmale der Unternehmungen. So ist die Menge $\mathcal{M}$, wenn das Ordnungskriterium die Ausprägung genau eines Merkmales ist, eine *lineare* Liste und die **nächsten Nachbarn** einer Unternehmung i sind alle $j \in U_i$ mit $|j - i| \leq \alpha u_i$ und mit α einer positiven Konstante, etwa $U_i = \{i - 1, i, i + 1\}$ für $\alpha = 1/3$. Ökonomisch sinnvoll sind neben diesen **symmetrischen** Umgebungsstrukturen **hierarchische** (mit der Präferenz für eine Abhängigkeitsrichtung) oder nur von der Anzahl u_i, aber nicht vom "Ort" der direkten Konkurrenten im Produktraum abhängig. In dieser Arbeit verwenden wir nur symmetrische Umgebungsstrukturen. Die Ränder dieser eindimensionalen Anordnung von Unternehmungen können nur **offen** oder **zyklisch** sein. Einige Konkurrenzmodelle (siehe z.B. Economides [Ec89]) verwenden zyklische Ränder (*Ringkonkurrenz*). Für unser Modell ist dieses Problem jedoch untergeordnet; daher verwenden wir offene (in der konkreten Implementierung *abgeschnittene*) Ränder für den Produktraum.

Schließlich wird jede Unternehmung durch einen identischen Satz dynamischer Gleichungen angegeben, die diese Konkurrenzumgebungen verwenden und über einen endlichen Zeithorizont T mit diskreten Zeitstufen $t \in \{0, 1, \ldots, T\}$ laufen. Um die Interpretation der folgenden Modellkomponenten zu erleichtern nehmen wir an, daß die Länge des "Zeitraums" Δt für ein Zeitinkrement die operativen Entscheidungshorizonte der Unternehmungen überschreitet.

9　Innovationen und Ressourcenkreislauf

Aufbauend auf den Konkurrenzformen des vorigen Abschnitts stellen wir zunächst das Konzept des dynamischen Unternehmensmodells dar und beschreiben die Einflüsse der dynamischen Variablen der Unternehmung. Durch F&E–Aufwendungen ist jede Unternehmung des Modells in der Lage Innovationen hervorzurufen. Wir nehmen an, daß keine neuen Produkte entdeckt werden können, sondern (im Produktraum) "besetzte" Produkte durch F&E–Aufwendungen verbessert werden. Komplementär dazu können aus einer (vorgegebenen) Menge von Produktionsprozessen effizientere Verfahren übernommen werden. Der Erfolg der Einführung neuer Produktionstechniken setzt ebenfalls F&E–Anstrengungen voraus. Sowohl die Pro-

---

[8] Bei höherdimensionalen Produkträumen können "Blöcke" konkurrierender Unternehmungen mit sehr vielfältigen Geometrien entstehen. Mit Ausnahme der Größe solcher Teilmärkte können die objektiv unterschiedlichen Geometrien (ökonomisch) vermutlich nicht sinnvoll interpretiert werden.

duktperfektion als auch die Einführung neuer Produktionsprozesse werden durch die Präsenz direkter Konkurrenten beeinflußt.

Die **Produzenten** und ihre Technologien werden im Marktmodell explizit dargestellt. Die **Konsumenten** treten über die Nachfrage und eine spezielle Form "erzwungener" Preisanpassungen, d.h. über Verhaltensannahmen, nur implizit auf. Die Mengennachfrage nach dem Produkt einer Unternehmung ist eine zentrale Größe für den Konkurrenzprozeß im Produktraum. Die Nachfrage der Unternehmung ist im Modell eine Funktion der eigenen F&E–Aufwendungen und der Nachfragen ihrer direkten Konkurrenten. Durch F&E–Ausgaben in einer Periode hervorgebrachte Produktperfektionen induzieren Veränderungen der Nachfrage. Neben dem Zustand Nachfrage definieren wir für jede Unternehmung zwei weitere Zustände, um den unternehmensinternen (finanziellen) Ressourcenkreislauf endogen zu beschreiben. Diese Zustände sind das Budget und die Reputation. Das Budget stellt in jedem Zeitpunkt Mittel zur Verfügung, die zu Produktionszwecken und zur Generierung von (zusätzlicher) Nachfrage aufgeteilt werden können. Die Reputation ist eine im aktuellen Nachfrageüberhang zunehmende Funktion und bestimmt ihrerseits den von der Unternehmung in der Periode maximal forderbaren Preis. Klassische *markträumende* Preiskonkurrenz wird nicht betrachtet. Vielmehr wird angenommen, daß eine Unternehmung ihr Produkt zu dem durch die eigene Reputation gegebenen Maximalpreis — soweit nicht von den Preisforderungen ihrer direkten Konkurrenten unterlaufen — auch tatsächlich absetzt. Diese Annahme ist in innovativen Produktmärkten im allgemeinen durch einen Bestand von "produktgebundenen" Konsumenten gerechtfertigt. Solche Konsumenten reagieren nicht auf Preisnachlässse von Produkten, die ihrem präferierten Produkt nicht ähnlich sind, d.h. Produkte, die außerhalb der Konkurrenzumgebung *ihres* Produktes angeboten werden.

Wir geben als nächstes die Liste der dynamischen Variablen an, die im Kernmodell der Unternehmung (kompetitive Produktperfektion und kompetitive Prozeßinnovation) verwendet werden:

- der Zustand $d_t^i \geq 0$ bezeichnet die Nachfrage nach dem Produkt der i–ten Unternehmung (oder der das i–te Produkt produzierenden Einproduktunternehmung),

- der Zustand $q_t^i > 0$ bezeichnet das Budget der i–ten Unternehmung,

- der Zustand $x_t^i > 0$ bezeichnet die Reputation der i–ten Unternehmung,

- der Output $p_t^i > 0$ bezeichnet den Preis der i–ten Unternehmung.

- der Output $s_t^i \geq 0$ gibt die Menge des hergestellten Produktes an,

- der Zustand $k_t^i = 1, 2, \ldots$ gibt den technische Stand des aktuellen Produktionsprozesses an,

- der Zustand $c_t^i \geq 0$ bezeichnet das technische Wissen der Unternehmung und

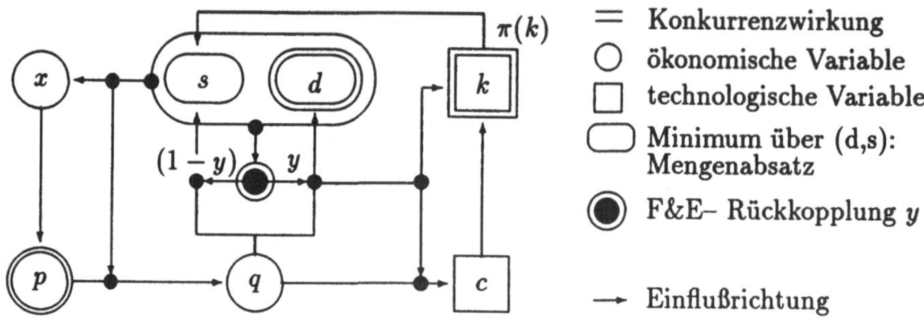

Abb. 1   Abbhängikeit ökonomischer und technologischer Unternehmensvariablen

- die Entscheidungsvariable $0 \leq y_t^i \leq 1$ bestimmt den Anteil des Budgets der i-ten Unternehmung, der im Zeitpunkt t für F&E– Aufwendungen eingesetzt wird. Der komplementäre Anteil $(1-y)$ kann in t zur tatsächlichen Produktion benutzt werden.

Weiterhin bezeichnen wir die Gesamtnachfrage der Konkurrenzumgebung der i–ten Unternehmung mit $D_t^i = \sum_{j \in U_i} d_t^j$.

Abbildung 1 verdeutlicht den Einfluß ökonomischer und technologischer Variablen auf das Unternehmensmodell. Neben dem ökonomisch–finanziellen Kreislauf *Budget → F&E-Aufwendungen → Absatz → Reputation → Preis → Budget* haben wir auch eine technologische Rückkopplung: *Budget → F&E– Aufwendungen → technischesWissen → Produktinnovation → Produktionsmöglichkeiten.*

Eine Periodenentscheidung y wirkt sich sowohl auf die Produktperfektion als auch auf die Prozeßinnovation aus. Produktperfektion und Prozeßinnovation entstehen durch vergangene und gegenwärtige Aufwendungen in F&E gemeinsam aber im allgemeinen nicht gleichzeitig. Produktperfektion entsteht unbedingt durch F&E-Aufwendungen in einer Periode. Der kompetitive Übernahmeprozeß führt i.A. nur sporadisch zur Installation neuer Produktionstechniken. Die Gleichungen für den ökonomischen Ressourcenkreislauf der Unternehmung werden in den nächsten Abschnitten angegeben. Die detaillierte Angabe des etwas gesonderten Übernahmeprozesses wird auf Abschnitt 10.1 verschoben.

9.1 Produktperfektion: die F&E–induzierte Nachfrage

Die F&E–induzierte Nachfrage ist Ausdruck der Präferenzen der Konsumenten für ein bestimmtes Produkt und eine Bewertung für dessen Position innerhalb der direkten Konkurrenzumgebung. Jedes Produkt des (unvollkommenen) Marktes kann Konsumenten anziehen, die dieses Produkt allen andern Produkten vorziehen und bestenfalls auf die Nachbarprodukte in der Konkurrenzumgebung ausweichen. Das Nachfragevolumen wird für ein Produkt weder marktweit (global) noch in den Konkurrenzumgebungen beschränkt. Damit nehmen wir an, daß die auf dem Markt gehandelte Produktklasse im "Anfangszeitpunkt" (der Marktentstehung) für die Konsumenten einen *genuin neuen Verwendungszweck* aufzeigt. Die Produkte des

Marktes substituieren keine bekannten Produkte und das Nachfragevolumen des Marktes wird allein durch die (gemeinsamen) F&E–Anstrengungen der Anbieter bestimmt. In realen Märkten unterliegt jede Produktklasse einem Lebenszyklus und das Nachfragevolumen wird durch Sättigung und Budgetrestriktionen der Konsumenten beschränkt. Im Modell verzichten wir auf diese Restriktionen. Da alle Modellzustände in endlicher Zeit (annahmegemäß) nur beschränkt wachsen können, nehmen wir an, daß Budgetrestriktionen und Sättingungseffekte *in jedem Fall* nur nach dem betrachteten Zeithorizont T greifen würden. Weiterhin besteht zwischen Zeithorizont und auf Produktattraktivität basierender Lebenszykluslänge kein funktionaler Zusammenhang[9]. Schießlich muß die Unternehmung ihr Produkt beständig durch F&E "verbessern" um keine Nachfrage zu verlieren. Die Logik der Annahmen zur möglichen Nachfrageentwicklung wird durch die Reputation und den Preismechanismus (siehe Abschnitt 9.3) weiter vervollständigt.

Die Übergangsgleichung für die F&E–induzierte Mengennachfrage besteht aus einem Konkurrenzterm und einem Vergessensterm. Der Konkurrenzterm $G_t^i \geq 0$ gibt die Möglichkeiten der Nachfrageerhöhung der i-ten Unternehmung in einer Periode an. Diese zusätzliche Nachfrage wird im Modell nur von den F&E–Ausgaben $y_t^i q_t^i$ einer Periode bestimmt. Diese einfache Annahme steht für den Markt einer neuen Produktklasse.

Die Produkte sind im Anfangszeitpunkt nicht "perfekt" und können durch periodenweise F&E–Anstengungen stets verbessert, erweitert, neu gestaltet etc. werden. Diese Produktperfektion kann in der Zeit prinzipiell beliebig lange fortgesetzt werden. Positive F&E–Ausgaben bewirken immer eine positive Perfektion und für alle Unternehmungen unseres Produktmarktes ist dieser Zusammenhang deterministisch[10].

Zusätzliche Nachfrage ist unter Wettbewerb eine andere Funktion der F&E–Aufwendungen als in einer (lokalen) Monopolsituation. Der Konkurrenzterm $G \geq 0$ berücksichtigt diese Fälle und gibt die Rezeption der Veränderungen der Produktperfektion (≥ 0) durch die Konsumenten als Veränderung der Nachfrage an. Möglichkeiten der Erhöhung der Nachfrage durch F&E–Anteile und absolute F&E–Aufwendungen sind in einer Periode vom aktuellen Nachfrageanteil der Unternehmung in ihrer Konkurrenzumgebung abhängig. Die Funktion G lautet

$$G(y_t^i, q_t^i, d_t^i, D_t^i) = (q_t^i y_t^i)^{\left[\psi \frac{d_t^i}{D_t^i} + \beta y_t^i \left(\zeta \frac{1}{u^i} - \frac{d_t^i}{D_t^i}\right)\right]} \geq 0, \qquad \psi, \beta, \zeta > 0.$$

In einigen Konkurrenzsituationen, die durch G entstehen, ist die Wirkung der F&E–Ausgaben auf die Nachfrage ähnlich der Wirkung von Faktorveränderungen auf eine Produktionsfunktion. Diese einfache Annahme ist in der Literatur durchaus Standard (für ein entsprechendes spieltheoretisches Innovationsmodell siehe etwa Yeung

---

[9]Ergibt ein Simulationslauf für bestimmte F&E–Regeln einen aggregierten Nachfrageverlauf der einem Produktlebenszyklus gleicht, können wir den Verlauf als (kurzen) Produktlebenszyklus interpretieren. Die Nachfrage nimmt dann wegen zu schneller Attraktivitätsverluste der Produktklasse ab.

[10]Wir sehen hier der Einfachheit halber von einer zufällig gestörten Abhängigkeit ab. Die in Abschnitt 8 getroffene Annahme zur "Länge der Zeitinkremente" Δt erlaubt hier die Wirkung von F&E auf Perfektion als Durchschnittswert des Resultats vieler (nicht näher spezifizierter) Aktivitäten aufzufassen.

[Ye88]). Hier verhält sich der Nachfragezuwachs — für den in F&E–Ausgaben ansteigenden Bereich der Funktion G — wie in einem komplementären Konkurrenzsystem (eine Diskussion der Konkurrenzform "network competition" siehe in Shapiro [Sh89]) in welchen die aktuelle Unternehmung von der hohen Nachfrage ähnlicher Produkte profitiert.

Wir unterscheiden drei Extremfälle um die Abhängigkeit der Funktion G von ihren Variablen zu motivieren. Läßt man $\frac{d}{D}$ nacheinander gegen 0, gegen $\frac{1}{u}$ und gegen 1 laufen, so ist der Exponent von G (zur Erleichterung der Interpretation setzen wir hier $\psi = \beta = \zeta = 1$):

- $y\frac{1}{u}$, die Unternehmung hat einen verschwindenden Nachfrageanteil; die Effektivität von F&E erhöht sich mit zunehmendem y progressiv.

- $\frac{1}{u}$, der Nachfrageanteil der Unternehmung entspricht der *gerechten* Verteilung, die Effektivität von F&E ist durch die Anzahl der in U vorhandenen Unternehmungen bestimmt.

- $1 + y(\frac{1}{u} - 1)$, in y abnehmend; G hat dadurch einen unimodalen Verlauf in y; bei großem Marktanteil in U wird die höchste Effektivität von F&E bei relativ kleinen Anteilsaufwendungen erreicht.

In der nachfolgenden Diskussion der Funktion G werden die Indizes weggelassen, da G keine intertemporalen Terme enthält und nicht mehr explizit auf Größen der Konkurrenten zurückgreift. Unter sonst gleichen Bedingungen nimmt G bei Erhöhung der Budgets zu. Ein höheres Budget erhöht die Chance einer größeren Nachfrage in der nächsten Periode. Der Exponent der Funktion G nimmt Werte zwischen null und eins an, d.h. jede F&E– Aktivierung und jede Nachfolgeposition der Unternehmung in der Konkurrenzumgebung führt — außer für $y = 0$ — zu einem positiven Inkrement der Nachfrage. Damit verhält sich G in Abhängigkeit vom Budget wie eine Ertragsfunktion mit abnehmenden Skalenerträgen (mit festen d/D, y).

$$\frac{\partial G}{\partial q} > 0, \qquad \frac{\partial^2 G}{\partial q^2} < 0, \qquad \text{für} \quad yq \geq 1.$$

In der numerischen Implementation des Konkurrenzterms werden die Kalibrierungskonstanten aus G so gewählt, daß diese Bedingungen stets eingehalten wird.

F&E–Entscheidungen verschiedener Unternehmungen treffen in unserem Konkurrenzterm G nicht zusammen. Würde hingegen eine solche Formulierung vorliegen, hätten wir eine Auszahlungsstruktur für ein klassisches *periodenweises Spiel*. Der Konkurrenzterm G hat aber eine (implizite) Auszahlungsstruktur, die über die Ableitungen nach den F&E–Anteilen in Form eines periodenweisen Spiels dargestellt werden kann[11]. Die Ableitungen nach y geben das Wachstum der Nachfrage in der Periode an. Es werden je zwei sich in einer Konkurrenzumgebung gegenseitig beeinflussende Unternehmungen U_1 und U_2 gegenübergestellt, wobei $u^i > 2$, $i = 1, 2$ sein kann:

---

[11]Diese Betrachtung setzt voraus, daß jede Unternehmung durch Wahl eines (in der Zeit konstanten) y das Wachstum der Nachfrage über einen unbestimmten Zeitraum maximieren will.

$\begin{pmatrix} & U_2 \\ U_1 & \end{pmatrix}$	$(d/D)_K$	$(d/D)_G$
$(d/D)_K$	$[G_y^1 > 0 \,\vert\, G_y^2 > 0]$	$[G_y^1 > 0 \,\vert\, G_y^2 \left(\genfrac{}{}{0pt}{}{\geq}{<}\right) 0]$
$(d/D)_G$	$[G_y^1 \left(\genfrac{}{}{0pt}{}{\geq}{<}\right) 0 \,\vert\, G_y^2 > 0]$	nicht möglich

Die Konkurrenzsituationen $(d/D)_K$ und $(d/D)_G$ bedeuten jeweils *kleiner bis fairer Nachfrageanteil* bzw. *großer Nachfrageanteil* in der Konkurrenzumgebung. Je zwei solcher Nachfrageanteils– Situationen führen auf Wachstumsmöglichkeiten der Nachfrge von U_1 (links) und von U_2 (rechts). Die durchschnittlich erreichbare Nachfrageerhöhung ist für die drei zulässigen Situationen durch $G_{GK} > G_{KK} > G_{KG}$ gegeben. Auf dieser Stufe reduzierter Modellinformation bietet sich für die Unternehmungen daher die *sichere Strategie* an, in der Situation KK zu verbleiben und gemeinsam mit jeweils *moderaten* Nachfrageanteilen zu wachsen.

Wir kehren nun wieder zum "vollen" Modell zurück. Um den Nachfrageverlust bei ausbleibenden F&E–Aktivitäten zu berücksichtigen wird zu G noch ein Vergessensterm addiert. Die vollständige Übergangsgleichung für d ist dann

$$d_{t+1}^i = G(y_t^i, q_t^i, d_t^i, D_t^i) + (1 - \delta)d_t^i, \quad \text{mit} \quad d_0^i \geq 0 \quad \text{gegeben.}$$

Der Vergessensterm übernimmt die Nachfrage der Vorperiode und verringert sie in jeder Periode (autonom) um einen Anteil δ, mit $0 < \delta \leq 1$. Zunehmendes δ verringert daher die **Nachfrageträgheit** der Konsumenten.

9.2 Die Produktionsmöglichkeiten und das Budget

In unserem Modell gehen wir zunächst vom einfachsten Fall der Budgetverwendung der Unternehmung aus, nämlich vom jeweils gesamten Verbrauch des Budgets in einer Periode. Ein Budgetanteil wird zur Produktion des Produktes und der komplementäre Anteil für F&E–Ausgaben verwendet. Das Budget der nächsten Periode ist aus dem tatsächlichen Mengenabsatz der aktuellen Periode mal dem Produktpreis bestimmt. Gegeben sei eine Entscheidung für F&E–Ausgaben in einer Periode. Dann ist der tatsächliche Mengenabsatz bei potentieller Übernachfrage die Produktion selbst. Hingegen ist der tatsächliche Mengenabsatz bei potentieller Überproduktion die Nachfrage der Periode.

Die Produktionsmöglichkeiten $s \geq 0$ sind über eine invertierte Kostenfunktion gegeben. Fixkosten werden im Modell nicht berücksichtigt:

$$s_t^i = \sigma \{(1 - y_t^i)q_t^i\}^{\pi^i(k^i)} \quad \text{mit} \quad \sigma > 0.$$

Die Effizienz direkt produktiver Investitionen $(1 - y)q$ ist durch π gegeben. Die Funktion $\pi(k)$ gibt den technischen Stand des Produktionsverfahrens an. In Abschnitt 10 wird diese Funktion durch einen dynamischen Prozeß zur Übernahme neuer Produktionstechniken näher ausgeführt.

An dieser Stelle kann die im vorigen Abschnitt eingeführte Mengennachfrage den Produktionsmöglichkeiten gegenübergestellt werden. In Abbildung 2 ist die Abhängigkeit der Nachfrage d von dem Marktanteil d/D und der F&E–Anteile y einer Periode für Konkurrenzumgebungen von zehn, fünf, drei und zwei Unternehmungen (ausgehend von links oben, zeilenweise) dargestellt. Die Produktionsmöglichkeiten sind (bei gegebenen Budgets) die von rechts nach links aufsteigende dunklere Fläche.

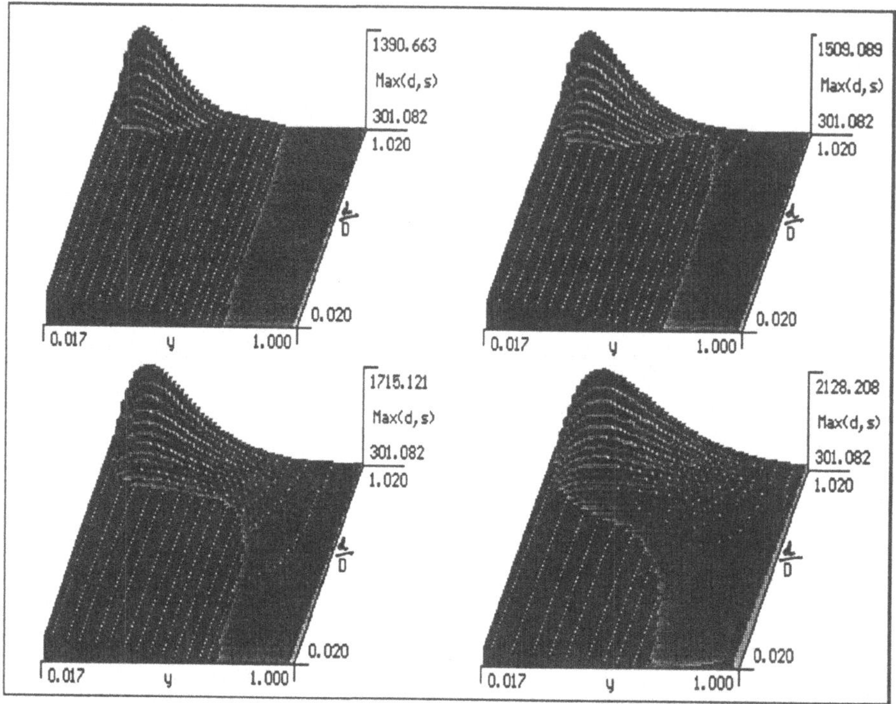

Abb. 2   Nachfrage und Produktion in Abhängigkeit der F&E–Anteile einer Periode und der Größe der Konkurrenzumgebung U_i. Die Beispiele sind so gewählt, daß für festes d/D in y–Richtung Fälle mit Schnittpunkten der d– und s–Kurven dominieren (siehe auch Abschnitt 11).

Im Modell wird von Problemen der Kapazitätsauslastung, Unternehmensfinanzierung und Ausschüttung von Gewinnen abgesehen. Tritt auf Grund einer F&E–Anteilsentscheidung y^* **Überproduktion** ein, d. h. $s(y^*) > d(y^*)$, dann "verliert" die Unternehmung die Menge $s - d$ des Produktes[12]. Um diese Fälle auszuschliessen,

---

[12]Mit der Funktion $d(y_t^i)$ oder, wenn nicht mißverständlich mit $d(y)$, wird die (antizipative) Berechnung der potentiellen Nachfrage durch zulässige F&E–Anteile in t bezeichnet um von d_{t+1}^i, der tatsächlich eintretenden Nachfrage, zu unterscheiden. Die potentielle Nachfrage wird genau so berechnet wie tatsächliche Nachfragen in $t + 1$, sie ist aber nicht bindend. Wenn wir in allen nachfolgenden Termen statt der potentiellen Nachfrage $d(y)$ die gegenwärtige Nachfrage d verwenden, haben wir eine vereinfachte Variante des Modells. Viele (aber nicht alle) qualitativen

geben wir die Budgetgleichung durch den Ausdruck

$$q_{t+1}^{i} = s_{t}^{i}(1 - y^{a})p(x_{t}^{i}) + (y^{a} - y^{*})q_{t}^{i}, \qquad q_{0}^{i} > 0, \quad \text{mit}$$

$$y^{a} = \begin{cases} \arg\min_{\substack{y \\ s \geq d}}(s(1 - y) - d(y^{*})), & \text{wenn} \quad s(y^{*}) > d(y^{*}) \\[2ex] y^{*} & \text{sonst} \end{cases}$$

an. Dabei ist $(y^{a} - y^{*})q_{t}^{i} \geq 0$ das in t nicht verwendete Budget. In den nachfolgenden Simulationsläufen wird für die tatsächliche Produktionshöhe stets diese Variante verwendet. So können wir den aktuell nicht verwendeten Teil des Budgets für spätere Unternehmensaktivitäten aufheben.

9.3 Die Reputation und der Preis

Die Reputation ist im Gegensatz zur Nachfrage eine "träge" Variable. Sie bewertet Unternehmungen (und nicht wie die Nachfrage die Produkte der Unternehmungen) aus Konsumentensicht. Die Reputation gewährt der Unternehmung einen "nicht-finanziellen" Kredit, indem sie die Erwartungen der Konsumenten über die Fähigkeit der Unternehmung ausdrückt, die geschaffene Nachfrage auch durch aktuelle Produktion einlösen zu können. In einer kompetitiven Umgebung kann die Unternehmung ihre Reputation (und folglich den Preis ihres Produktes) i.A. nicht *beliebig* erhöhen ohne irgendwann von eher "kaufmännisch" orientierten Konkurrenten überholt zu werden. Eine solches Vorgehen ist auf Dauer nur in einem *Kunstmarkt* zulässig[13].

Die Reputation ist in unserem Modell eine dynamische Unternehmensvariable, die auf eventuelle Diskrepanzen zwischen F&E–induzierter Nachfrage und (durch vergangene F&E–Aktivitäten geschafften) Produktionsmöglichkeiten reagiert. Wie in Absatz 9.2 gehen wir auch hier von einer F&E–Anteilsentscheidung y^{*} der Unternehmung zu einem Zeitpunkt aus. Die Kriterien dieser Entscheidung sind an dieser Stelle noch gleichgültig. In Abhängigkeit von der getroffenen Entscheidung befindet sich die Unternehmung in der aktuellen Periode in einer der folgenden drei Fälle:

1. Die Produktionsmöglichkeiten der Unternehmung übertreffen die durch vergangene F&E–Anstrengungen geweckte Nachfrage (Unterauslastung, Diskrepanz zwischen Produktneuheit und Herstellungsverfahren), $\Delta x_{t}^{i} < 0$. Aus Konsumentensicht bietet die Unternehmung ein Produkt mit (relativ) wenigen innovativen Überraschungen an.

2. Die maximal produzierbare Menge ist kleiner als die geweckte Nachfrage (Überauslastung, Diskrepanz zwischen Produktneuheit und Herstellungsverfahren), $\Delta x_{t}^{i} > 0$. Aus Konsumentensicht ist das Produkt (relativ) innovativ, die Unternehmung kann die Nachfrage nicht befriedigen.

3. Produktionsmöglichkeiten und Nachfrage stimmen überein, $\Delta x_{t}^{i} = 0$. Die Unternehmung erfüllt die Erwartungen der Konsumenten.

---

dynamischen Eigenschaften bleiben dann auch erhalten.

[13]Würden die Unternehmungen ihre Reputationen maximieren und sich darauf verständigen keine neue Produktionstechnologie einzuführen, würden wir in der Tat einen "Kunstmarkt" modellieren.

Das folgende überzeichnete Beispiel soll den Reputationsmechnismuns illustrieren: Eine Unternehmung, die ein minderwertiges Produkt mit Industrierobotern herstellt, verliert nach unserer Modellauffassung Reputation. Eine Unternehmung, die Produkte der gleichen Produktklasse aber mit hohem *Neuigkeitsgrad* und in Handarbeit herstellt, gewinnt Reputation. Der "reale" Reputationsmechanismus ist natürlich komplexer und auch in hohem Maße unscharf. Für unsere Zwecke genügt es, die qualitativen Bedingungen für die Veränderung der Reputation Δx anzugeben:

$$sgn(\Delta x) = sgn\left(d(y^*) - s(y^*)\right), \qquad \text{mit} \quad sgn(v) \quad \text{dem Vorzeichen von} \quad v.$$

Eine einfache Übergangsgleichung, die diese Bedingung erfüllt und den Betrag der Veränderungen von der schon erreichten Reputation abhängig macht, lautet:

$$x_{t+1}^i = \left\{ 1 + \rho \frac{d(y^*) - s(y^*)}{d(y^*) + s(y^*)} \right\} x_t^i, \quad \text{mit} \quad x_0^i > 0 \quad \text{gegeben.}$$

Der Parameter $0 < \rho \leq 1$ gibt die Stärke der Konsumentenreaktion auf Abweichungen von Produktion und Nachfrage an, und ist so gewählt, daß die Veränderung der Reputation in beiden Richtungen durch die Größe des Zustandes beschränkt ist, d.h. $|\Delta x_t| < x_t$. Für kleine Abweichungen der Produktion von der Nachfrage sowie für ein kleines ρ verändert sich die Reputation nur sehr langsam. Weiterhin bleibt der Zustand x (wie auch die Zustände d und q) in allen Zeitpunkten für alle zulässigen Anfangswerte der Übergangsgleichungen positiv.

Aus unserer Interpretation der Reputation folgt, daß der maximal forderbare Produktpreis der Unternehmung von der Höhe ihrer Reputation abhängt. Konsumenten würden bei Preisunterschieden innerhalb der Konkurrenzumgebung — auf Grund der dort vorhandenen Ähnlichkeit der Produkte — nur ein geringes Bedauern verspüren, zur Unternehmung (zum Produkt) mit dem kleinsten Preis abzuwandern. Das aber wissen alle Unternehmer und nehmen folglich den niedrigsten Preisvorschlag der Konkurrenzumgebung "ohne Zeitverzögerung" an.

Der **Preis** $p > 0$ der Unternehmung ist eine in der Höhe der Reputation zunehmende Funktion. Die aktuelle Reputation der Unternehmung führt in jeder Periode auf einen **Preisvorschlag** $v(x_t^i) > 0$. Damit versucht die Unternehmung einen Preis zu fordern, der ihrer Reputation entspricht. Befinden sich in einer Konkurrenzumgebung weitere Unternehmungen, so wird der Preis der aktuellen Unternehmung durch ein Preisclearing über die *nächstverwandten* Produkte (in der Umgebung U_i) bestimmt:

$$p_t^i = \min_{j \in U_i}\{v(x_t^j)\}, \qquad v' > 0, \quad v'' < 0 \quad \text{und} \quad v(0) = 0.$$

Diese Preisfunktion besagt, daß die Unternehmung innerhalb einer Konkurrenzumgebung i.A. "Preisnehmer" ist und das (lokale) Monopol bzw. die ganze Konkurrenzumgebung als "Preissetzer" auftritt. Da Preisanpassungen in den Konkurrenzumgebungen in einer Periode stattfinden, setzen sie für tatsächliche Preiserhöhungen *implizit kollusives* Verhalten der Unternehmungen voraus. Preiserhöhungen können in kompetitiven Situationen nur durch *gemeinsame* Reputationszuwächse innerhalb einer Konkurrenzumgebung erzielt werden (siehe dazu auch die Abschnitte 17 und 18).

Der hier verwendete Preismechanismus hat mehrere Vorteile. So wird verhindert, daß steigende Reputationen zwangsläufig zu höheren Preisen führen — es kann durchaus eine Diskrepanz zwischen Reputation und Preis entstehen. Weiter ermöglicht die Beschränkung der *Preiskonkurrenz* auf direkte Konkurrenten Preisdifferenzierung auf dem Markt. Schließlich kann im Modell von der zusätzlichen Entscheidungsvariable "Preishöhe" abgesehen werden (die *Freiheit der Preissetzung*, oft auch nur die Wahl des Preises als Anpassungsparameter, ist auf vielen "realen" Märkten grundsätzlich diskutabel).

In intentional ähnlichen Modellen aus der Literatur (siehe etwa Mamer und McCardle [MaMc87] für ein Duopol) läuft der in unserem Modell zu jedem Zeitpunkt stattfindende Unternehmensprozeß auf zwei Zeitskalen ab. Die erste Skala ist die *natürliche* Zeit, die zweite Skala besteht aus zwei Stufen, wobei in der ersten Stufe die (innovationsabhängige) Nachfrage generiert wird und in der zweiten Stufe (üblicherweise nach dem ersten Innovationserfolg am Markt) klassische Preiskonkurrenz einsetzt. Eine ähnliche Wirkung entsteht auch in unserem Modell (siehe Reputations–Preiswirkungen der Simulationsergebnisse aus den Abschnitten 17 und 18); dafür ist aber noch die Modellkomponente **Prozeßinnovation** (Abschnitt 10) notwendig.

Mit den dynamischen Variablen Budget, Nachfrage, Produktion, Reputation und Preis haben wir den finanziellen Ressourcenkreislauf der Unternehmng geschlossen. An dieser Stelle wollen wir noch zusammenfassend auf alle Unternehmensbereiche hinweisen, die unser Modell ausklammert. In unserem Modell abstrahieren wir von exogenen zeitabhängigen Einflüssen, Ausschüttung von Gewinnen, Kapitalmarkt und Finanzierungsformen, Aufbau von Kapazitäten durch Investitionen in "physische" Kapitalgüter, Lagerhaltung von Produkten und von dem Arbeitsmarkt.

9.4 Ähnlichkeiten zu anderen Modellen

Einige Bestandteile des bisher beschriebenen Modells haben sich in verschiedenen Modellen aus der Literatur bewährt. Die Beschränkung der direkten Konkurrenzauswirkungen auf jeweils benachbarte Positionen (territoriale Konkurrenz) ist in unterschiedlichen inhaltlichen Zusammenhängen vorausgesetzt worden. So können sich bei Economides [Ec89] Unternehmungen in einem ringförmigen Produktraum anordnen (Produktpositionierung), wobei die einzelne Unternehmung eine (Produkt–) Position sucht, die sie von ihren jeweiligen Nachbarprodukten "deutlich" unterscheidet.

Bei Nelson und Winter [NeWi82], Montaño und Ebeling [MoEb80] orientiert sich (Prozeß–) Innovation an **technologisch benachbarten** Prozessen / Unternehmungen, die allerdings über explizite technologische Distanzen der Produktionskoeffizienten erklärt sind. Bei Axelrod [Ax84] werden *evolutionäre* territoriale Imitationsspiele untersucht. Die dort betrachteten Modelle bilden zwar nicht ökonomische Prozesse ab, es wird aber (recht allgemeine) Evidenz für einen tradeoff zwischen der

Komplexität einer Entscheidungsregel, hauptsächlich ihrer Informationsbasis, und ihrem *durchschnittlichen* Erfolg angeführt. Das Kriterium der Verhaltensimitation ist dabei entweder das Auftreten einer erfolgreicheren Spielstrategie in der Nachbarschaft (des aktuellen Spielers) oder eine Majoritätsregel. Bei Axelrod [Ax84] finden wir auch den Hinweis, daß evolutionär erfolgreiche (durchschnittlich stabile) Strategien in einem Spiel mit gleichverteilt erzeugten Kontakten zwischen Rivalen auch Stabilität derselben Strategien in einem entsprechenden territorialen Spiel — etwa durch sehr spezielle Verteilungen erzeugte Kontakte der Rivalen — implizieren. Die Wahl einer lokalen Kopplungsstruktur, die bestimmte Kontakte bevorzugt, ist durch Informationskosten und *natürliche*, d.h. unumgängliche Reaktionsverzögerungen der Unternehmungen motiviert.

Die Generierung neuer Nachfrage haben wir durch die kombinierten F&E–Aufwendungen der Unternehmungen in ihren Konkurrenzumgebungen modelliert. Dabei wirken sich die F&E–Anstrengungen der Konkurrenten teils "substitutiv" und teils komplementär auf die Schaffung neuer Nachfrage aus. Entsprechende Ansätze findet man in Modellen zur sog. "network competition". Diese Modelle berücksichtigen verschiedene *Mitläufereffekte*. Solche Effekte entstehen in Märkten, in denen Produktkompatibilität und –komplementarität eine große Rolle spielt. Das Vertrauen der Konsumenten in die Funktionsfähigkeit (und die "Attraktivität" weiterer) neuer Produkte einer Unternehmung wird sowohl durch die Verbreitung der vorangegangenen Produktserie (oder Technologie) als auch durch die langfristige Festlegung der Gebrauchsgewohnheiten der Konsumenten beeinflußt. Arbeiten dazu findet man in Shapiro [Sh89] und Arthur [Ar89].

Auch auf die Zusammenhänge von Reputation und Preis sowie auf die Rolle der Preise als nachfragebestimmendes Qualitätssignal für Produkte wurde wiederholt hingewiesen (siehe etwa Wolinsky [Wo83]).

9.5   Der Fall des Duopols

Die einfachste zulässige Konkurrenzform des Modells ist das Duopol. Damit können wir einige dynamische Eigenschaften des Modells und eine einfache Rückkopplungsregel der F&E–Budgetanteile diskutieren. Unser Markt besteht jetzt aus zwei Unternehmungen ($m = 2, u_i = 2$, für $i = 1, 2$). Der Konkurrenzterm G ist ohne *funktionale Modifikationen* auf mehrere Unternehmungen erweiterbar. Daher können wir einige Resulate dieses Falls auf kompliziertere Konkurrenzsituationen übertragen. Für die hier betrachtete F&E–Rückkopplung vereinfacht sich die Dynamik des Modells. Zugleich werden auch Grenzfälle deutlich, deren Auftreten dann in der Simulation größerer Märkte ausgeschlossen werden muß.

Die Übergangsgleichungen des Modells sind von den Zuständen der *Gegenspieler* abhängig. Unterstellt man als Zielfunktion der Unternehmung etwa die Maximierung der Budgets im Endzeitpunkt, wäre formal nach Lösungen des Feedback– oder Memory-Typs in Form von Nash–, Stackelberg oder CCV-Gleichgewichten zu suchen. Die Gleichungen des Modells wurden nicht mit dem (primären) Ziel leichter analytischer Zugänglichkeit ausgewählt. So liefert etwa die Anwendung der entsprechenden Hamiltonbedingungen aus der Kontrolltheorie (zumindest in den verbrei-

teten Standardvarianten) keine notwendigen und hinreichenden Bedingungen für
ein Optimum. Die im Modell unterstellten Funktionsklassen, insbesondere nicht-
differenzierbarer Ausdrücke, Fallunterscheidungen (Minimum–Terme der Budget-
und Preisgleichungen) rufen zusätzliche Komplikationen hervor. Wie oben bemerkt,
erfordert die Abhängigkeit des Konkurrenztermes $G(d/D, y)$ vom Zustand des Konkurrenten eine (i.A. sehr aufwendige) closed–loop Lösung. Wir verzichten daher auf
die Angabe eines Optimierungsansatzes und beschränken uns auf die Diskussion folgender Fragen:

- Was geschieht, wenn man die F&E-Anteile so wählt, daß Unter- und Überproduktion (bezüglich der Nachfrage) vermieden wird?

- Wie verläuft eine F&E-Politik, die eventuelle Abweichungen der Gleichverteilung in den Anfangsnachfragen im Zeitablauf beseitigt oder zumindestens stark reduziert? Wird damit die Abhängigkeit zukünftiger Entscheidungen von der relativen Konkurrenzsituation der Unternehmung vermindert?

- Gibt es (unrealistische) *qualitative Eigenschaften* des durch die F&E–Rückkopplung erhaltenen autonomen dynamischen Systems?

Zuerst wollen wir ein vereinfachtes Modell ohne Über- und Unterproduktion betrachten. Hier kann sich die Reputation nicht verändern und wir lassen diese Gleichung folglich weg.

9.6 Nachfrage– und Produktionsgleichgewicht

Wir gehen von einem mehrfach simplifizierten Modell aus. Alle Terme des Modells,
die auf die potentielle Nachfrage $d(y)$ zurückgreifen (siehe vorige Abschnitte) verwenden hier einfach die im Vorzeitpunkt (in $t-1$) gebildete tatsächliche Nachfarge
d_t^i. Weiter nehmen wir eine vereinfachte Budgetgleichung der Form

$$q_{t+1} = s(q_t, y_t)p(x_t), \qquad \text{mit} \quad q_0 > 0 \quad \text{gegeben,}$$

an (das Budget wird danach immer **vollständig** für F&E und Produktion verwendet). Wird immer genau in Höhe der Nachfrage produziert, d.h. ist $d = s$ für alle
t, so folgt aus dieser Identität die "Politik" (F&E–Rückkopplung)

$$y_t = \frac{q_t - \left(\frac{d_t}{\sigma}\right)^{\frac{1}{\pi}}}{q_t}$$

für beide Unternehmungen. Es ist nun offensichtlich, daß in diesem Ausdruck für
$d \gg q$ die Politik y nicht mehr im zulässigen Bereich $[0,1]$ sein kann und negativ
ist. Für die Fälle $q - (d/\sigma)^{\frac{1}{\pi}} \geq 0$ erfüllt diese Politik aber formal (wie ökonomisch)
unsere Anforderungen. Das Modell hat dann folgende Gestalt:

$$d_{t+1} = \left(q_t - \left(\frac{d_t}{\sigma}\right)^{\frac{1}{\pi}}\right)^{\left\{\frac{d}{D} + \frac{q_t - \left(\frac{d}{\sigma}\right)^{\frac{1}{\pi}}}{q_t}\left(\frac{1}{2} - \frac{d}{D}\right)\right\}} + (1-\delta)d_t$$

und nach vereinfachtem Exponenten:

$$d_{t+1} = \left(q_t - \left(\frac{d_t}{\sigma} \right)^{\frac{1}{\pi}} \right)^{\left\{ \frac{1}{2} + \frac{\left(\frac{d_t}{\sigma} \right)^{\frac{1}{\pi}}}{q_t} \left(\frac{d}{D} - \frac{1}{2} \right) \right\}} + (1 - \delta)d_t$$

sowie $q_{t+1} = d_t p(x_0)$, mit $p(x_0) = \bar{p}$ konstant, da $\Delta x = 0$ bei $d = s$.

Daraus ergibt sich für das Wachstum von q und d ein direkter Zusammenhang. Die beiden Variablen können als eine Größe aufgefaßt werden, die zu zwei aufeinanderfolgenden Perioden auftritt. Ausgedrückt in einer Differenzengleichung zweiter Ordnung haben wir:

$$d_{t+1} = \left(d_{t-1}p_0 - \left(\frac{d_t}{\sigma} \right)^{\frac{1}{\pi}} \right)^{\left\{ \frac{1}{2} + \frac{\left(\frac{d_t}{\sigma} \right)^{\frac{1}{\pi}}}{d_{t-1}p_0} \left(\frac{d}{D} - \frac{1}{2} \right) \right\}} + (1 - \delta)d_t,$$

mit $d_{-1} = q_0$. Für Anfangswerte, die $q_0^i - (d_0^i/\sigma)^{\frac{1}{\pi}} \geq 0$ für $i = 1, 2$ erfüllen, hat diese Gleichung (für $d^1 = d^2$) die Eigenschaft beiden Spielern stetiges Wachstum der Zustände zu garantieren. Dabei dominiert der i-te Spieler seinen Gegner für große t in allen Variablen, falls $d^i > d^j$. Entsprechendes gilt für eine Ungleichverteilung der Anfangsbudgets. Insbesondere kann der *Anführer* ein höheres Wachstum als bei Gleichverteilung erzielen. Wir haben damit eine F&E–Politik, die bei Gleichverteilung oder bei Führerschaft in Nachfrageanteilen vorteilhaft ist.

Ist ein Spieler im Sinne des Nachfrageanteils *Nachfolger*, so ist es für ihn natürlich nicht vorteilhaft diese Politik in allen Zeitabschnitten zu benutzen. Die Mindestanforderung an eine F&E–Politik ist für unserem einfachen Duopolfall, die jeweilige Nachfragesituation (Anführer, Nachfolger) zu berücksichtigen.

Wir wollen nun auch Startwerte zulassen, für die $q_0^i - (d_0^i/\sigma)^{\frac{1}{\pi}} \geq 0$ nicht gilt. Ein einfacher Ansatz einer (dafür) modifizierten F&E–Regel ist:

$$y_t^i = \begin{cases} \dfrac{q_t^i - (d_t^i/\sigma)^{\frac{1}{\pi}}}{q_t^i} & \text{wenn} \quad q_t^i - (d_t^i/\sigma)^{\frac{1}{\pi}} \geq 0 \\[2ex] 0 < y_c \ll 1 & \text{sonst} \end{cases} .$$

Dieser Rückkopplungsregel beläßt die "Kontrollvariable" y — unabhängig von den Anfangsbedingungen — immer im zulässigen Bereich. Diese Erweiterung des Bereichs zulässigen Anfangsbedingungen ändert aber das oben festgestellte Modellverhalten nicht. Nach wie vor dominiert der Spieler mit höherer Ausgangsnachfrage irgendwann seinen Gegner.

Diese modifizierte F&E–Regel führt auch zur Aktivierung der dritten Zustandsgleichung. Ihre Veränderung ist aber auf $\Delta x_t > 0$ für alle t beschränkt. Jetzt können die Fälle $d = s$ und $d > s$ (Übernachfrage) auftreten. Entsprechend kann ein Modell für einen Zeitabschnitt mit potentieller Überproduktion ($d < s$) aufgestellt werden. Beide Modelle unterscheiden sich durch die jeweils monotonen Reputationsverläufe und die — im Vergleich zum Ausgangsmodell — vereinfachte Budgetgleichung.

	Übernachfrage	Überproduktion
d^i_{t+1}	$d(y^i_c, q^i_t, d^i_t, d^j_t)$	$d(y^i_c, q^i_t, d^i_t, d^j_t)$
q^i_{t+1}	$s(y^i_c, q^i_t)p(x^i_t)$	$d^i_t p(x^i_t)$
x^i_{t+1}	$x(y^i_c, q^i_t, d^i_t, x^i_t), \quad \Delta x > 0$	$x(y^i_c, q^i_t, d^i_t, x^i_t), \quad \Delta x < 0$

Mit dieser Aufsplittung ist es leichter möglich, das Verhalten der Übergangsgleichungen zu analysieren.

9.7 Konvergenz zur Gleichverteilung?

Berücksichtigt Spieler i in der Feedbackregel zu jedem Zeitpunkt seine (beobachtbare) Position d^i/D^i, so wird er durch Variation von y_c einen Schwellenwert $\overline{y}_c$ überschreiten, ab welchem die (monotone) Dominanz des Spielers mit höheren Anfangswerten in einen um die Gleichverteilung schwingenden Verlauf der Zustände beider Spieler verzweigt. Erhöht man y_c weiter, bleiben die Schwingungen — bis auf die Vergrößerung ihrer Amplituden — erhalten. Die abgewandelte Feedbackregel lautet nun:

$$y^i_t = \begin{cases} \dfrac{q^i_t - (d^i_t/\sigma)^{\frac{1}{\pi}}}{q^i_t} & \text{wenn} \quad q^i_t - (d^i_t/\sigma)^{\frac{1}{\pi}} \geq 0 \\[2ex] 0 < y^L_c < y^F_c \leq 1 \quad \text{L: } \textit{leader}, \text{ F: } \textit{follower} \quad \text{sonst} \end{cases}$$

Die Schwingungen entstehen durch die drei (in der Tabelle aufgeführten) abwechselnd auftretenden Fälle — und aus den sich zeitweise stark den Unter- und Obergrenzen des zulässigen Bereichs von y nähernden Aktivierungen y_c.

Insbesondere können diese "Schwingungen" der Zustandswerte in (ökonomisch) unplausiblen Mustern ablaufen. Auf die genaueren Gründe wird hier nicht weiter eingegangen. Dieses Verhalten der Modellgleichungen veranlaßt uns aber dazu, für die verbleibenden Abschnitte Unter- und Obergrenzen der F&E–Aktivierung der Form $0 < \underline{y} \leq y^i_t \leq \overline{y} < 1$ einzuführen. Diese Beschränkungen interpretieren wir dann als **institutionell** oder **marktüblich**.

10 Prozeßinnovation

Das Modell berücksichtigt bisher ausschließlich Produktperfektion durch F&E. Die Veränderungen der Produktionsprozesse führt auf den einfachsten Fall von *Strukturvariabilität*. Die Übernahme neuer (effizienterer) Produktionstechnologien durch Unternehmungen beschränken sich im Modell auf eine Erhöhung der Effizienzparameters π (siehe die Gleichung der Produktionsmöglichkeiten in Abschnitt 9.2). Da Produktionsprozesse im Modell an Produktpositionen gebunden sind, nehmen wir an, daß *ähnliche Produkte* mit *ähnlichen* Prozessen hergestellt werden. Diese

Ähnlichkeit wird aber nicht an den aktuell verwendeten Effizienzen in einer Produktnachbarschaft gemessen, sondern ist nur über die bestehende Nachbarschaft, durch nicht weiter detaillierte Eigenheiten gegeben[14].

Die Übernahme neuer Techniken ist daher kein Technikenwahlproblem, welches von einer bekannten Technologiemenge ausgeht und folglich einer gesonderten *Entscheidung* der Unternehmung bedarf. Vielmehr steht den Unternehmungen im Zeitablauf ein nur teilweise (und indirekt) beeinflußbarer Prozeß zur **Entdeckung** und **Einführung** einer effizienteren Produktionstechnik zur Verfügung.

Auf dieser Aggregationsstufe ist ein Modell der Entdeckung neuer technologischer Ideen im Sinne der Abbildung des Kreationsaktes wertlos. Auch ist nicht bekannt, ob ein solches Vorgehen bei konkreteren Vorgaben möglich ist. Wir beschränken uns daher auf die einfache Hypothese, daß durch kumulierte F&E–Aufwendungen zunehmend technologisches Wissen entsteht, daß neue Ideen enthält. Die Umsetzung solcher Ideen (Pläne) in tatsächlich "installierte" Produktionstechnologien hängt dann aber auch von der kompetitiven Umwelt der Unternehmung ab. Eine **Innovation** ist daher die Übernahme eines solchen Plans aus eigenem technologischen Wissen, während **Imitation** eigenes Wissen und mindestens eine schon realisierte Übernahme (Innovation oder Imitation) in der Konkurrenzumgebung voraussetzt. Im nächsten Abschnitt wird dieser Übernahmeprozeß beschrieben.

10.1   Innovationserfolg und Imitationserfolg

In unserem Modell produzieren alle Unternehmungen zu jedem Zeitpunkt mit genau einem Produktionsprozeß. Der Einfachheit halber wird weiter angenommen, daß für jede Produktposition (Unternehmung) nur eine kleine Anzahl diskreter Techniken *eingeführt* werden kann. Die Entwicklung *realer* Produktionstechniken führt (aufgrund des i.A. hohen Kapitalaufwands und des technischen Risikos) nur relativ selten auf Einführung / Übernahme neuer Technologien. In einem Markt mit Reputations–Preiseffekten (siehe Abschnitt 9.3) führt die Modellierung potentieller und tatsächlicher Innovationen zu einigen konzeptionellen Schwierigkeiten. Unternehmungen können auf die Einführung neuer Techniken verzichten (in der Realität ist dieses Verhalten oft zu beobachten), da sie etwa einen sehr effektiven Reputations–Preiseffekt erwarten. So treten hier zwei getrennte Prozesse auf: Der Aufbau des technischen Wissens und die Entstehung von neuen technischen Ideen (Plänen), und ein Entscheidungsprozeß, der solche Pläne zu für die Unternehmung "günstigen" Zeitpunkten in jeweils neue Produktionsverfahren überführt. Wir wollen auf diesen zusammengesetzten Prozeß verzichten und die Übernahmedynamik in einer einfachen Form darstellen, die diese Teilprozesse nur grob annähert.

Zur Vereinfachung setzen wir technisches Wissen c (als Generator eigener technischer Ideen) mit in der Vergangenheit kumulierten F&E–Ausgeben der Unternehmungen gleich:

$$c^i_{t+1} = y^i_t q^i_t + c^i_t, \quad \text{mit} \quad c^i_0 = 0 \quad \text{gegeben,}$$

---

[14]Auf die Verwendung "technologischer Distanzen", etwa der Abweichung der Produktionskoeffizienten zwischen Unternehmungen, wird verzichtet.

wobei c_t^i auf κc_t^i, zurückgesetzt wird, $0 \leq \kappa \leq 1$, wenn $\Delta k^i > 0$ in t.

Ist ein neues technisches Niveau erreicht (eine neue Technik eingeführt), wird der für zukünftige Übernahmen relevante Wissensstand zurückgesetzt. Das spezifische Wissen für weitere Einführungen muß neu erworben werden.

Das Ereignis *Einführung einer effizienteren Technik* $\Delta k > 0$ hängt von den kumulierten F&E-Aufwendungen c_t^i der Unternehmung, von den aktuellen F&E-Anstrengungen und den erreichten technischen Niveaus aller Unternehmungen aus der Konkurrenzumgebung ab. Wir verwenden einen **Übernahmeprozeß**, der bei technologischer Führerschaft und (lokaler) Monopolstellung der Unternehmung weitere Innovation (Übernahmen) *erschwert* und die Konkurrenzwirkung bei gleichen technischen Niveaus in der Konkurrenzumgebung neutralisiert. Weiter begünstigt relative technische Rückschrittlichkeit die Übernahme einer effizienteren Technik durch Möglichkeiten zur Imitation. Die aktuelle technologische Wettbewerbsposition wird durch die Variable z_t^i erfaßt:

$$z^i = k^{i-1}y^{i-1} + k^{i+1}y^{i+1} - 2k^i y^i \qquad \text{für eine } 2-\text{er Umgebung von } i.$$

Die aktuelle Wettbewerbsposition drückt die Opportunität der Übernahme einer effizienteren Technik durch Imitation technologisch fortgeschrittener (und gegenwärtig in F&E aktiver) Konkurrenten aus. Eine weitere Motivation dieses Terms ist, die Opportunität von technischer Innovation für (lokale) Monopole (für die $z^i = -2k^i y^i$ gilt) zu reduzieren[15].

Die Übernahme einer neuen Technik in t wird dann ausgelöst, wenn folgende drei Einflüsse zusammentreffen:

- *ausreichende* Akkumulation von Wissen (c_t^i),

- *fördernde* kompetitive Bedingungen (z_t^i) und

- in der aktuellen Periode F&E-Aktivität vorhanden ($y_t^i > 0$).

Diese Annahmen werden in einer *Übernahmefunktion* f zusammengefaßt. Überschreitet f einen Schwellenwert $\overline{f}$, d.h. ist

$$f(c^i, z^i, y^i) > \overline{f} \rightsquigarrow k_{neu},$$

dann findet die Übernahme einer neuen Produktionstechnik in t statt. Die Forderung von F&E-Aktivität der Unternehmung im Zeitpunkt des Innovations- oder Imitationserfolges findet man auch bei Reinganum [Re81],[Re82] (siehe Teil I, Abschnitt 2.3). Der technologische Übernahmeprozeß wird formal in Anlehnung an **zelluläre Schwellenwert-Automaten** modelliert (siehe Demongeot et.al. [DeGo85]). Die Unternehmung kann den Entdeckungs- und Übernahmeprozeß nur über die eigene F&E-Aktivierung beeinflussen. Die (vorausgesetzte) Abhängigkeit des Innovationserfolges von der aktuellen technologischen Konkurrenzsituation und die Abhängigkeit der kumulierten F&E-Ausgaben (technologisches Wissen)

---

[15]Die vieldiskutierte *Innovation nach Schumpeter*, die gerade "Monopolen auf Zeit" einen hervorragende Rolle im Innovationsprozess beimißt, wird hier nicht berücksichtigt

von der eigenen Budgetentwicklung bedeutet aber, daß die Übernahme neuer Techniken von vergangenen und gegenwärtigen F&E–Anstrengungen der Unternehmung und ihrer direkten Konkurrenten (i.A. gemeinsam) bestimmt wird.

Im Modell wird für jede Unternehmung zu jedem Zeitpunkt (des Simulationslaufes) durch f überprüft, ob *hinreichende Bedingungen* für die Übernahme einer neuen Produktionstechnik gelten. Es wird natürlich vorausgesetzt, daß diese Übernahmen von den Unternehmungen zu jedem Zeitpunkt prinzipiell erwünscht sind. Die Übernahmefunktion lautet ausführlich:

$$f(c^i, z^i, y^i) := \gamma_p(1 - e^{-\gamma_c c^i})e^{\gamma_z z^i}y^i \geq 0, \qquad \text{mit} \quad \gamma_p, \gamma_c, \gamma_z > 0.$$

Ohne Einschränkung der Allgemeinheit findet dann eine Übernahme $k^i + \Delta k^i$ statt, wenn $f^i \geq \pi^i_{k+\Delta k}$ gilt. Für jede Produktposition lassen wir daher eine begrenzte Anzahl zunehmend effizienter Produktionstechniken $\pi_k \stackrel{\text{def}}{=} \pi(k)$ aus Π zu (siehe auch Abschnitt 9), wobei

$$\Pi^i = [\pi^i_1 \ldots \pi^i_{\overline{k}}], \qquad \text{mit} \quad \overline{k} \geq 2 \quad \text{und} \quad \pi^i_k < \pi^i_{k+1} \quad \text{für} \quad k \in \{1, \ldots \overline{k} - 1\}.$$

Für alle nachfolgenden Simulationsläufe lassen wir für jede Unternehmung genau fünf technische Stufen mit den Produktionseffizienzen

$$\pi^i_k \in \{0.60, 0.65, 0.74, 0.86, 1.00\}$$

zu. Die technologische Endkonfigurationen des Marktes wird dann durch die Extremfälle

- "Technik 1 bekannt und von jeder Unternehmung benutzt" und
- "Technik $\overline{k}$ bekannt und von jeder Unternehmung benutzt"

eingegrenzt. Wir nennen die Einführung einer Technik k_{neu}, $k_{alt} < k_{neu} \leq \overline{k}$ durch eine Unternehmung **Imitationserfolg**, wenn diese Technik mindestens einer anderen Unternehmung aus der Konkurrenzumgebung bekannt ist. Findet eine Entdeckung — außerhalb einer Konkurrenzumgebung, in der das technische Niveau k_{neu} schon erreicht wurde — statt oder führt die Entdeckung auf die höchste technische Stufe in der Konkurrenzumgebung, so nennen wir sie **Innovationserfolg**.

In den Simulationsläufen werden alle Unternehmungen mit π^i_1 initialisiert. Die Parameter $\gamma_p, \gamma_c, \gamma_z$ werden so gewählt, daß im Anfangszeitpunkt in keiner Unternehmung eine Übernahme stattfinden kann, d.h. $f^i < \pi^i_2$ für alle Unternehmungen in $t = 0$.

Hohe F&E–Anteilsaktivierung führt — in einem ungünstigen Wettbewerbsumfeld nicht zur Übernahme neuer Techniken. Obwohl *schnelle* technologische Übernahmen ausbleiben, wird technisches Wissen akkumuliert und eventuelle Übernahmen auf spätere Zeitpunkte verschoben. Durch geeignete Wahl der Strukturparameter $\gamma_p, \gamma_c, \gamma_z$ und κ erzeugen wir raum–zeitliche Muster des technischen Fortschritts, in denen die technische Erfolgsrate der Unternehmungen mit steigendem

c zunimmt. Die Erstinnovationen bleiben i.A. auf (räumlich) enge und "nichtzusammenhängende" Bereiche im Produktraum begrenzt. Die zeitliche Abfolge der Entdeckungen sieht oft *zufällig* aus. Innovative Übernahmen bilden bei (lokaler) Konkurrenz im Zeitablauf Diffusionskegel. Unter (lokalen) Monopolen finden technische Durchbrüche nur äußerst selten statt.

Die Eigenschaften des Übernahmeprozesses skizzieren wir im Folgenden anhand eines *reduzierten* Modells. Das reduzierte Modell enthält nur einige Komponenten des Kernmodells. So verwenden wir auch hier "Märkte" mit Konkurrenzumgebungen U_i, F&E–Anteile y^i, nehmen aber zusätzlich technisches Wissen c^i, die Übernahmeprozesse f^i und technische Niveaus k^i auf. Die vernachläßigten "ökonomischen" Komponenten des Kernmodells werden durch "zufällige Einflüsse" ersetzt. Alle Konkurrenzumgebungen U_i enthalten wie im Hauptmodell "Unternehmungen" mit maximal zwei direkten Konkurrenten, d.h. $u_i = 3$ für alle Positionen i. Die technischen Niveaus laufen über $k \in 1, \ldots, 5$ und wir verwenden eine vereinfachte Gleichung für das kumulierte Wissen, gegeben durch y^c, mit $y^c_{t+1} = \overline{q}y_t + y^c_t$ und $y^c_0 = 0$. Die Werte für y_t werden zufällig erzeugt und $\overline{q} > 0$ ist konstant. Das Verhalten von f ist in Abbildung 3 durch die Abfolge der im Zeitablauf über f erreichten "technischen Niveaus" k^i_t festgehalten.

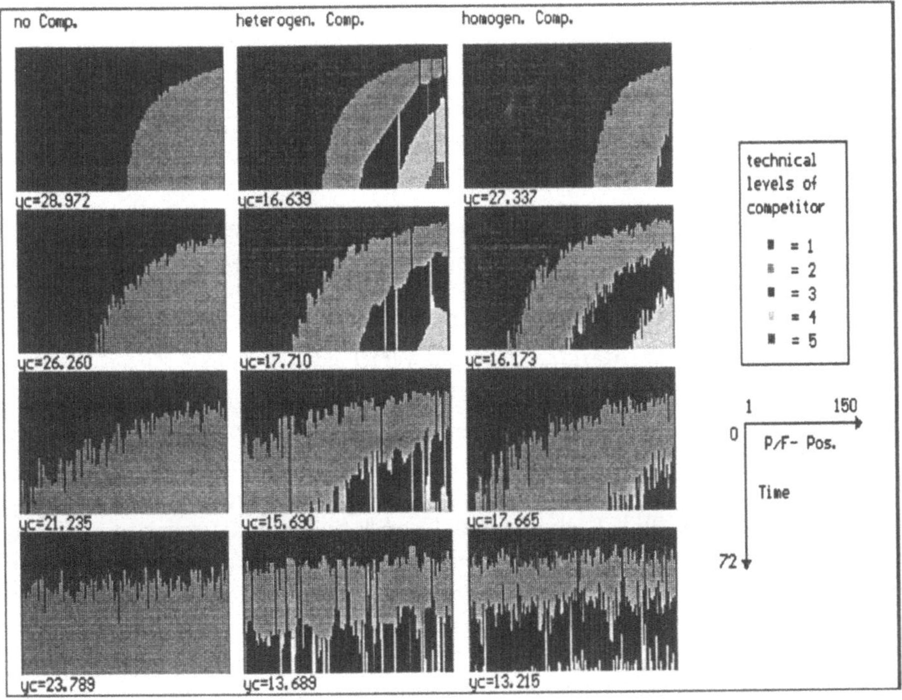

Abb. 3   Abfolge von *Innovationserfolgen* in einem vereinfachten Modell mit 2–er Konkurrenzumgebung ($u_i = 3$)

Für jeden der hier dargestellten (12) Läufe wird der für eine Position i in Richtung t geltende Mittelwert von $y_{tt}^i = 0, \ldots$ jeweils von links ($i = 1$) nach rechts (bis $i = 150$) erhöht. Die tatsächlichen Aktivierungen von y_t^i werden dann um diesen Trend zufällig erzeugt. In Abb. 3 folgen in einer Spalte jeweils vier Läufe aufeinander, wobei im obersten Lauf jeweils nur eine geringe maximale Abweichung der y_t^i von ihrem Mittelwert (Abweichung von 0.05) zugelassen wird und die folgenden Läufe mit höheren maximalen Abweichungen (0.33, 0.66 und 0.95) zunehmend stärker "gestört" werden.

In jedem der in Abb. 3 gezeigten Simulationsläufe wird das reduzierte Modell über 72 Perioden iteriert. Jede der drei Spalten der Darstellung steht für Läufe mit unterschiedlichen Annahmen zur Konkurrenzwirkung:

- Für den linken Fall aus Abb. 3 sind alle Konkurrenzeffekte ausgeschaltet. Die Funktion z reduziert sich auf $z^i = -2z^i y^i$. Dieser Fall tritt im Originalmodell ein, wenn sich Unternehmungen durch Wegfall des Einflusses ihrer direkten Konkurrenten in einer lokalen Monopolsituation befinden.

- Der mittlere Fall besteht aus Situationen mit heterogener Konkurrenz. Dabei wird z nach der vollständigen Formel bestimmt. Dieser Fall kommt einer typischen Marktentwicklung mit vollständigen Konkurrenzeinflüssen des Originalmodells am nächsten.

- Im rechten Fall stehen die Positionen i in homogener Konkurrenz zueinander. Hier wird $z = 0$ für alle Positionen i und alle Zeitpunkte t gesetzt. Diese nur im reduzierten Modell zu erzwingende "Gleichheit" aller Konkurrenten zeigt, wie sich die technischen Niveaus entwickeln, wenn die Übernahmefunktionen nur von eigenen (vergangenen und gegenwärtigen) F&E–Anstrengungen abhängen.

Die in Abb.3 gezeigten raum–zeitlichen Verläufe werden im Originalmodell, wegen der dort hinzukommenden Rückkopplungen, nicht in dieser reinen Form auftreten. Das reduzierte Modell liefert aber einen groben Überblick über die Auswirkung verschiedener Konkurrenzannahmen auf die Entwicklung der technischen Niveaus der Unternehmungen eines Marktes. Auch die verschiedenen Konkurrenzsituationen treten im Originalmodell natürlich gemischt auf.

Im reduzierten Modell hat jede Unternehmung i eine Liste von $\overline{k} = 5$ potentiellen Techniken, die nacheinander eingeführt werden können. Dabei erfolgen die Innovationen bei **homogener Konkurrenz** (rechts) relativ früh und bei Unterdrückung der Konkurrenzeffekte (links) relativ spät. Gemäß Annahme korreliert die Häufigkeit des Übergangs zu neuen Techniken mit den der Höhe der (kumulierten) F&E–Aufwendungen (positiv). Im Fall **heterogener** Konkurrenz ist diese Korrelation auch positiv, aber niedriger. So bilden sich durch den hier vollständigem Konkurrenzterm z raum–zeitliche Strukturen heraus, die durch die oben beschriebenen Brems- und Nachzieheffekte der technologischen Niveaus der jeweiligen Konkurrenznachbarschaft hervorgerufen sind. Über längere Zeiträume können sich relativ stabile Blöcke mit hohen technischen Niveaus herausbilden. Weiter ist es unter diesen Konkurrenzbedingungen wahrscheinlicher, daß durch eine Innovation mehrere technische Stufen übersprungen werden ($\Delta k > 1$).

Aus diesem groben Einblick kann man nur wenig über eine technologisch erfolgreiche Budgetierungspolitik ableiten, da diese Politik eventuell selbst "Nachzieheffekte" der Prozeßinnovation ausnützt. Die Annahme endlich vieler entdeckbarer Techniken mit unbekannter Anzahl $\bar{k}$ würde für diesen Modelltyp ein zusätzliches strategisches Element einführen (vergleiche das strategisch analoge Problem in Axelrod [Ax84], mit Entscheidungen für endlich oft wiederholte 2–Personen Spiele und unbekanntem Zeithorizont). Der endliche Zeithorizont und die endliche Anzahl entdeckbarer Technologien sind in unserem Modell nur technische Beschränkungen. Die Unternehmungen verhalten sich in ihren Innovationsanstrengungen aber so als gäbe es eine (potentiell) unendliche Abfolge von effizienteren Techniken zu entdecken.

Unser technologischer Übernahmeprozeß könnte auch durch einen Zufallsprozeß mit spezieller Verteilung *angenähert* werden. Diese Verteilung wäre von der *technologischen* Situation in der jeweiligen Konkurrenzumgebung und von dem akkumulierten Wissen auf jeder Produktposition abhängig. So könnte aus einer (zustandsabhängigen) Verteilung für jede aktive Produktposition und für jedem Zeitpunkt eine Zufallszahl gezogen werden, die dann bei Überschreiten eines Schwellenwerts das Ereignis *Innovationserfolg* auslöst. Durch die gegenwärtige Entdeckungsfunktion kann man aber eine solche *Stochastifizierung* des Modells vermeiden.

Das Auftreten von Innovationserfolgen ist konzeptionell von den *Prozeßinnovationen durch stetigen Lernerfolg* zu trennen. In diesem Fall wäre die Prozeßeffektivität eine zunehmende, positive Funktion der bisherigen tatsächlichen Produktion. Da diese Komponente im Modell nicht vorgesehen ist, soll darauf hingewiesen werden, daß sich zumindestens bei steigenden Erträgen aus der Verbreitung (Nutzung) konkurrierender Technologien ein Zusammenspiel von Lerneffekten und Innovationserfolgen derart ergeben kann, daß überlegene Technologien *ökonomisch* langfristig nicht überleben können (siehe Arthur [Ar89] und Abschnitt 3.1).

11 Qualitative Unternehmenssituationen bei lokaler Konkurrenz

Das Ziel unserer Modellierung besteht in der Angabe und Validierung räumlich und zeitlich myopischer F&E–Rückkopplungsregeln. Die "räumliche" Begrenzung ist durch die Beschränkung der Informationsradien der Unternehmungen auf lokale Konkurrenz gegeben. Zur Festlegung des zeitlichen Horizonts für die Informationsgewinnung nehmen wir an, daß die Unternehmung die Folgen ihrer potentiellen Aktivitäten höchstens eine Periode vorausberechnet und auch keine Informationen berücksichtigt, die mehr als eine Periode in der Vergangenheit liegen. In späteren Abschnitten geben wir fünf F&E–Rückkopplungsregeln an, die diese Informationsbasis benutzen. In diesem Abschnitt schränken wir die lokal verfügbare Information weiter auf qualitative Situationen einer Unternehmung ein, die ihre Konkurrenzsituation im Bereich der Nachfragegenerierung und ihre aktuellen Produktionsmöglichkeiten berücksichtigt. Diese qualitativen Informationen dienen dann für drei der fünf konkurrenzabhängigen F&E–Regeln als ausschließliche Informationsbasis. Die qualitativen Unternehmenssituationen setzten in dem Bereich an, der in unse-

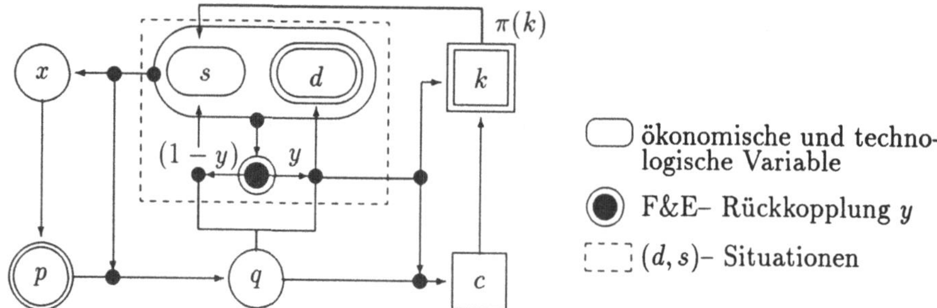

Abb. 4   Beobachtungsbereich für die Feststellung der (d, s)–Situationen, vergl. Abb. 1

rem Modell die tatsächliche Absätzhöhe der Unternehmung bestimmt. In diesem Bereich treffen die ökonomischen und technologischen Einflüsse vergangener Unternehmensaktivitäten zusammen. Abbildung 4 zeigt noch einmal die ökonomische und technologische Rückkopplung in unserem Unternehmnsmodell und markiert den Bereich, der für die Bestimmung der potentiellen Nachfrage–Produktionsmöglichkeiten relevant ist.

Wir setzen dafür vorraus, daß die Unternehmung ihre Nachfrage– und Produktionsmöglichkeiten für die nächste Periode antizipieren kann. Von der Genauigkeit solcher Informationen hängt dann auch die Fähigkeit der Unternehmung ab ausgezeichnete F&E–Aktivierungen "korrekt" zu wählen. Für viele Unternehmungen sind genauere Vorausberechnungen dieser Art aber kaum möglich. Im Modell werden wir *diese* reduzierte Fähigkeit der Informationsbeschaffung nicht explizit berücksichtigen. Unternehmungen können, etwa auf Grund (hier nicht näher auszuführender) interner Strukturen, eher zu nur schwer vorhersagbarem Potential neigen. So kann, anders als in unserem Modell vereinfachend angenommen, die Genauigkeit der Vorausberechnung der potentiellen F&E–induzierter Nachfrage mit zunehmenden periodenweisen F&E–Anteilen abnehmen.

Bei geeigneter Wahl von Ober– und Untergrenzen der F&E–Aktivierung, d.h. $0 < \underline{y} \leq y \leq \overline{y} < 1$, können sich die Unternehmungen im Zeitablauf nur jeweils in einer der folgenden vier Situationen potentieller Nachfrage–Produktionsmöglichkeiten befinden:

Die erste Situation (A) ist durch einen Nachfragedefekt über die zulässige Aktivierung der F&E–Anteile gekennzeichnet. Der Unternehmung steht ein Produktionsverfahren zur Verfügung, das — für alle in der Periode möglichen F&E–induzierten Nachfragen (insbesondere auch bei vollem Einsatz der Ressourcen für F&E) — zu Überproduktion führt. Diese Situation kann etwa in einer frühen Marktphase durch eine besonders effiziente Technik bei niedrigem Preisniveau entstehen.

In der zweiten Situation (B) weckt die Unternehmung — für jede zulässige Aufteilung des Budgets in F&E–Aufwendungen und Produktion — mehr Nachfrage als sie mit dem aktuellen Produktionsverfahren herstellen kann. Die Wahrscheinlichkeit für B steigt, wenn der Nachfrageanteil der Unternehmung in der Konkurrenzumgebung klein ist oder wenn die Herstellungsverfahren mit der Produktentwicklung nicht schritthalten.

Die dritte Situation (C) entsteht, wenn die Unternehmung einen großen Marktanteil in U erreicht. Wegen ihrer *Frontstellung* im Bereich der Produktentwickung ist es riskant, zu hohe F&E-Anteilsaufwendungen einzusetzen. In dieser Situation haben die Kurven der Produktionsmöglichkeiten und der potentiellen Nachfrage zwei und mehr Schnittpunkte. Bei "angepaßtem" F&E-Anteil kann die Unternehmung das höchstmögliche Nachfrageniveau realisieren, die verminderten Ausgaben in F&E führen dann aber auch zu einem kleineren Periodenbeitrag zum Aufbau des technischen Wissen c (siehe Abschnitt 10.1).

Die vierte Situation (D) entsteht, wenn für alle zulässigen F&E- Aufwendungen genau ein Schnittpunkt zwischen den Kurven der Produktionsmöglichkeiten und der potentiellen Nachfrage vorliegt. Hier ist ein (eindeutiges) **potentielles Gleichgewicht** zwischen Produktentwicklung und Herstellungsverfahren möglich. Im Unterschied zu C ist D nicht auf Unternehmungen mit großem Marktanteil beschränkt. Daher ist die Wahrscheinlichkeit für das Eintreten von D erheblich höher.

Die vier qualitativen Situationen werden in der Variablen $(d,s)_t^i \in \{A, B, C, D\}$ erfaßt (siehe Abb. 5). Im Modell werden die qualitativen Situationen als Inputs für die in Abschnitt 18 definierten F&E–Budgetierungsregeln verwendet.

Auf einem Markt hängt die typische zeitliche Abfolge und die relative Häufigkeit des Eintritts der vier Unternehmenssituationen von der raum–zeitlichen Entwicklung der Konkurrenzwirkungen und von der *räumlichen* Initialisierung der *ökonomischen* und der *technischen* Variablen des Modells ab. Eine allgemein–deduktive Klassifikation solcher qualitativer Marktentwicklungen ist wegen der Vielzahl möglicher Feedback-Vorschriften für die F&E-Anteile kaum möglich (solche Fragen werden für "große" dynamische Modelle mit ähnlicher Formalstruktur in Arbeiten aus Almeida und Wellekens [AlWe90] diskutiert).

Im Modell ist die Funktion unserer qualitativen Situationen A, B, C und D zweifach: Erstens werden sie als Input für später zu definierende Budgetierungsregeln benötigt. Dort erfüllen sie die Rolle einer aggregierten und diskreten Klassifikation der aktuellen ökonomischen Aktionsmöglichkeiten der Einzelunternehmung. Zweitens ergibt die globale Entwicklung dieser qualitativen Situationen eine Konfiguration, die einen *qualitativen Vergleich* mit anderen Märkten ermöglicht. Weiter können solche Konfigurationen benutzt werden, um — nach ausreichender Erfahrung durch Simulation — aus ihrer Entwicklung auf zukünftige Marktereignisse zu schließen. Liegen die Entwicklungen der dynamischen Variablen eines Marktes vor, enthält die (d,s)-Konfiguration zusätzliche *interne* Informationen, d.h. sie ist eine zusätzliche Erklärungskomponente oder ein *verborgener Zustand* des Modells. In der Literatur zu dynamischen Konkurrenzmodellen *vieler* Unternehmungen werden üblicherweise strukturell identische Unternehmungen betrachtet, die sich nur in ihren Anfangsbedingungen unterscheiden. In unserer Modellierung können wir die Problemstellung *umkehren*, indem wir etwa die Entwicklung von sich in ihren Strukturen (potentiell) unterscheidenden Unternehmungen, aber mit gleichen Startbedingungen, betrachten.

Für den Fortgang der Modellierung ist es notwendig, die von den Unternehmungen beobachtbaren Variablen festzulegen. Alle F&E-Feedbackregeln, die für "F&E-Entscheidungen" stehen, dürfen nur beobachtbare Variablen benutzen.

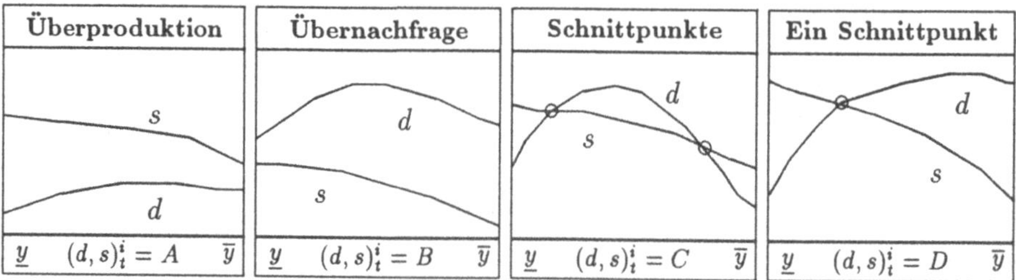

Abb. 5   Vier qualitative $(d,s)^i_t$–Situationen mit $0 < \underline{y} < \overline{y} < 1$

Grundsätzlich kann eine Unternehmung nur Variablen derjenigen Konkurrenten beobachten, die sich in ihrer direkten Konkurrenzumgebung befinden. Gewisse Ausnahmen gelten, wenn zu einem Zeitpunkt weniger Konkurrenten, als die in der aktuellen Konkurrenzumgebung maximal zulässige Anzahl, aktiv sind (zum Beispiel auf Grund von Marktaustritten). Auf diese Ausnahmen wird in den entsprechenden Abschnitten (ab 20) hingewiesen. Insbesondere kann eine Unternehmung beobachten, ob eine benachbarte Produktposition von einer anderen Unternehmung besetzt ist, welchen Nachfrageanteil sie innerhalb der Konkurrenzumgebung selbst erreicht hat und welchen Produktionsprozeß mit ihr konkurrierende Unternehmungen benutzen. Die qualitativen Unternehmenssituationen sind "interne" Informationen der Unternehmung. Daher lassen wir ihre Beobachtbarkeit (für Konkurrenten) nicht zu.

Schließlich besteht noch ein Zusammenhang zwischen Innovation und Imitation der Herstellungsverfahren aus Abschnitt 10.1 und den qualitativen Unternehmenssituationen. Für das Modell ergibt sich nach unserer Diskussion der technologischen Entdeckungsprozesse die Folgerung: Die Einführung einer neuen Technik kann die Unternehmung, über die Wirkung von $\pi_{k_{neu}}$ auf die potentiellen Produktionsmöglichkeiten s, in eine andere (d,s)-Situation versetzen. Insbesondere kann ein Übergang aus den Situationen D, C und B in die Situation **potentielle Überproduktion** A erfolgen. Befindet sich eine Unternehmung in A, so kann sie in ihrer Konkurrenzumgebung Preiskonkurrenz auslösen.

12   Marktaustritte auf Grund ökonomischer Ineffizienz

Das Simulationsmodell wird neben den später noch einzuführenden F&E–Rückkopplungsregeln im wesentlichen durch die "harte" Austrittsbedingungen für ökonomisch ineffiziente Unternehmungen gesteuert. Diese Austrittsbedingungen wirken unbedingt und sie basieren, im Gegensatz zu den in Abschnitt 9 angekündigten Aktivitätsverlagerungen der Unternehmung, nur auf absoluten Leistungsdaten der Unternehmungen.

Solche **Marktaustritte** entsprechen einerseits der ökonomischen Realität, andererseits verhindern sie im Modell pathologische Entwicklungsmuster. Würde man auf

Marktaustritte gänzlich verzichten, können im Modell Situationen auftreten, in denen Unternehmungen auf sehr kleinen Zustandswerten überleben und sich dadurch jeder ökonomischen Interpretation entziehen.

Eine Unternehmung verläßt den Markt, wenn sie ein Mindestkriterium für kurz- und langfristiges Wachstum bezüglich ihres Budgets und ihrer Nachfrage (einmalig) nicht erfüllen kann. Die Unternehmensleistung wird hier also nur am Produktmarkt gemessen. Das Marktaustrittskriterium lautet

$$(q_t^i < \epsilon_0^q q_0^i) \quad \vee \quad (q_t^i < \epsilon_p^q q_{t-1}^i) \quad \vee \quad (d_t^i < \epsilon_0^d d_0^i) \qquad \leadsto \quad \textbf{Marktaustritt von} \ \ i,$$

mit ϵ_0^q, ϵ_p^q und ϵ_0^d positiven Konstanten, die im Simulationsmodell gewählt werden. Die Austrittskonstanten können sehr restriktiv sein, indem man etwa nur beständig "wachsende" Unternehmungen am Markt überleben läßt. Mit Hilfe extremer Austrittsbedingungen kann man die Wachstumsmöglichkeiten des Marktmodells leicht extrapolieren. In den nachfolgenden Simulationsläufen werden wir stets nur die folgenden Austrittskonstanten verwenden:

$$\epsilon_0^q \in \{0.4, 0.9\}, \quad \epsilon_p^q = 0.2 \quad \text{und} \quad \epsilon_0^d = 0.5.$$

Je nach Höhe der Austrittskonstanten ϵ_0^q sprechen wir dann von **nachsichtigen** bzw. **strengen** Austrittsbedingungen.

13 Ziele der Akteure des Konkurrenzmodells

In einem Markt mit technologischem Wettbewerb haben verschiedene ökonomischen Akteure unterschiedliche Zielsysteme. Die Einzelziele der Akteure sind i.A. formale Extremierungsvorschriften. Einzelziele können aber auch "qualitative" Vorgaben sein, deren exakte Formulierung weniger offensichtlich ist. Ein Zielsystem ist darüberhinaus immer vom betrachteten Zeithorizont abhängig. Die Zielsysteme der Akteure unterscheiden sich in ihren Einzelzielen nur teilweise und dann oft nur durch die "Richtung" der Extremierungsvorschrift (siehe auch Teil I, Abschnitt 7.3). In den nächsten Abschnitten diskutieren wir daher die Ziele der Marktakteure zunächst ausführlich und etwas losgelöst von einer konkreten Verwendung in unserem Modell. Danach treffen wir einen Kompromiß und formulieren eine Liste von "objektiven" Marktkennzahlen für den Endzeitpunkt unserer Marktsimulationen. Diese Liste ist fortan unsere aggregierte ex-post Bewertung der Märkte. Verschiedene Marktakteure bevorzugen dann auch unterschiedliche Ausprägungen der Liste der Marktkennzahlen.

Unser Modell enthält explizit dargestellte und implizite Akteure. Darüberhinaus treten in realen Märkten noch weitere Akteure auf, die wir im Modell nicht berücksichtigen, deren Präferenzen bezüglich der Marktresultate aber ebenfalls diskutiert werden sollen. Die so erweiterte Liste der Marktakteuere enthält

- innovierende und daher auch *produkt- und technologieverpflichtete* Unternehmungen (im Modell explizit dargestellt),

- Konsumenten (über Verhaltensannahmen implizit gegeben),

- an "schnellen" Profiten interessierte und *nicht technologiegebundene* Investoren sowie

- den an bestimmten Marktstrukturen und Markterfolgen interessierten Staat.

Ignoriert man zunächst die unterschiedlich langen Zeithorizonte dieser ökonomischen Akteure, besteht das gemeinsame Interesse an einem möglichst "profitablen" und auf längere Sicht wachsenden Markt. Diese Forderung ist wegen ihrer räumlichen, zeitlichen und funktionellen Unbestimmtheit zu abstrakt um eine von allen Interessen gleichermaßen akzeptierte formale Zielfunktion zu bilden, die dann zur Bestimmung der F&E–Politik direkt benutzt würde[16]. Wir weisen an dieser Stelle daher noch einmal darauf hin, daß die Ziele der Akteure in den folgenden Abschnitten zwar als Extremierungsvorschriften formuliert sind, diese aber an keiner Stelle des Modells formal, d.h. in einer die Zukunft bewertenden Rückwärtsrechnung benutzt werden.

Bei Betrachtung der Zielsysteme der einzelnen Akteure ergeben sich nur wenige grundsätzlich antagonistische Positionen — d.h. Anforderungen, die sich in *allen* Teilzielen widersprechen. In den nächsten Unterabschnitten werden wir daher die spezifischen Teilziele der Akteure diskutieren.

13.1　Ziele der Einzelunternehmung und des Staates

Die innovierende Einzelunternehmung strebt zum Ende ihres Zeithorizonts im einfachsten Fall ein möglichst hohes Budget an. Dabei ist es für sie unerheblich, ob dieser "kommerzielle" Erfolg durch hohe (Mengen–) Nachfrage oder durch hohe Preise erreicht wird. Damit gilt für die i-te Unternehmung

$$\max_{Y^i} q_T^i, \qquad \text{mit} \quad Y^i = \{y_0^i, \ldots, y_{T-1}^i\} \quad \text{der } i\text{-ten Kontrollsequenz,}$$

und T dem Planungshorizont. Ziele bezüglich anderer Unternehmenszustände sind dem Budgetziel hier untergeordnet. Je nach Rolle des Planungshorizonts (seiner Länge und der damit verbundenen Risikoeinstellung der Unternehmung) können auch andere Unternehmenszustände unmittelbar zielrelevant sein.

Der Staat ist an produktiven Märkten interessiert. Daher ist für ihn das Gesamtbudget des Marktes am Ende Planungshorizontes abzüglich aller gewährten Zuschüsse von primärer Bedeutung. So kann man annehmen, daß der Staat die Marktentstehung durch Starthilfen (Budgets in $t = 0$) erst ermöglicht hat:

$$\max_{S} \sum_{i=1}^{m} q_T^i - S, \qquad \text{mit} \quad S = \sum_{i=1}^{m} \sum_{t=0}^{T} \sigma_t^i, \qquad \sigma_t^i \geq 0,$$

---

[16]Im Abschnitt 8 haben wir zur Begründung der Konkurrenzformen auch weitere Gründe angeführt, die für unser Modell einen "globalen" Optimierungsansatz ausschließen.

mit S den über alle Zeitpunkte und allen Unternehmungen gewährten Zuschüssen oder *Starthilfen* in der Form von Anfangsbudgets[17]. Der Zielfunktionswert kann daher auch negativ sein. Dieser durchschnittliche (erwartete) finanzielle (Markt–) Erfolg ist auch für Einzelunternehmungen, die ihr Erfolgsrisiko vor einem Markteintritt minimieren wollen von Bedeutung.

13.2 Ziele aus Konsumentensicht

Konsumenten bevorzugen einen hohen "sozialen Marktwert", i.A. niedrige Preise, ferner (subsidiär) ein möglichst hohes kumuliertes F&E–Niveau (Wissen) und die daraus im Durchschnitt resultierenden, höheren *Neuigkeitsgrade* der Produkte. Das kollektive F&E–Niveau tritt in den Arbeiten von Reinganum [Re81], [Re82] als Maßstab für den *öffentlichen* oder *sozialen* Wert von Innovationen auf. Dieser öffentliche Wert des Marktes (*öffentlich* geht hier etwas über den direkten Konsumentennutzen hinaus) ist danach durch die Summe der F&E–Anstrengungen über alle aktiven Produktpositionen und die Zeit gegeben

$$\max \sum_{i=1}^{m} \sum_{t=0}^{T} y_t^i q_t^i.$$

Weiter ist der Konsument auch an einer möglichst großen Produktauswahl interessiert. Produktauswahl und Preisniveau sollen — am Ende des Simulationshorizontes — aus Konsumentensicht von folgenden (formalen) Zielen möglicht wenig abweichen:

$$\max \sum_{i=1}^{m} \alpha_T^i \qquad \text{und} \qquad \min \sum_{i=1}^{m} p_T^i$$

mit $\alpha^i = 1$, wenn das i–te Produkt angeboten wird und $\alpha^i = 0$ wenn das i–te Produkt vom Markt verschwunden ist bzw. auf dem Markt nie angeboten wurde. Ferner zieht der Konsument "volle" Konkurrenz der Anbieter *reduzierter* Konkurrenz oder auch (der Häufung von) *lokalen Monopolen* vor.

13.3 Strukturelle Ziele

Als strukturelles Ziel bezeichnen wir eine möglichst gute Übereinstimmung des Endzustandes eines Simulationslaufes mit einem Referenzzustand, welcher in unserem Fall eine *gewünschte* Marktkonfiguration darstellt. Ein solcher Referenzzustand besteht aus einer "festgelegten Besetzung" der verschiedenen Modellvariablen im Produktraum — etwa der Prozeßniveaus oder der Produktpositionen. Der Endzustand muß aber nicht eine eindeutige Konfiguration sein, sondern kann gegebenenfalls aus mehreren alternativ möglichen Konfigurationen bestehen, soweit diese bestimmte Ähnlichkeitsanforderungen erfüllen. Die wichtigsten Fragestellungen sind dann die

---

[17]Ab Abschnitt 20 werden auch *Neueintritte* von Unternehmungen zu Zeitpunkten $t > 0$ des Simulationslaufes zugelassen.

Erreichbarkeit solcher Zustände durch die Modelldynamik und die Größe des Attraktionsgebietes dieser Zustände. Eine Lösung dieser Probleme geht über die in dieser Arbeit angestrebten Resultate weit hinaus. Es liegt nahe zu vermuten, daß es dafür keine allgemeinen Antworten gibt (siehe auch entsprechende Bemerkungen aus Abschnitt 10).

13.3.1 Produktdiversität

In innovations– und technologieintensiven Märkten ist eine Mitwirkung des Staates aus einer Reihe von Gründen gefordert. Neben seiner Aufgabe, die Effizienz solcher Märkte sicherzustellen (siehe Abschnitt 13.1), stellt sich auch oft das Problem, *wirtschaftspolitisch* bevorzugte Marktstrukturen anzustreben und zu begünstigen. Hier entstehen Anforderungen wie

- Stabilisierung von Wettbewerb; es wird eine konkurrenzfördernde Verteilung der Marktmacht der Konkurrenten angestrebt und

- Begünstigung hoher Produktdiversität und gegebenenfalls auch hoher Technikendiversität.

Informal sind diese *strukturellen* Ziele zwar einleuchtend, sie führen aber i.A. auf eine (zu) große Zahl alternativ möglicher Formalisierungen. Aus diesen Zielen können (prinzipiell) stufenweise Auszahlungen der Unternehmungen und des Staates für ein (extensives) Spiel ermittelt werden. Hier entstehen jedoch zwei Probleme. Erstens ist es keineswegs trivial, aus einem Marktmodell mit nur teilweise bekannten dynamischen Eigenschaften und aus "informalen" Zielen einen *korrekten* Entscheidungsbaum abzuleiten. Zweitens führt ein (hier zu erwartender) komplexer Entscheidungsbaum i.A. auf eine große Zahl von (koexistierenden) nichtkooperativen Gleichgewichten (siehe z.B. VanDamme [vDa87]).

Eine pragmatischere Formulierung der strukturellen Ziele benötigt Ähnlichkeitsmaße für die möglichen Endkonfigurationen der Simulation. Die Ziele sind dann oft Satisfizierungsvorschriften. Alternativ können die Abweichungen von den Referenzkonfigurationen bestraft werden:

$$\min \| K_{ref} - K_T \|.$$

Die Referenzgröße K_{ref} stellt eine Konfiguration im Produktraum dar, die möglichst viele besetzte Positionen enthält (Diversität), in der sich die Unternehmungen auf möglichst hohem technischen Niveau k (umgesetzte Prozeßinnovation, siehe Abschnitt 10.1) und in der potentiellen Wachstumssituation D oder B (siehe Abschnitt 11) befinden. Die Variable für die tatsächliche Marktkonfiguration K_T ist dann entsprechend

$$\| K_T \| := \sum_{i=1}^{m} k_T^i \delta_{i,T}^{(d,s)},$$

$$\text{mit} \quad \delta_{i,T}^{(d,s)} = \begin{cases} 1 & \text{wenn Unternehmung } i \text{ in } (d,s)\text{- Situation } B \text{ oder } D. \\ 0 & \text{sonst} \end{cases}$$

Aus Sicht des Staates sollte auf dem Markt "fairer Wettbewerb" überwiegen. Dafür

sollen Unternehmungen mit ähnlicher Marktmacht möglichst in direkter Konkurrenz zueinander stehen. Durch so eine Vorgabe erhöht sich auch die Wahrscheinlichkeit, daß in der Marktentwicklung Unternehmenssituationen des (d,s)-Diagramms mit hohem Akkummulationspotential (Situationen B und D) überwiegen.

Ein Maß hierfür, das für einen Markt mit identischen Konkurrenten den kleinsten Wert annimmt, ist für den Endzeitpunkt T durch den Ausdruck

$$\min \sum_{i=1}^{m} \sum_{j \in U_i} |d_T^j - d_T^i|$$

gegeben. Ein alternatives Maß belohnt die Aufrechterhaltung eines hohen Produktangebots bei Vermeidung *reduzierter* Konkurrenzsituationen:

$$\max \sum_{i=1}^{m} (\sum_{j \in U_i} \alpha^j) - \alpha^i,$$

mit $\alpha = 1$, wenn die i-te Produktposition in T besetzt ist (und mit $\alpha = 0$ anderenfalls).

13.3.2 Finanzorientierte Investoren

Die Kapitalsituation einzelner Unternehmungen kann auch durch finanzorientierte Investoren beeinflußt werden. Diese Akteure sind nicht primär am Erfolg eines bestimmten Produktes sondern an kurzfristigen Profiten (Überschüssen) interessiert. Neben willkommenen Kapitalinfusionen bewirkt die Präsenz finanzorientierter Investoren bei innovierenden Unternehmungen eine Verkürzung ihrer Planungshorizonte. Es entsteht die Tendenz, kurzfristig maximales Budgetwachstum anzustreben. Danach gilt für die Unternehmung im Zeitpunkt t folgende Zielfunktion:

$$\max_{Y_v^i} q_{t+v}^i, \qquad \text{mit} \quad Y_v^i = \{y_t^i, \ldots, y_{t+v}^i\} \quad \text{und} \quad t + v \leq T.$$

Der Einfluß *finanzorientierter* Investoren kann im Modell durch die Parameter ϵ_0^q, und ϵ_p^q angegeben werden. Diese Parameter bestimmen den Marktaustritt einer Unternehmung im Fall unzureichender Budgetakkumulation (siehe Abschnitt 12). Für den gegenwärtigen Zweck kann der Marktaustritt einer Unternehmung *strikt* an kurzfristige Mißerfolge gekoppelt werden. Mit diesem Parameter geben wir damit auch eine **institutionell–kulturelle** Marktgegebenheit an, die insbesondere über Märkte in verschiedenen Ländergruppen variiert (Investoren verschiedener Länder(gruppen) haben i.A. unterschiedliche Risikoeinstellungen und Auffassungen zu *ökonomischer Konkurrenz*, siehe Teil I, Abschnitt 6).

13.4   Die Kriterienliste des Konkurrenzmodells

Nach der allgemeinen Diskussion der Ziele verschiedener Marktakteure des Modells geben wir nun eine Liste von Marktkennzahlen an, die von den ökonomischen Akteuren nach Ablauf des Simulationsexperiments bewertet wird.

Diese Liste ist das aggregierte ex–post–Resultat eines oder mehrerer Simulationsläufe (z.B. gegeben durch gleiche Strukturparameter bei verschiedenen Budgetierungspolitiken). Sie beschreibt den im Endzeitpunkt der Simulation erreichten *Marktzustand*. Eine Ergebnisliste bezieht sich auf Unternehmungen, die nach bestimmten Kriterien ausgewählt werden. So werden die Kennzahlen z.B. für alle auf dem Markt im Endzeitpunkt aktiven Produktpositionen (Unternehmungen) oder für alle Unternehmungen die eine F&E–Budgetierungspolitik verwenden berechnet. Kennzahlen zu "unternehmensinternen" Zuständen werden über die überlebenden Unternehmungen gemittelt (siehe auch Abschnitt 15) und geben *Erfolge einer durchschnittlichen* Unternehmung an:

1. **Marktform und Robustheit von Konkurrenzbeziehungen**

m_0	Anzahl aktiver Produktpositionen zum Anfangszeitpunkt. (nur relevant ab Abschnit 20).
m_T	Anzahl aktiver Produktpositionen zum Endzeitpunkt.
$\hat{a}$	Durchschnittliches Unternehmensalter (vom Endzeitpunkt aus abwärts gezählt).
$p^o = \|\{p_T^j\}\|$	Anzahl der Preisblöcke (Diversität, rel. Unabhängigkeit der Unternehmensblöcke).

2. **Ökonomische Bewertung der durchschnittlichen Unternehmung**

$\hat{q} = \dfrac{\sum_i (q_T^i - q_0^i)}{m_T}$	Das Budget (Finanzieller Unternehmenserfolg).
$\hat{d} = \dfrac{\sum_i d_T^i}{m_T}$	Die Nachfrage (Fähigkeit zur Nachfragegenerierung).
$\bar{p} = \max_j \{p_T^j\}$	Maximalpreis (Erfolg des Reputationsmechanismus).
$\underline{p} = \min_j \{p_T^j\}$	Minimalpreis (Erfolg der Preiskonkurrenz).

3. **Technologische Bewertung des Marktes**

$\hat{c} = \dfrac{\sum_i c_T^i}{m_T}$	Kumulierte F&E–Ausgaben (technologisches Wissen).
$\hat{k} = \dfrac{\sum_i k_T^i}{\bar{k} m_T}$	Tatsächliches technologisches Niveau (Innovationserfolge).

Die Indizes i laufen über die im Endzeitpunkt T noch "überlebenden" Unternehmungen. Um Vielfachzählung zu vermeiden enthält die Menge $\{p_T^j\}$ die von den Unternehmungen in T geforderten Preise.

So kann der Erfolg der durchschnittlichen *Unternehmung* am Akkumulationserfolg (hohe Nachfragen und Budgets), am Preisniveau (Erfolg des Reputationsmechanismus) und an der Überlebenschance gemessen werden. Der *Staat* strebt kompetitive Marktformen, Diversität des Angebots und ein hohes technologisches Niveau der Unternehmungen an. Der Nutzen der *Konsumenten* steigt mit fallendem Preisniveau und mit der Ausweitung des Produktangebots. Der *finanzorientierte Investor* ist je nach Risikoeinstellung an Märkten interessiert, die a) eine hohe Wahrscheinlichkeit der Bildung lokaler Monopole aufweisen (risikofreudiger Investor) oder b) durch eine stabile Marktform mit wachsender erwarteter Durchschnittsnachfrage gekennzeichnet sind (etwa ein risikodiversifizierender Investor).

14 Unvollständige Konkurrenz und nichtklassische Modelle

Unter nichtklassischen Modellen verstehen wir eine strukturvariable Repräsentation der Konkurrenzmodelle. Solche Modelle sind durch die Annahme lokaler (in bezug auf den Markt unvollständiger) und i.A. variabler Konkurrenzabhängigkeiten der Unternehmungen gegeben. Weiter bedeutet Strukturvariabilität, Bewegungen der Unternehmungen im Produkt- und im Prozeßraum zuzulassen. In späteren Abschnitten erhält das Modell zusätzliche Freiheitsgrade, die "Bewegungen" der Unternehmung im Produktraum ermöglichen.

Strategische Unternehmensmodelle und mikroökonomische Modelle mit sich nur teilweise deckenden Konkurrenzumgebungen wurden in der Literatur in verschiedenen Zusammenhängen betrachtet. Carpenter [Car89] konstruiert ein Modell zur Markenpositionierung von Produkten über eine *Perzeptionsabbildung* ("perceptual map"). Durch diese Abbildung wird aus Distanzen von Produktmarken — wie sie in der Eigenschaftsbewertung durch die Konsumenten bestehen — die Stärke des Preis- und Marketingwettbewerbs bestimmt. Nelson und Winter [NeWi82] sowie Montaño und Ebeling [MoEb80] verwenden Maße *technologischer Ähnlichkeit*, um die direkte Wirkung in der Evolution von Techniken in nichtoptimierenden Ökonomien zu beschreiben.

Die in dieser Arbeit gewählten diskreten Nachbarschaftsstrukturen sind eine mögliche Implementation unvollständiger Konkurrenz auf Märkten mit vielen innovierenden Unternehmungen. Gegebenenfalls können im Modell Marktaustritte von Unternehmungen stattfinden und danach (lokale) Oligopole oder auch Monopole auftreten. Neben den intendierten Eigenschaften zeigt sich hier auch ein gewisser Nachteil unserer Konkurrenzvoraussetzungen. Die **lokalen Monopole** können erst durch die Wahl der *harten* Begrenzung der direkten Konkurrenzwirkungen, anstelle einer mit der Distanz zur aktuellen Unternehmung kontinuierlich abnehmenden Konkurrenzwirkung, entstehen. Das lokale Monopol steht dann nicht mehr in Wechselwirkung mit dem Markt. Dieser Nachteil wird durch die im Abschnitt 20 eingeführten *Aktivitätsverlagerungen* der Unternehmung im Produktraum teilweise aufgehoben.

14.1 Modellrahmen und Strategien bei nichtklassischen Modellen

Bei technisch "hinreichend einfachen" Modellen hat die klassische Modellierung von Konkurrenzprozessen den Vorteil, Ergebnisse analytisch ableiten zu können. Solche Ergebnisse liefern dann oft auch Aussagen zur Sensitivität der Lösungen oder sogar eine Charakterisierung der gesamten Modellklasse. Kennzeichnend für klassische Modelle sind identische Unternehmungen, eine konstante Anzahl von Techniken und / oder Unternehmungen und die Suche nach Gleichgewichtsstrategien. Klassische Simulationsmodelle behandeln die Konkurrenzprozesse meist **nicht territorial**. Zeitliche Übergänge, Kontakte zwischen Konkurrenten sowie zwischen Produzenten und Konsumenten werden hier hauptsächlich durch Zufallsmechanismen erzeugt.

Über die im Abschnitt 14 genannten Bereiche hinaus gibt es in der Literatur unübersehbar viele Beiträge, die das gegenwärtig aktuelle Managementproblem *technologischer Wettbewerb* empirisch beleuchten. In diesen Beiträgen wird über informallogische Szenarien versucht, zukünftige Marktstrukturen und für Unternehmungen erfolgversprechende Strategien vorherzusagen. Dieses Vorgehen läßt sich nur schwer formalisieren, da es sich um sog. "Designprobleme" handelt. Damit ist gemeint, daß weniger nach (allen) Eigenschaften einer bekannten Struktur gefragt wird, sondern zu bekannten Strukturen neue, hypothetische Strukturen mit vermeindlichen Vorteilen hingezufügt werden. Viele Abhandlungen der Forschungsbereiche *Long Range Planning, Corporate Identity, Strategy of Organisations* (zusammenfassend etwa *strategisches Management*) haben sich inzwischen auf diese Vorgehensweise spezialisiert.

Zu den Konzepten *Design – Steuerung – Management* und ihrer Anwendung in der Modellkonstruktion findet man in Zeigler [Ze84] eine ausführliche Diskussion der unterschiedlichen Implikationen auf Simulationsmodelle. Es ist keineswegs die Regel, daß der Entwurf (Design) eines Systems aufwendiger als dessen — nachfolgend fast immer anfallende — Steuerungsanforderungen oder dessen Management sein muß. Folgende (und viele andere) Beispiele unterschiedlichster Herkunft illustrieren diese Behauptung: Computerhardware (Design) — Betriebssysteme (Steuerung), Institution Nationalbank (Design) — Geldpolitik (Steuerung, Management), militärischer Flugkörper (Design) — dessen optimale Steuerung (z.B. bei Präsenz mehrerer "Freund- und Feindobjekte" usw.).

In der (eher formal orientierten) Modellierung hat die Entwicklung neuer "Designs" zu Gunsten der *Steuerung von gegebenen und gut bekannten Objekten* an Attraktivität und Aktualität verloren. Diese Situation läßt sich eventuell auf die äußerst diskutablen Erfolge der Modellierung *großer* d.h. politischer, technisch–ökonomischer und ökologischer Systeme zurückführen. Oftmals handelt es sich dabei um demokratisch–partizipative Konzeptentwicklungen mit "zu hoher" Zielsetzung. Partizipative Entwürfe versuchen oft, neue Konventionen mit zu komplexen Steuerungsanforderungen (mit zu vielen Freiheitsgraden) durchzusetzen. In solchen Systemen bleiben die Auswirkungen von Verhaltensabweichung der (normierten) Modellakteure undurchsichtig.

In ökonomischen (Modell–) Systemen sollte daher weniger auf *Leistung unter Idealbedingungen* und mehr auf Steuerungsanforderungen geachtet werden, die von den Akteuren "leicht" internalisiert werden können. In Nelson und Winter [NeWi82] findet man eine ausführliche Diskussion der Rolle unternehmerischer (unbewußter) Talente, d.h. der erfolgreichen Internalisierung relevanter Steuerungsanforderungen. Für ein Modell eines Entscheidungsprozesses ist daher bedeutend, ob die ermittelten, durchschnittlich erfolgreichen Entscheidungen in der Realität plausibel automatisierbar sind oder von den Akteuren, zumindest ohne wiederholten intellektuellen Aufwand, wiederholbar sind.

Aus dieser allgemeinen Diskussion sowie aus Abschnitt 14 folgt für unser Modell, daß der Auswahl eines geeigneten Realtätsauschnittes (*"experimental frames"*, siehe z.B. Zeigler [Ze84], S.236 ff) für den Modellierungsgegenstand besondere Aufmerksamkeit zukommen muß. Neben grundlegenden Voraussetzungen wie lokalen Konkurrenzstrukturen und einem (einfachen) Unternehmensmodell mit F&E-induzierter Nachfrage, betrachten wir Strukturvariabilität (Freiheitsgrade der Bewegung im Produkt- und Technologieraum) als essentielle Bestandteile technologischer Konkurrenz. Zum bisher entwickelten Konzept eines dynamischen Konkurrenzmodells kann man (leicht) Elemente wie Marktaus- und –eintritt von Unternehmungen bzw. Aktivierung und Deaktivierung von Produktpositionen hinzufügen. So kann ein Produkt vom Markt verschwinden, wenn die (es) produzierende Unternehmung ineffizient ist aber auch wenn die Unternehmung das Produkt "aufgibt" und ihr Kapital in andere Unternehmungen *transferiert*. Die Besetzung einer Produktposition kann durch *Diversifikation* oder durch *Neupositionierung* der Unternehmung erfolgen. F&E-Budgetierungsregeln können im so erweiterten Kontext ihre (durchschnittlichen) Erfolgsaussichten ändern. Der Staat kann über Subventionen bestimmte Marktstrukturen belohnen. Investoren können die Ziele der Unternehmungen durch Kapitalbeteiligung verändern. Die nächste Aufgabe des Experimentrahmens ist die Wahl einer geeigneten Outputmenge aus den Ablaufdaten des Modells, um die entstehenden Märkte zu interpretieren und auszuwerten.

15 Die Simulation des Kernmodells – Struktur und Parametrisierung der Läufe

Das *Kernmodell* besteht aus den bisher beschriebenen Modellkomponenten *Produktmarkt und Unternehmung* (Abschnitt 9), *Prozeßinnovation* (Abschnitt 10) und den noch einzuführenden *F&E–Rückkopplungsregeln* (Abschnitte 17 und 18). Diese Komponenten und die im Abschnitt 20 eingeführten Modellerweiterungen sind im Simulationsprogramm SCP[18] implementiert. Da wir die F&E–Budgetierungspolitiken jeweils mit entsprechenden Simulationsläufen illustrieren, geben wir in diesem Abschnitt zuerst allgemeine Erläuterungen zum Simulationsprogramm. Ein Simulationsexperiment ist im Programm SCP

- für einen Einzellauf oder

- für eine größere, kontrollierte Anzahl von Läufen

zu wählen. In beiden Fällen ist eine Liste von Steuer- und Strukturgrößen festzulegen. In einer Reihe von Testläufen wurde das Modell vorab kalibriert. In den nachfolgenden Läufen, deren Ergebnisse wir ab Abschnitt 17 diskutieren, werden nur jeweils geringfügige Änderungen einiger Steuer- und Strukturparameter

---

[18]Simulator for Competitive Processes, ausgeführt in der Programmiersprache PASCAL

vorgenommen. Die verbleibenden Parameter werden aus dem jeweils letzten Lauf übernommen.

Im folgenden wird eine Übersicht über die Funktion und den Definitionsbereich der wählbaren Parameter gegeben. Die Einteilung der Parameter nach ihrer inhaltlichen Rolle im Modell ergibt die Blöcke KONKURRENZWIRKUNGEN und MARKT, TECHNOLOGIEN, KONSUMENTEN sowie die direkt den Unternehmungen zugeordneten Blöcke ZUSTÄNDE und PERIODENENTSCHEIDUNGEN. Eine weitere Unterteilung der Parameter wird nach Gruppen von *Definitionsbereichen* und nach dem *globalen* oder *lokalen* Einfluß der Parameter im Simulationsprogramm durchgeführt. Durch die Bezeichnung der *Definitionsbereiche* werden Wahlmöglichkeiten (und Grenzen der Experimentwahl) unmittelbar deutlich. Der Einfluß eines Parameters ist im Modell *global*, wenn der eingesetzte Wert für alle Unternehmungen gilt und *lokal*, wenn jeder Unternehmung aus dem Markt ein eigener Wert zugeordnet werden kann. Vor dem Beginn der Simulation kann die lokale Belegung der Parameter durch Ziehung von Zufallszahlen aus einer *global* bestimmten Verteilung erfolgen.

DEFINITIONSBEREICH	GLOBAL	LOKAL
reell	Strukturparameter Verteilungen: -konstant -gleich -gleich mit steigendem zufälligem Anteil	Anfangswerte, Ober– und Unter- grenzen
diskret und potentiell unendlich	Zeithorizont Max. Anzahl Unternehmungen Max. Anzahl Technologien Umgebungsgrößen	
Menüpunkte	Randbedingungen und Konkurrenzwirkungen Aktivitätsverlagerung im Produktraum F&E–Politikenverteilung auf Unternehmungen	F&E–Politikwahl

Auf dem Initialisierungsblatt des Simulationsprogramms SCP stehen Kurznamen für Variablen und Parameter, die wir in der folgenden Liste erklären. Bei den Blöcken "Unternehmung: Zustände", "Technologien" und "Konsumenten" bedeutet ein "a" vor dem Kurznamen *Absolutwert* (Erwartungswert) der Variable und ein "d" vor dem Kurznamen die *maximale Variation* um diesen Erwartungswert. Die Spalten der Tabelle enthalten nacheinander: die Kurznamen der Variable im Programm, die Bezeichnung der Variable im Text, ihre Bedeutung und schließlich, die Abschnitte des Buches, die dazu Definitionen und Erklärungen enthalten. Einträge der Form "-" bedeuten, daß es im Text zu dieser Variable keine weiteren Ausführungen gibt (z.B. für "Seed1", den Anfangswert des Zufallsgenerators). Dieser Variablentyp hat keine inhaltliche Bedeutung, ist aber für die numerische Umsetzung des Modells notwendig.

Reelle Strukturparameter werden durch die Vorgabe von Stützstellen innerhalb der Ober– und Untergrenzen variiert. So können eventuelle Strukturveränderungen der Simulationsergebisse grob abgeschätzt werden. Damit können wir zwar keine vollständige Analyse der Modelleigenschaften durchführen; es ist aber ein akzeptabler tradeoff zwischen "Vollständigkeit" und dem mit steigender Zahl von Werteverzweigungen sehr schnell ansteigenden Rechen– und Speicheraufwand zu erreichen.

LISTE DER KURZNAMEN DES INITIALISIERUNGSBLATTES			
ALLGEMEINE STRUKTURPARAMETER			
Seed1	-	Initialisierung des Zufallsgenerators	-
kmax	T	Zeithorizont	(9)
m	m	Maximale Anzahl Unternehmungen / Produktpositionen	(9)
KONKURRENZWIRKUNGEN			
SnoDC	u_i	Größe der direkten Konkurrenzumgebung	(9)
ConnTyp	-	Typ der Konkurrenzwirkungen	(9)
MARKT			
ent_ext	-	Aktivitätsverlagerung im Produktraum (ein / aus)	(20)
SclSucc	τ^d	Bedingung zur Aktivitätsverlagerung bezogen auf Nachfrage	(20)
MinSucc	τ^q	Bedingung zur Aktivitätsverlagerung bezogen auf Budget	(20)
EntryThr	-	Skalierungsfaktor für Markteintritt	-
Exit.aq0	ϵ_0^q	Austrittsbedingung bezogen auf Budget zum Nullzeitpunkt	(12)
Exit.aqp	ϵ_p^q	Austrittsbedingung bezogen auf Budget zum Vorzeitpunkt	(12)
Exit.ad0	ϵ_0^d	Austrittsbedingung bezogen auf Nachfrage zum Nullzeitpunkt	(12)
UNTERNEHMUNG: PERIODENENTSCHEIDUNGEN			
PolTyp	-	Politiktyp, Einzelpolitik oder Politikverteilung	(17, 18)
yabs	y_0	Höhe der F&E–Budgetierung zum Nullzeitpunkt	(17, 18)
dy	-	Maximale Variation der F&E–Budgetierung zum Nullzeitpunkt	-
yun	$\underline{y}$	Untergrenze zulässiger F&E–Anteile	(9, 11)
yob	$\overline{y}$	Obergrenze zulässiger F&E–Anteile	(9, 11)
UNTERNEHMUNG: ZUSTÄNDE			
da	d_0	Anfangswert Nachfrage	(9.1)
qa	q_0	Anfangswert Budget	(9.2)
xa	x_0	Anfangswert Reputation	(9.3)
TECHNOLOGIE / PRODUKTEIGENSCHAFT			
aproc	σ	Skalierungsfaktor Produktion	(9.2)
aprox	π_1	Effizienz Produktion	(9.2, 10)
aeto	ψ	Skalierungsfaktor 1 kompetitive Nachfrage	(9.1)
aecc	β	Skalierungsfaktor 2 kompetitive Nachfrage	(9.1)
anu	ζ	Skalierungsfaktor 3 kompetitive Nachfrage	(9.1)
KONSUMENT			
aprec	-	Skalierungsfaktor für Preisvorschlag	(9.3)
aprex	-	Exponent der Funktion Preisvorschlag	(9.3)
aalpha	ρ	Skalierungsfaktor Reputationsveränderung	(9.3)
adelta	δ	Vergessensrate Nachfrage	(9.1)

Neben dem *Einzellauf*, für den alle Parameter manuell gesetzt werden, kann man den *automatischen Ablauf* als Folge ausgewählter Simulationsexperimente wählen. Dafür wird bestimmt, welche der Parameter variiert werden und in welcher Reihenfolge diese Veränderungen stattfinden. Die im Wahlmenü (Abbildung 6) enthaltenen 50 Parameter sind für ein Modellierungsziel i.A. nicht von gleicher Relevanz. Um die Transparenz des Modellablaufes zu erhöhen, werden die aktuell getroffenen Veränderungen im Experimentblatt markiert. Wir werden uns dabei auf eine relativ kleine Anzahl von Parameteränderungen beschränken. Für unser

erstes inhaltliches Modellierungziel, *Validierung der F&E–Politiken unter strukturierten Konkurrenzbedingungen*, beschränken wir uns in den Abschnitten 17 und 18
auf folgende Parameterkonstellation:

1. Form der Konkurrenzstruktur: (offen, symmetrisch, maximal
   zwei direkte Konkurrenten).

2. Aktivitätsverlagerungen im Produktraum: (keine).

3. Politikwahl: (Pro Markt eine F&E–Politik).

4. Austrittsbedingungen, bezogen auf das Anfangsbudget: ("Exit.aq0" bzw.
   $\epsilon_0^q \in \{0.4, 0.9\}$); wir nennen sie **nachlässige** sowie **strikte** Austrittsbedingungen.

5. Vergessensrate der Nachfrage: ("adelta" bzw. $\delta \in \{0.1, 0.25\}$); wir nennen sie
   hohe und **reduzierte** Nachfrageträgheit.

Eine vollständige Speicherung der Daten der Simulationsläufe ist zu aufwendig.
Daher werden nur *aggregierte* und *qualitative* Resultate der Marktentwicklungen
(dauerhaft) und zu Vergleichen herangezogen.

```
| filepos= 345  treepos=  1 / 8

        GENERAL              FIRM: CONTROLS           TECHNOLOGY
 switch = 3               [ PolTyp = Evolg ]     aproc = 1.200
 Seed1 = 1987654322         yabs = 0.425          dproc = 0.000
 kmax =  40                 dy = 0.000            aprox = 0.600 N
 m =  40                    yun = 0.050           dprox = 0.000
                            yob = 0.800           aeto = 0.330 N
      CONNECTIVITY                                deto = 0.000
                             FIRM: STATES         aecc = 1.000
 SNoOC =   2                da = 120.000 R        decc = 0.000
 ConnTyp = sym            [ dd = 0.000 ]          anu  = 1.100
        MARKET              qa = 700.000 N        dnu  = 0.000
                            dq = 0.000
[ ent_ext = ee_ni ]        xa = 36.000 N             CONSUMER
 SclSucc = 0.900           dx = 0.000
 MinSucc = 0.800           GPr = 10.000          aprec = 1.000
 EntryThr = 1.000                                dprec = 0.000
[ Exit.aq0 = 0.400 ]                             aprex = 1.000
 Exit.aqp = 0.200                                dprex = 0.000
 Exit.ad0 = 0.500                                aalpha = 0.089
                                                 dalpha = 0.000
 Dv:Mv = 0.250:0.720                           [ adelta = 0.100 ]
                                                 ddelta = 0.000
```

Abb. 6   Initialisierung eines Simulationslaufes

Da *territoriale Konkurrenz* eine wichtige Arbeitshypothese der Modelle ist, können
sich die Resultate aber nicht vollständig auf statistische, höchstaggregierte Maße,
wie sie im Fall stochastischer Simulation nichtterritorialer Konkurrenzmodelle ausreichen würden, beschränken.

Für die Auswertung der in den Abschnitten 17, 18 und 19 angegebenen Simulationsläufe mit einer F&E–Politik pro Markt stellen wir die Resultate in einer Folge
von "Ergebnisblättern" graphisch und numerisch dar. Diese Bildfolge besteht jeweils aus

1. einer Experimentbeschreibung (Initialisierung) und einer Liste der aggregierten Marktkennzahlen,

2. einer Darstellung der raum–zeitlichen Entwicklung der *qualitativen* Unternehmenssituationen und der technischen Niveaus der Unternehmungen,

3. einer Darstellung der durchschnittlichen Zeitverläufe der Unternehmenszustände Nachfrage, Budget und Reputation und der F&E–Anteilsbudgetierung; Anfangs– und Endkonfigurationen dieser Unternehmenszustände und die Verteilung der Nettobudgets der Unternehmungen im Endzeitpunkt, und

4. einer Darstellung der raum–zeitlichen Entwicklung der F&E–Anteile, der Nachfragen, der kumulierten F&E–Ausgaben, der Budgets, der Reputationen und der Preise.

Aggregierte Marktergebnisse werden als Erfolgsbewertung einer Strategie in einer Tabelle (siehe auch die Tabelle aus Abschnitt 13.4) zusammengefaßt, die neben der Experimentinitialisierung erscheint. Am Ende einer Simulationsreihe vergleichen wir die aggregierten Marktergebnisse und die durchschnittlichen Marktverläufe aller F&E–Anteilspolitiken / Märkte.

16 Rückkopplungsregeln der F&E–Budgetierung

In den vorigen Abschnitten haben wir Konkurrenzformen für Märkte mit unvollkommenem Wettbewerb und innovativen Unternehmungen definiert und ein dynamisches Unternehmensmodell entwickelt. Wir haben auch ausführlich diskutiert, daß Informationen über Konkurrenten und Auswirkungen von Unternehmens– und Konsumentenaktivitäten i.A. auf lokale Konkurrenznachbarschaften der Anbieter beschränkt werden können.

Diese spezifischen Informations– und Wirkungskanäle beschränken für unsere Unternehmungen die Typen der F&E–Rückkopplungsregeln. Diese Typenbeschränkung ist für die "praktische" Implementierbarkeit der F&E–Entscheidungsregeln aber durchaus von Vorteil. In den nächsten Abschnitten definieren wir daher ausschließlich raum–zeitlich–**myopische** "F&E–Politiken".

Die Details der Regeln werden durch Überlegungen zur Koordination von technischen und ökonomischen Fähigkeiten der Unternehmungen bestimmt. Die erfolgreiche Koordination dieser Fähigkeiten führt dann (annahmegemäß, besonders unter Wettbewerb) zu langfristig guten Wachtumschancen der Unternehmung. Die Details der F&E–Regeln werden auch durch alternative Annahmen zur Risikoeinstellung der Unternehmung festgelegt. So kann eine Unternehmung (subjektiv, für uns nicht weiter begründbar) etwa kurzfristige Akkumulationserfolge bevorzugen oder auf zukünftige Auswirkung innovativer Aktivitäten und Reputation setzen. Weiter kann eine Unternehmung versuchen, sich vom Einfuß des Wettbewerbs "abzukoppeln". Ein F&E–Regel kann bestimmte ökonomische und technologische (Risiko–) Profile der Unternehmung ausdrücken oder auch auf ökonomische und technologische Ungleichgewichte in der Konkurrenzumgebung reagieren.

Die **Einfachheit** der F&E–Regeln ist mit ihrer plausiblen Implementierbarkeit verbunden und aus mehreren Gründen von Bedeutung. Wie schon in den Abschnitten 8 und 13.1 angedeutet, nehmen wir an, daß die "globale" Optimierung eines Ziels für eine Unternehmung in großen kompetitiven Märkten unseres Typs zu aufwendig ist (schon für unser *Modell* ist dieses Vorgehen i.A. nicht möglich). Vom inhaltlich-ökonomischen Standpunkt der Modellierung aus gesehen, scheint noch wichtiger, daß die innovative Unternehmung ein (vom Zeithorizont abhängiges) *Zielsystem* verfolgt. Dieses Zielsystem enthält auch "informal-qualitative" Teilziele.

Die Implementierbarkeit einer Entscheidungsregel hängt weiter von der Qualität (Genauigkeit) der benötigten Daten ab. Es muß plausibel sein, daß die Unternehmung diese Daten (meist aus myopischen Vorausberechnungen, z.B. den potentiellen Nachfrage-Produktionsmöglichkeiten aus Abschnitt 11) zuverlässig und ohne hohe Informationskosten erzeugen kann.

Schließlich hängt die Implementierbarkeit einer Entscheidungsregel noch von ihrer "kompetitiven Robustheit" ab. In einem Markt ist eine F&E–Regel kompetitiv robust, wenn ihre Aktionen nicht von anderen Unternehmungen "ausgebeutet" werden können. Eine F&E–Regel kann bezüglich aller, nur bestimmter, oder bezüglich keiner konkurrierenden F&E–Regel robust sein. Insbesondere gibt es auch F&E–Regeln, die nur in Märkten deren Unternehmungen dieselbe Politik verwenden, robust sind.

Die folgende Tabelle listet Namen und Bedeutung unserer F&E–Politiken auf. Die Kurzbeschreibung enthält auch die von der Politik (von den Unternehmungen) intendierte Wirkung[19]:

$\mathcal{C}$:	**Konservativ** oder **Koordinator**	risikoscheu
$\mathcal{T}$:	**Technologie–** oder **reputationsorientiert**	risikofreudig
$\mathcal{D}$:	**Aggressiver Konkurrent**	risikofreudig
$\mathcal{I}$:	**Minimierung zukünftiger Nachfragevariation**	myopischer Optimierer
$\mathcal{E}$:	**Reaktion auf ökonomisch–technologische Disparitäten**	vergangenheitsbezogen
$\mathcal{K}$:	**Konstant**	Referenzregel
$\mathcal{Z}$:	**Zyklisch**	Referenzregel
$\mathcal{R}$:	**Zufällig**	Referenzregel

In der oberen Tabelle definieren wir fünf konkurrenzabhängige Politiken und drei (konkurrenzunabhängige) Referenzpolitiken. Die ersten drei Politiken nutzen die myopisch-antizipative Berechnung der Nachfrage-Produktionsmöglichkeiten aus Abschnitt 11. Die vierte Politik versucht die Wirkung der eigenen F&E–Aufwendungen von den Aktivitäten der Konkurrenz abzukoppeln. Die letzte konkurrenzabhängige Politik verwendet die (sichere) Information zur aktuellen ökonomisch-technologischen Position der Unternehmung in ihrer Konkurrenzumgebung, um auf Abweichungen von einer gewünschten Konkurrenzsituation zu reagieren. Die drei Referenzregeln sind von unterschiedlicher raum-zeitlicher Komplexität, sie benötigen keine Marktinformation.

---

[19]Die intendierte Wirkung einer solchen F&E–Politik muß nicht mit der tatsächlichen Wirkung übereinstimmen.

17 Konkurrenzunabhängige F&E–Politiken

In diesem Abschnitt beginnen wir mit F&E–Budgetierungsregeln, die nur von der Zeit und anderen "unabhängigen" Variablen des Modells abhängen[20].

Da diese Politiken keine Marktdaten benötigen, ist der Aufwand der Festlegung der jeweiligen F&E–Anteile (pro Zeitpunkt und Unternehmung) gering. Leichte Implementierbarkeit in einer Unternehmung ist dadurch zwar gegeben, es ist aber zweifelhaft, ob einige dieser Referenzpolitiken von Unternehmungen jemals als ernstzunehmende Politikkandidaten betrachtet werden. Die Marktergebnisse mit konkurrenzunabhängigen Politiken sind daher primär als Vergleichsmaße für die im Abschnitt 18 eingeführten konkurrenzabhängigen Politiken gedacht. Die Zeitverläufe dieser F&E–Politiken können einerseits sehr einfach sein: Der Fall konstanter F&E–Aktivierung reduziert diese "Politik" im Modell auf einen festen Strukturparameter. Andererseits können die Zeitverläufe, wie bei der zufälligen F&E–Aktivierung, für praktikable Entscheidungssequenzen unbegründbar und daher "zu komplex" sein.

17.1 Konstante F&E–Anteilsaktivierung

In der empirischen Forschung und Diskussion zur F&E–Strategie der Unternehmung findet man manchmal die Forderung, daß innovierende Unternehmungen, ihre Aufwendungen für F&E (für einen längeren Zeitraum) auf einen "ausreichend hohen" aber konstanten Betrag pro Planungsperiode festlegen sollten (zu diesen und weiteren nichtkompetitiven, aber von unternehmensinternen Zuständen abhängigen, Politiken siehe Brockhoff [Br88b]). Diese Politik soll die langfristigen und in ihren Ergebnissen unsicheren Vorhaben der F&E–Abteilungen stabilisieren, indem etwa die Kontinuität der Anstrengungen der an F&E beteiligten Mitarbeiter erhöht wird. Dieser Grundsatz soll insbesondere auch in Phasen, in denen die Unternehmung (kurz– bis mittelfristig) keine Erfolge aufweisen kann, bestehen bleiben. Diese Diskussion bezieht sich auf *absolut* konstante F&E–Aufwendungen.

In unserem Modell bedeuten "konstante F&E–Anteile" der periodenweisen Ausgaben, daß die absoluten F&E–Ausgaben der Unternehmung pro Periode mit der Entwicklung des Budgets der Unternehmung, d.h. mit ihrem *finanziellen Erfolg* einhergehen. Folglich kann bei "zu hohen" F&E–Anteilen der Fall eintreten, daß die Unternehmung wegen unzureichender Budgetakkumulation innerhalb sehr weniger Perioden vom Markt verschwindet. Umgekehrt kann ein "zu niedriger" konstanter F&E–Anteil das Wachstum der Nachfrage bremsen. Diese Bemerkungen besagen jedoch nur, daß es für einen Markt mit *identischen* Unternehmungen (der sich dann auch in unserem Fall auf eine repräsentative Unternehmung reduziert[21]) einen zulässigen konstanten F&E–Anteil gibt, der ein bestimmtes Ziel optimiert. Bezüglich der verschiedenen Ziele unserer Unternehmungen (siehe Abschnitt 13.4) werden i.A. auch unterschiedliche F&E–Anteilskonstanten optimal sein. Für unsere Modellierung sind aber Situationen mit tatsächlich ausgeprägtem unvollständigem

---

[20]In diesem und in den folgenden Abschnitten werden die Begriffe F&E–Budgetierung, –Politik, –Strategie und –Regel synomym verwendet.

[21]In Teil I haben wir Modelle mit identischen Konkurrenten aus der Literatur diskutiert.

Wettbewerb von Interesse. Solche Situationen können nur durch "Ungleichheit" der Unternehmungen[22] erzeugt werden. Diese Situationen bewerten wir durch explizite Simulation.

Alle folgenden Simulationsresultate basieren auf Läufen von 40 Unternehmungen über 40 Perioden. Die Konkurrenzumgebung der Unternehmungen sind symmetrisch mit $u_i = 2$ (siehe Abschnitt 9). Im ersten Lauf ist die F&E–Aktivierung auf dem Markt auf verschieden hohe, aber feste Anteile begrenzt. Das zulässige Intervall der F&E–Aktivierung wird über die Produktpositionen i auf zehn Stützstellen (gestaffelt) aufgeteilt. Jeweils vier benachbarte Konkurrenten benutzen eine dieser konstanten F&E–Anteile.

Die Initialisierung der verbleibenden Modellparameter sind im Experimentblatt des Laufes (Abb. 7.1, links) enthalten. Die Anfangswerte der Unternehmenszustände *Nachfrage*, *Budget* und *Reputation* sind für alle Konkurrenten identisch. So können (relative) Änderungen der Variablen *über* den Markt nur durch Innovationserfolge und durch Kontakte von Unternehmungen entstehen, deren Zustände sich auf Grund der F&E–Staffelung unterschiedlich entwickeln. Für diesen Lauf wurden **hohe Nachfrageträgheit** (adelta=0.1) und **strikte Austrittsbedingungen** (aq0=0.9) gewählt.

Die zeitliche Entwicklung der **qualitativen Situationen** (Abb. 7.2) ergibt, daß zu niedrig angesetzte F&E–Anteile zu Marktaustritten führen, wobei in der daran angrenzenden Region im Produktraum lokale Monopole entstehen. Letztere führen bei den hier schon hinreichend hohen F&E–Anteilen zu starkem Nachfragewachstum. In dieser Simulationsreihe (bis zu Abschnitt 20) ist das weitere zeitliche Verhalten der einmal entstandenen (lokalen) Monopole sekundär. Von Interesse ist nur, wann und wo die lokalen Monopole entstehen und wie sie auf dem Markt zum Endzeitpunkt der Simulation verteilt sind.

Der Markt startet mit **potentieller Übernachfrage** ((d, s)–Situation B, siehe Abb. 7.2). In den ersten zwei bis sechs Perioden gehen alle Unternehmungen in die **potentielle Gleichgewichtssituation** D über.Dieser Übergang findet mit zunehmender F&E–Anteilsbudgetierung zunehmend später statt. Bei Unternehmungen mit sehr hoher F&E–Budgetierung wird dieser Übergang durch das Auftreten eines Innovationserfolges (bei der 2-ten Unternehmung) und die danach in seiner Nachbarschaft eintretende Diffusion (Imitation) überlagert (siehe Fenster "Process Level" der Abb. 7.2). In diesem Fall werden neue *Produktionstechniken* in Unternehmungen mit hohen kumulierten F&E–Ausgaben (technisches Wissen c) eingeführt.

Die mittlere Region der F&E–Aktivierung führt im weiteren Verlauf zu sich unregelmäßig abwechselnden Situationen B und D und "sperrt" die Diffusion (Imitation) neuer Produktionstechniken. Im Bereich hoher F&E–Aktivierung findet ein weiterer Innovationserfolg statt. Das daraus hervorgehende neue Produktionsverfahren verbreitet sich jedoch nicht über die Konkurrenzumgebung hinaus. Diese neue Produktionstechnik ist im Zeitpunkt ihrer Einführung für die dort vorhandenen Möglichkeiten der Nachfragegenerierung "zu effizient". Folglich geraten die

---

[22]Streng genommen genügt dafür, daß sich genau eine Unternehmung am Markt in nur genau einem Parameter von allen anderen (unter sich identischen) Unternehmungen unterscheidet und daß wir einen genügend großen Zeithorizont, z.B. $T \geq m$ voraussetzen.

technisch effizienteren Unternehmungen kurzfristig in die (die Reputation vermindernde) Situation **potentielle Überproduktion** A.

Die aggregierte Marktentwicklung (Abb. 7.3) zeigt zunächst eine nur leicht anwachsende Nachfrage unter Konkurrenz. In den letzten Perioden wird das Wachstum durch die Präsenz des lokalen Monopols verstärkt. Die durchschnittliche Reputations– und Budgetentwicklung kann durch die anteilskonstanten Budgetierungen, nach einer anfänglichen Wachstumsphase, nicht mehr stabilisiert werden.

Mit zunehmender F&E–Aktivierung sinkt das Risiko eines Marktaustritts und Wachstumserfolge der Unternehmung nehemen im Bereich Nachfragegenerierung, Budgetakkumulation und Reputation langsam zu. Es sinkt natürlich auch die *Chance* einer (lokalen) Monopolsituation.

Die raum–zeitliche Entwicklung der Unternehmensvariablen (Abb. 7.4) liefert zur aggregierten Marktentwicklung folgende Zusatzinformationen: Die Budgetakkumulation ist in den ersten Perioden besonders bei Unternehmungen mit niedriger F&E–Aktivierung hoch und erklärt das anfängliche Wachstum des durchschnittlichen Marktbudgets. Die Budgetverläufe der Unternehmungen mit Innovations– und Imitationserfolgen unterliegen nach Übernahme der neuen Techniken "Shocks". Hier finden sprunghafte Budgetanstiege statt, die schnell wieder abklingen. Die starke Differenzierung in der Reputations– und Preisentwicklung ist hauptsächlich auf die *Staffelung* der F&E–Anteile $y(i, t)$ zurückzuführen.

Die konstante F&E–Budgetierung führt für höhere F&E–Anteile insgesamt zu starker Konkurrenz der Unternehmungen, die das Wachstum des Budgets durch Preisreduktionen beschränkt. Hohe F&E–Anteile führen eher zu Übernahmen neuer Produktionstechniken. Niedrige F&E–Anteile führen zu Marktaustritten und zu lokalen Monopolen.

```
filepos= 50M

     GENERAL                FIRM: CONTROLS          TECHNOLOGY
  switch = 3              [ PolTyp = Const ]      aproc = 1.200
  Seedl = 1987654322        yabs = 0.425          dproc = 0.000
  kmax =  40              [ dy = 0.100 ]          aprox = 0.600 N
  m =  10                   yun = 0.050           dprox = 0.000
                           yob = 0.800            aeto = 0.330 N
  CONNECTIVITY                                    deto = 0.000
                           FIRM: STATES           aecc = 1.000
  SNoDC =   2                                     decc = 0.000
  ConnTyp = sym            da = 120.000 R         anu  = 1.100
                          [ dd = 0.000 ]          dnu  = 0.000
  MARKET                   qa = 700.000 N
                           dq = 0.000             CONSUMER
  ent_ext = none           xa = 36.000 N
  SclSucc = 0.900          dx = 0.000             aprec = 1.000
  MinSucc = 0.800          GPr = 10.000           dprec = 0.000
  EntryThr = 1.000                                aprex = 1.000
  [ Exit.aq0 = 0.900 ]                            dprex = 0.000
  Exit.aqp = 0.200                                aalpha = 0.089
  Exit.ad0 = 0.500                                dalpha = 0.000
                                                  [ adelta = 0.100 ]
                                                  ddelta = 0.000


              LUMPED RESULTS IN T= 40

                                           Const (K)
              Total budget                  6.6E+04
              Total demand                 8195.365
              Max Price                      47.522
              Min Price                      18.974
              Price blocks                       16
              R&D- expenditure [0,.. 40]    2.1E+06
              Effective technical level       0.325
              Active positions in t=0            40
              Active positions in t= 40          32
              Average survivor age           40.000
```

Abb. 7.1   Initialisierung und aggregierte Marktresultate in $T = 40$ – Politik $\mathcal{K}$ (G)

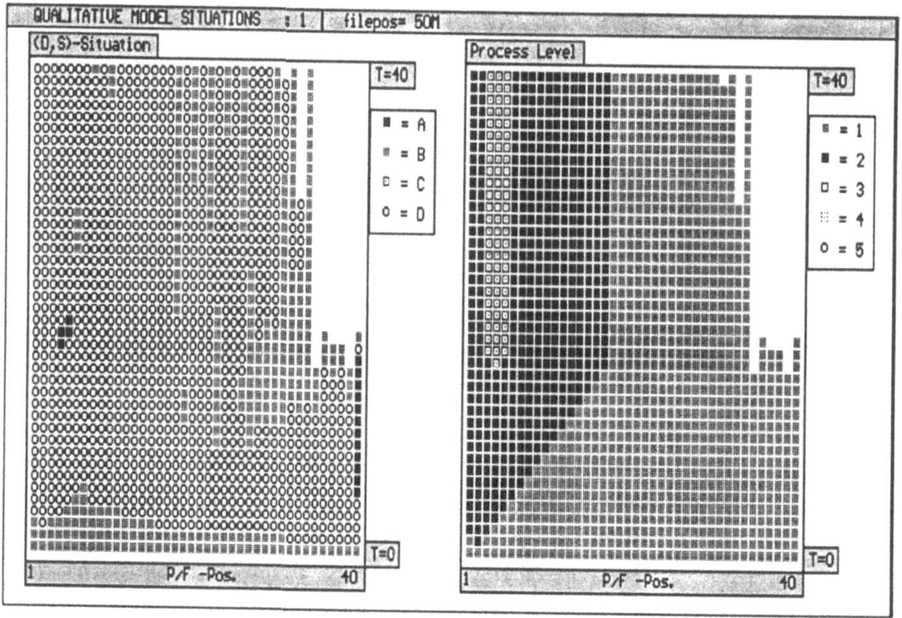

Abb. 7.2   Qualitative Situationen der Marktentwicklung – Politik $\mathcal{K}$ (G)

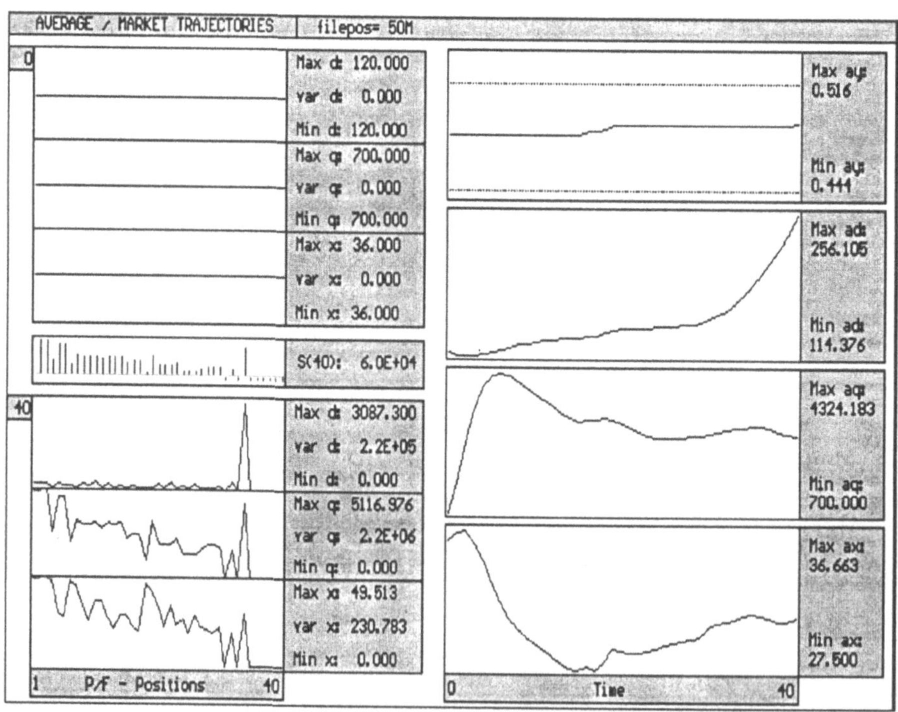

Abb. 7.3   Aggregierte Marktentwicklung – Politik $\mathcal{K}$ (G)

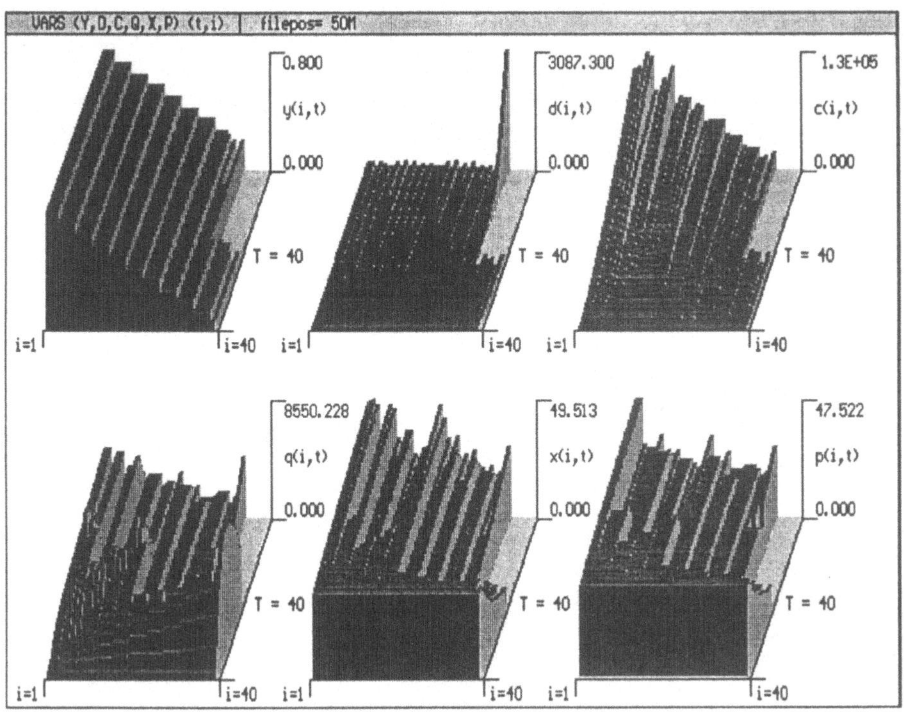

Abb. 7.4   Raum–zeitliche Marktentwicklung – Politik $\mathcal{K}$ (G)

Im folgenden wählen wir die konstante F&E–Anteilsbudgetierung der Form

$$y(\mathcal{K}) = \underline{y} + (\overline{y} - \underline{y})/2$$

als Referenzregel für Vergleiche mit anderen Budgetierungspolitiken aus. Märkte mit dieser konstanten F&E–Aktivierung und mit allen verbleibenden F&E–Politiken wurden für in Abschnitt 15 festgelegten Parameterkombinationen simuliert[23]. Wir beschränken uns im folgenden auf die Darstellung der Ergebnisse der ersten Parameterkombination. Die aggregierten Ergebnisse aller Läufe werden in Abschnitt 23 diskutiert.

Da die Budgetierungspolitik in diesen Läufen über alle Unternehmungen identisch ist, würde es genügen, den durchschnittlichen Verlauf der dynamischen Variablen anzugeben. Um im Modell trotzdem unvollständige Konkurrenzwirkung zu erreichen, beschränken wir uns auf (zufällig) verteilte Startwerte. Hier beschränken wir uns wiederum auf, in Nummerierungsrichtung der Unternehmungen zunehmende, zufällige Störungen der Anfangsnachfrage. Die maximale Abweichung von der durchschnittlichen Anfangsnachfrage von 120 beträgt 80.0 Mengeneinheiten (siehe die Variablen "da" und "dd" im Parameterblatt in Abb. 8.1). Diese Verteilung der Anfangsnachfragen wird auch in der Simulation aller folgenden Budgetierungspolitiken übernommen (Abschnitte 17.1 – 18.6 und im Anhang, Abschnitte 24.1.1 – 24.1.8). Für den hier dargestellten Lauf werden **nachsichtige Austrittsbedingungen** (aq0=0.4) und **hohe Nachfrageträgheit** (adelta=0.1) angenommen.

---

[23]Die vollständigen Läufe sind in Stöppler und Schebesch [StSc90] enthalten.

Das Endbudget abzüglich der Startbudgets aller im Endzeitpunkt aktiver Unternehmungen ist im vorliegenden Fall sehr niedrig ("Total budget" in Abb. 8.1, rechts). Der Markt ist fast durchgängig konkurrenzerhaltend. Insbesondere entstehen keine lokalen Monopole. Die gesetzten Anfangsbedingungen reichen unter kompetitiven Bedingungen nicht aus, das Marktvolumen wachsen zu lassen. Vielmehr entsteht hier ein durchschnittlicher Nachfrageverlauf mit Ähnlichkeit zu einem Produktlebenszyklus.

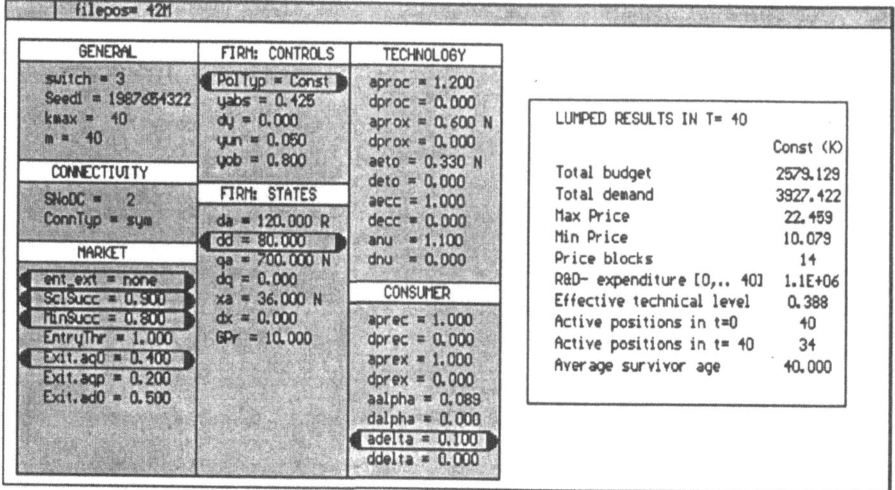

Abb. 8.1　　Initialisierung und aggregierte Marktresultate in $T = 40$ – Politik $\mathcal{K}$

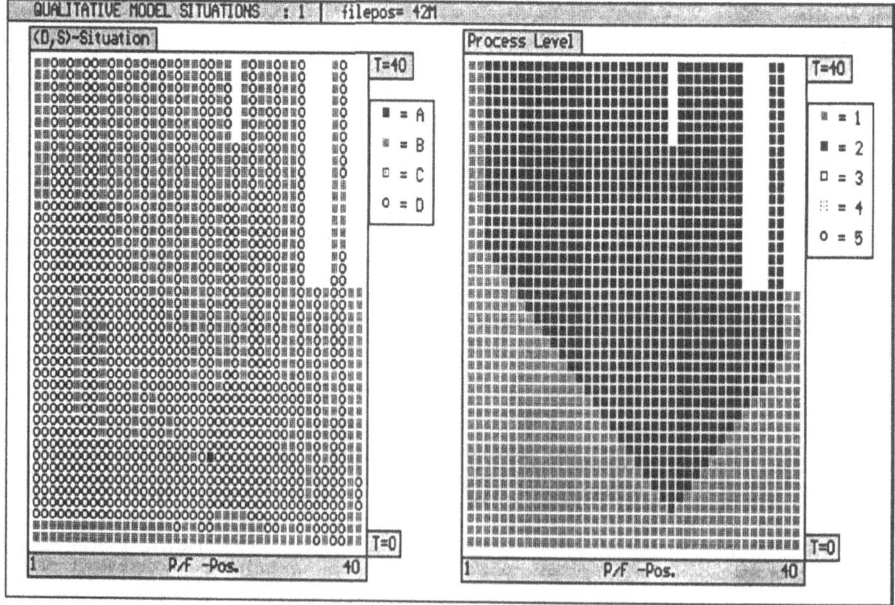

Abb. 8.2　　Qualitative Situationen der Marktentwicklung – Politik $\mathcal{K}$

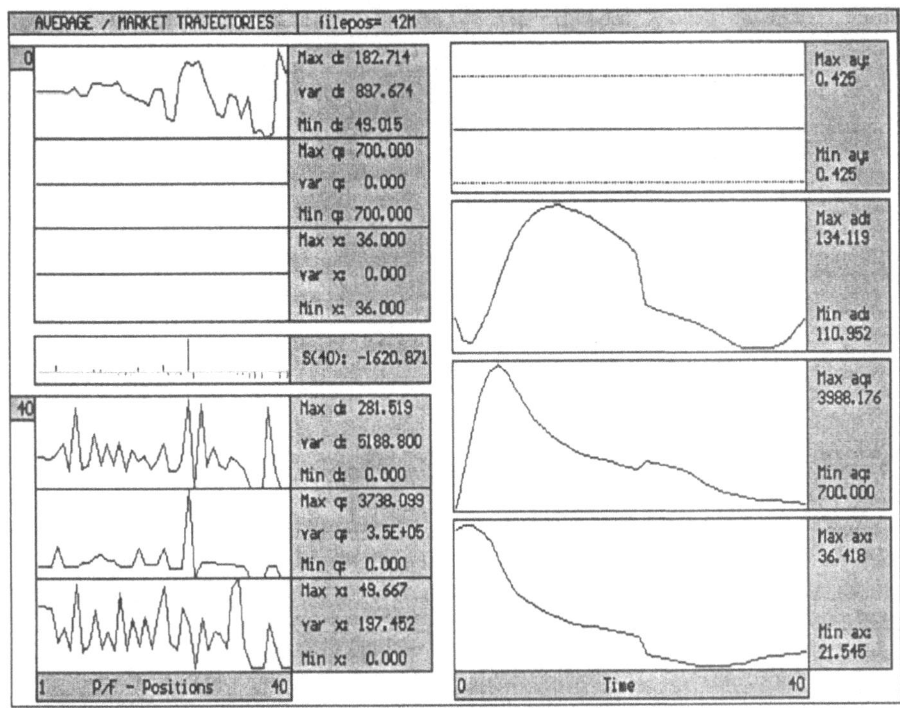

Abb. 8.3   Aggregierte Marktentwicklung – Politik $\mathcal{K}$

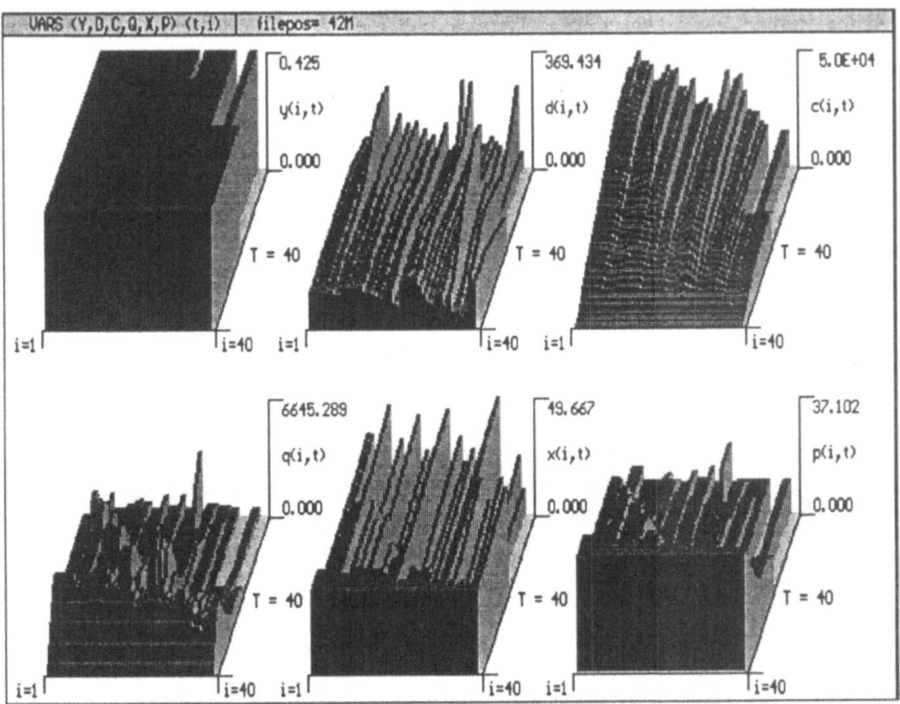

Abb. 8.4   Raum–zeitliche Marktentwicklung – Politik $\mathcal{K}$

In der "räumlichen" Nähe stark schwankender Anfangsbudgets finden nur vier Marktaustritte statt. In dieser Region des Produktraumes gibt es zwei Starts in der (d, s)-Situation **potentielles Gleichgewicht** D. Alle anderen Unternehmungen starten in der Situation **Übernachfrage** B. Die Situation B geht auf dem Markt in den ersten Perioden in die Situation D über. Dieser kurze Zeitabschnitt ist durch zunehmende Budgets und Reputation (und leicht steigende Preise) gekennzeichnet. Durch den Übergang in die Situation **potentielles (d, s)-Gleichgewicht** D erreichen viele Unternehmungen auf Grund der konstanten F&E-Anteile keine positive Reputationswirkung. Durch den Reputationsverlust dieser Unternehmungen wird das Preisniveau auf dem Markt abgesenkt. Die daraus folgende, unzulängliche Budgetakkumulation verhindert stärkeres Nachfragewachstum. Dieser Zusammenhang führt hier auch zu einer erheblichen Differenzierung in der Entwicklung der Unternehmensnachfragen.

Die Nachfrage- und Produktionsentwicklung wird durch das Eintreten eines Innovationserfolges (Einführung eines neuen Produktionsprozesses) und von dem, sich fast über den gesamten Markt ausbreitenden **Imitationskegel** überlagert. Wie im oberen Lauf mit Staffelung der konstanten F&E-Anteile ist auch hier die Budgetentwicklung entlang des Imitationskegels von *Shocks* begleitet. Im Vergleich zum vorherigen Simulationslauf korrelieren in Endzeitpunkt erreichte technologische Niveaus der Produktion mit den kumulierten F&E-Aufwendungen weniger deutlich.

Insgesamt erreichen die Unternehmungen eine fast homogene Verteilung ihrer (neuen) Produktionstechniken. Die Anzahl von *Erstinnovationen* (siehe Abschnitt 10.1) bleibt aber relativ niedrig. Starke Preiskonkurrenz und hohe Stabilität der Marktstruktur führen unter diesen Bedingungen zu einer negativen *ökonomischen* Erfolgsbewertung der anteilskonstanten F&E-Aktivierung.

17.2 Zufällige F&E-Budgetierung

Diese Budgetierungsregel wird als zufällig gestörte Version der konstanten Anteilsbudgetierung aufgenommen. Ihr zeitlicher Verlauf ist auch im Vergleich zu den später einzuführenden wettbewerbsabhängigen F&E-Regeln sehr komplex. Die zu ihrer Implementation benötigte Information ist zwar vernachlässigbar, ihre Verwendung in einer Unternehmung ist aber kaum einsichtig begründbar.

Diese Politik wird nicht dazu verwendet, *Kandidaten* für Suchverfahren im Sinne einer *stochastischen Optimierung* bereitzustellen. Das Resultat eines Marktes mit zufälligen F&E-Anteilen wird mit Resultaten anderer Politiken *naiv* verglichen. Von jeder Unternehmung wird dazu zu jedem Zeitpunkt eine unabhängige Zufallszahl aus dem Intervall der zulässigen F&E-Anteile $[\underline{y}, \overline{y}]$ gezogen:

$$y_t^i(\mathcal{R}) \in [\underline{y}, \overline{y}] \quad \text{mit dem Erwartungswert} \quad y(\mathcal{K}).$$

Der folgende Simulationslauf mit zufälligen F&E-Anteilen wird ebenfalls mit **nachsichtigen Austrittsbedingungen** ("aq0") und mit **hoher Nachfrageträgheit** ("adelta") durchgeführt. Im Vergleich zur Ausgangssituation sind die aggregierten Marktkennzahlen im Endzeitpunkt "nicht einheitlich". Neben einer hohen Budgetakkumulation ist auch die Gesamtnachfrage gestiegen, das Preisniveau aber gefallen. Die Preise haben sich stark differenziert. Trotz der hohen Nachfrageträgheit haben zum Endzeitpunkt nur 21 der 40 Unternehmungen überlebt. Über den gesamten Markt hinweg besteht eine starke Tendenz zur Bildung lokaler Monopole. Daneben überleben nur fünf Unternehmensblöcke in lokaler Konkurrenz, und nur fünf Unternehmungen bleiben in *voller* Konkurrenz mit jeweils zwei aktiven Nachbarn (siehe Variable "SNoDC" in Abschnitt 15) bestehen.

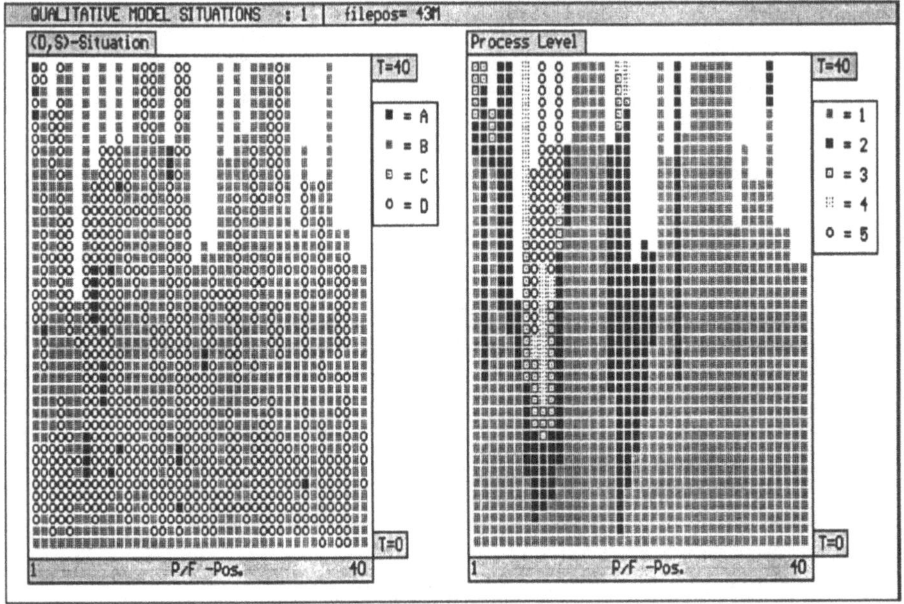

Abb. 9.1   Initialisierung und aggregierte Marktresultate in $T = 40$ – Politik $\mathcal{R}$

Abb. 9.2   Qualitative Situationen der Marktentwicklung – Politik $\mathcal{R}$

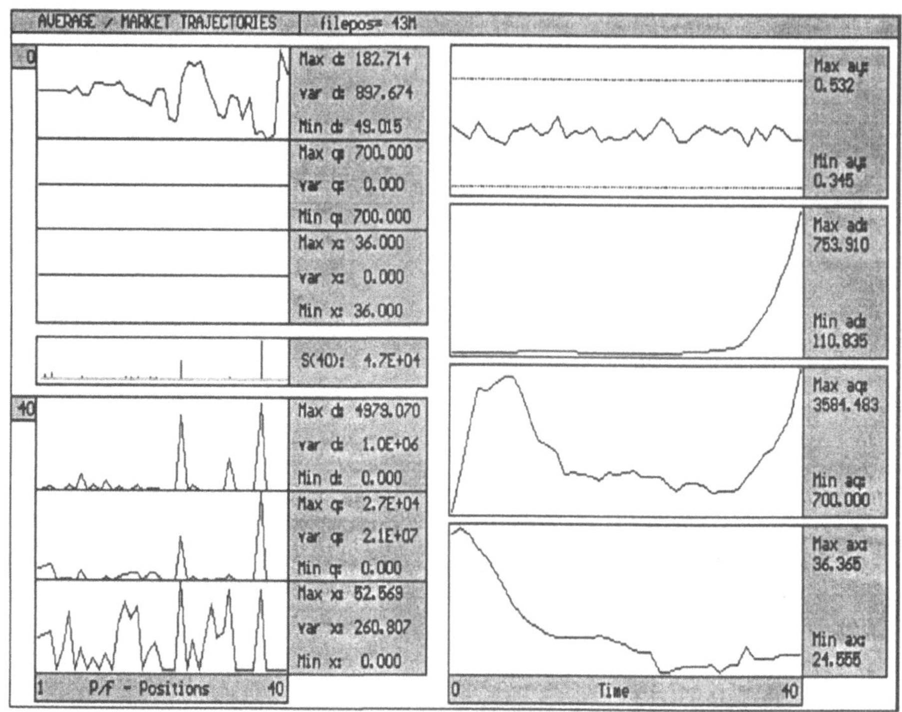

Abb. 9.3   Aggregierte Marktentwicklung – Politik $\mathcal{R}$

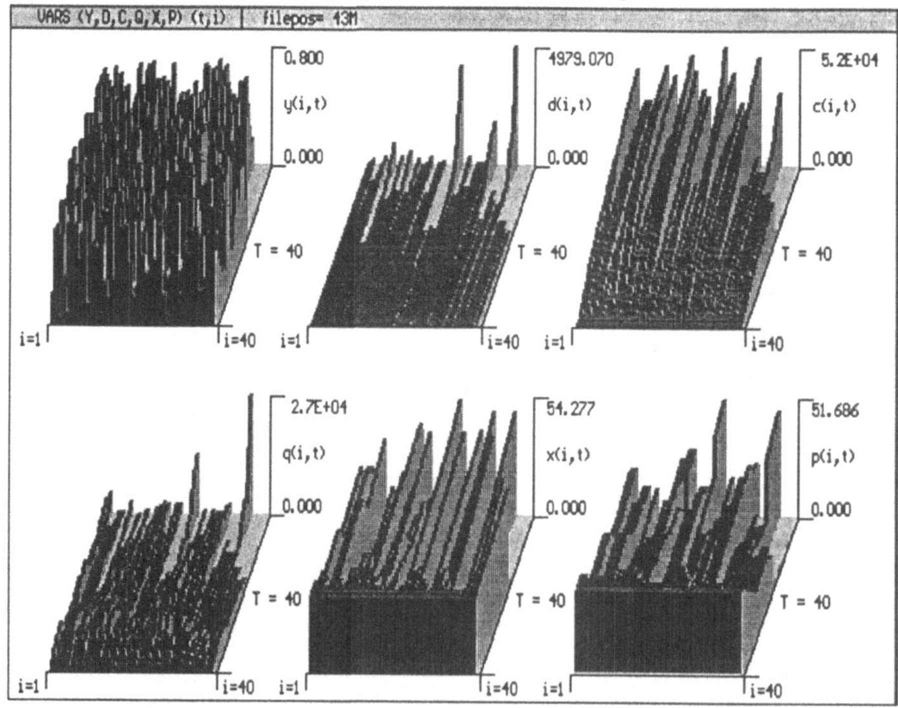

Abb. 9.4   Raum–zeitliche Marktentwicklung – Politik $\mathcal{R}$

Bis auf drei Ausnahmen im "Gebiet" stark variierender Anfangsnachfrage startet der Markt in der (d, s)-Situation B (Übernachfrage) und geht, spätestens nach fünf Perioden, in die Situation D (potentielles Gleichgewicht) über. Trotz der zufälligen Budgetierung wiederholt sich die Abfolge "$BB\ldots \longrightarrow DD\ldots \longrightarrow BB\ldots \longrightarrow \ldots$" mit wenigen Ausnahmen kurzfristiger **potentieller Überproduktion** $((d, s)$-Situation $A)$.

Innovationserfolge treten verstärkt in Marktregionen mit geringer "Störung" der Anfangsnachfragen auf. Es treten fünf *räumlich und zeitlich* versetzte Übergänge von Prozeßlevel 1 zu 2 (Innovationen) auf. Imitationskegel treten nicht auf oder bleiben räumlich eng begrenzt. Nachfolgeinnovationen treten aber häufig auf, wobei zwei Unternehmungen das (im Modell) höchstmögliche technische Niveau ($\overline{k} = 5$) erreichen.

Die vielen nicht reputationssteigernd ausgenutzten (d, s)-Situationen D (der Zufall wählt y_t^i, die zu *tatsächlicher* Überproduktion führen, siehe auch Abschnitt 11) und einiger Situationen A (potentielle Überproduktion) führen zum Verfall des Reputationsniveaus und folglich auch des Preisniveaus.

In der ersten Hälfte des Simulationszeitraums herrscht auf dem Markt starke Konkurrenz. In diesem Zeitabschnitt geht die Budgetakkumulation des Marktes zurück. Erst durch die Herausbildung isolierter Unternehmensblöcke und lokaler Monopole steigt die Akkumulation wieder an. Die Gesamtnachfrage bleibt über den gleichen Zeitraum annähernd konstant und steigt mit dem einsetzenden Marktclearing dann ebenfalls stark an. Aus den 3D-Abbildungen der raum-zeitlichen Marktentwicklung ist die herausragende Rolle von drei lokalen Monopolisten auf die Nachfrage- und Budgetergebnisse zu entnehmen, die dann auch den *Markterfolg* der zufälligen "Politik" relativieren. Weiter liegt zwischen Innovations- und Imitationserfolgen und den kumulierten F&E-Ausgaben kein deutlicher Zusammenhang vor.

Die zufällige F&E-Budgetierung ist trotz vieler Marktaustritte unter den hier gesetzten Marktbedingungen durchaus überlebensfähig. Sie führt darüberhinaus zu lokal konzentrierten, hohen technologischen Produktionsniveaus.

17.3 Zyklische F&E-Budgetierung

Die Motivation für die Einbeziehung zyklischer F&E-Budgetierungspolitiken kommt aus theoretischen und experimentellen Arbeiten (siehe z.B. das Simulationsmodell ADPULS zu Marketingaufwendungen von Simon [Si82]) sowie aus Modellen mit sog. *reswitching*-Verhalten der (optimalen) F&E-Aktivierung in Innovationsspielen (siehe Lee [Le84]). Hierbei können wiederkehrende Phasen im Konkurrenzprozeß besser ausgenutzt werden. In unserem Modell werden die zyklischen F&E-Anteile durch die folgende einfache Vorschrift erzeugt:

$$y_t^i(\mathcal{Z}) = \frac{\overline{y} - \underline{y}}{2} cos(\frac{2\pi}{T}t + \phi^i) + \underline{y} + \frac{1}{2}, \quad \text{mit} \quad \phi^i = \frac{2\pi}{m}i.$$

Bei eingehender Betrachtung ist die zyklische Politik in einer Unternehmung sicherlich nicht "einfach" zu implementieren. So müßten Unternehmungen, durch

Einbeziehung "globaler" Marktinformation, die Phase ϕ^i ihres F&E–Zyklus festlegen. Für unserer Zwecke sehen wir von diesen "intelligenten" Entscheidungen ab. Daher reicht es aus, die Phasen "räumlich" zu verteilen.

Für den folgenden Simulationslauf werden *lange* Zyklen verwendet, sodaß eine Schwingung mit dem Zeithorizont zusammenfällt. Über die Unternehmungen starten die F&E–Anteile $\{y_0^i\}$ phasenverschoben. Die Phase ϕ^i beschreibt dabei eine Schwingung mit der Periodenlänge m (der Anzahl der Unternehmungen). Diese einfache Annahme stellt sicher, daß nur Unternehmungen mit "ähnlichen" F&E–Politiken zueinander in direkter Konkurrenz stehen. Ähnlich zur stochastischen Budgetierungspolitik aus Abschnitt 17.2, haben wir (durch ϕ^i) auch hier 40 verschiedene Parametrisierungen der zyklischen Politik. Zu den jeweils gewählten Marktbedingungen filtert der Simulationslauf dann die potentiell erfolgreichen Parametrisierungen der zyklischen F&E–Politik heraus. Einschränkend gilt auch hier, daß es nicht wahrscheinlich ist, einen Markt zu finden, der die zyklische Politik in der hier festgelegten Parametrisierung enthält. Die Anwendung einer bestimmten (festen) zyklischen F&E–Budgetierung ist in Unternehmungen dagegen durchaus denkbar.

Auch der folgende Simulationslauf wird mit **nachsichtigen Austrittsbedingungen** und **hoher Nachfrageträgheit** durchgeführt. Die genannte *Filterwirkung* des Laufes ist auch bei hoher Nachfrageträgheit sehr stark. Die im Endzeitpunkt überlebenden Unternehmungen erreichten sehr hohe Nachfragen und Budgets. Die Preise sind differenziert, da sich eine Marktstruktur mit zwei in (reduzierter) Konkurrenz stehenden Unternehmungen und drei lokalen Monopolen bildet. Im Bereich der Parametrisierung mit in den ersten Perioden wachsenden F&E–Anteilen ist die Überlebensdauer einer Unternehmung wesentlich höher als im Bereich zuerst sinkender F&E–Anteile.

Bis auf drei Unternehmungen mit stark streuender Anfangsnachfrage starten alle Unternehmungen in der (d, s)–Situation **Übernachfrage** B. Nach spätestens 7 Perioden gehen alle Unternehmungen in die Situation potentielles **Gleichgewicht** D über. Die Übergänge "$BB\ldots \longrightarrow DD\ldots \longrightarrow BB\ldots \longrightarrow \ldots$" korrelieren mit der Phasenverschiebung der F&E–Anteile. Bei "zu niedrigen" F&E–Budgetanteilen geraten einige Unternehmungen in länger anhaltende Phasen potentieller Überproduktion A. In den ersten Simulationsperioden führen die Phasen potentieller Überproduktion und nicht ausgenutzte Reputationswirkungen in den Phasen des potentiellen Nachfrage–Produktionsgleichgewichts zu starkem Preisverfall. Dieser Preisverfall wirkt sich auf die, anfänglich bei fast allen Unternehmungen einsetzende, Budgetakkumulation negativ aus. Obwohl bei den meisten Unternehmungen wieder eine Phase der Übernachfrage (bezogen auf ihre aktuellen Produktionsmöglichkeiten) und damit eine positive Reputationswirkung einsetzt, reicht die Akkumulation nur in fünf Fällen aus, den drohenden Marktaustritt zu verhindern.

Im Fall reduzierter Konkurrenzsituation (siehe Abb. 10.2 und 10.4) wird der im Endzeitpunkt erfolgreichere Konkurrent seinen Nachfrageanteil schnell erhöhen. Der weniger erfolgreiche Konkurrent kann wegen der einsetzenden Phase potentieller Überproduktion A und dem dadurch in der Konkurrenzumgebung ausgelösten Preisverfall — bei den wieder sinkenden F&E–Anteilen — nicht mehr in einen Bereich ausreichender Budget– und Nachfrageakkumulation übergehen. Ursache für diese langfristige Abkopplung von den Konkurrenten sind die, auf diesen Produktpositionen "zu früh" einsetzenden Innovationserfolge (speziell der Übergang auf das technologische Niveau 5 — siehe Ergebnisblatt "Process Level", Abb. 10.2). Die überlebenden Unternehmungen erreichen ein sehr hohes technisches Niveau.

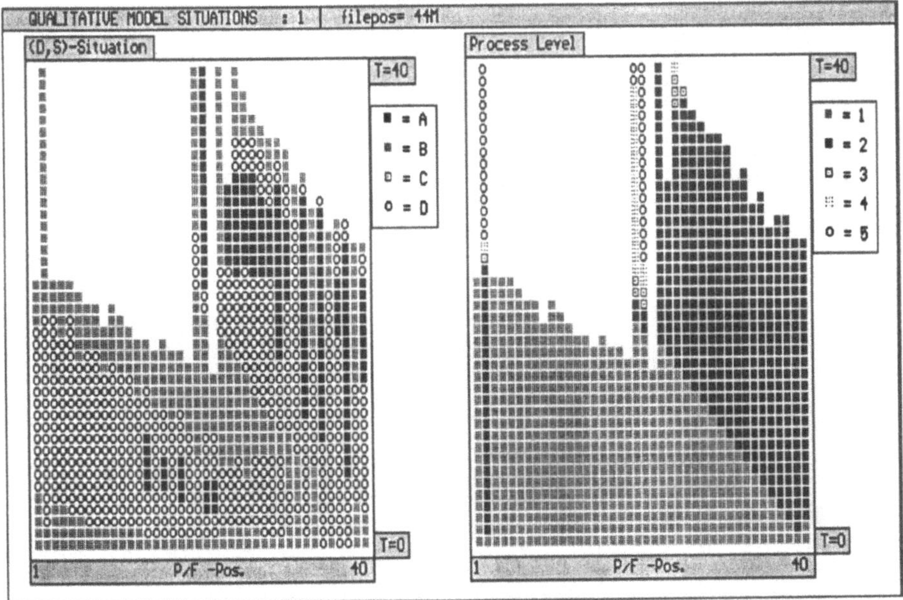

Abb. 10.1   Initialisierung und aggregierte Marktresultate in $T = 40$ – Politik $\mathcal{Z}$

Abb. 10.2   Qualitative Situationen der Marktentwicklung – Politik $\mathcal{Z}$

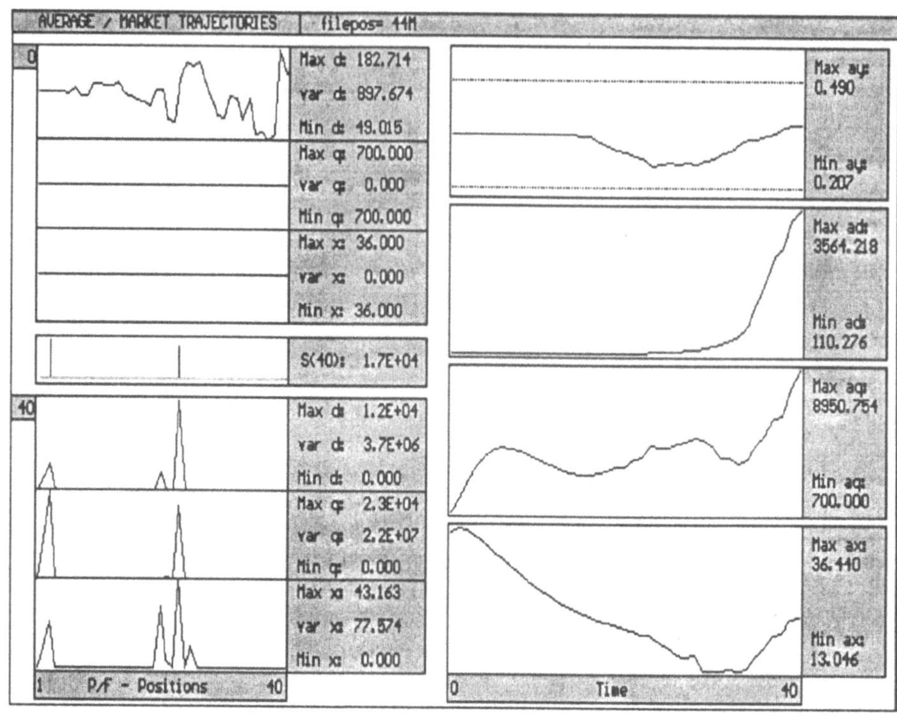

Abb. 10.3   Aggregierte Marktentwicklung – Politik $\mathcal{Z}$

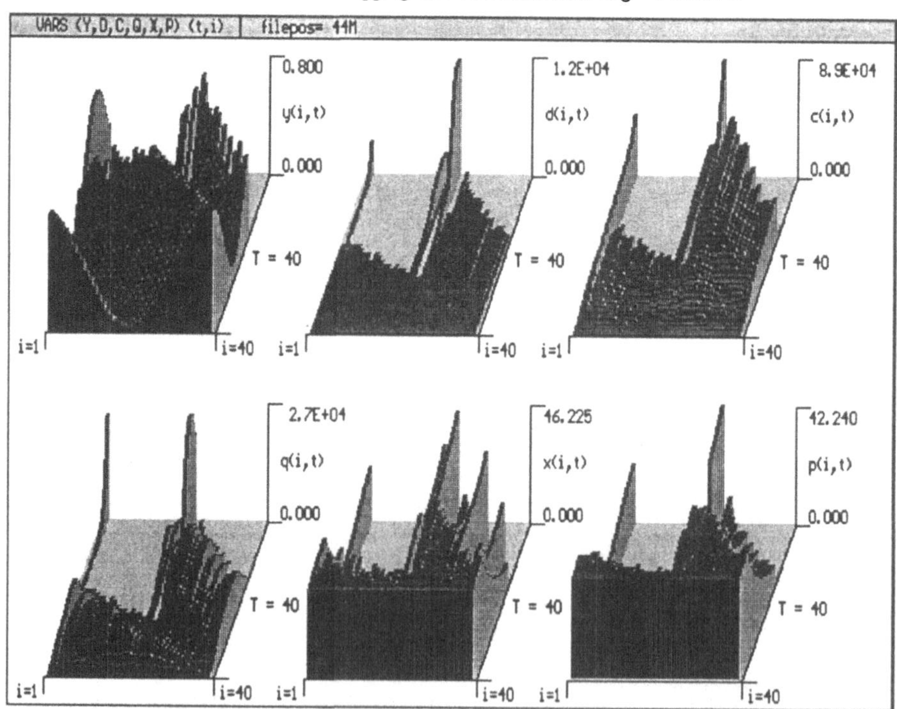

Abb. 10.4   Raum–zeitliche Marktentwicklung – Politik $\mathcal{Z}$

Die Diffusionsneigung des Marktes und die (räumliche) Ausprägung der Diffusion ist wegen der hier entstehenden, sehr speziellen Marktstruktur eher untypisch. Die kumulierten F&E–Ausgaben und Innovationserfolge korrelieren positiv.

Die zyklische F&E–Budgetierungspolitik *filtert* bei anfänglich steigenden F&E–Anteilen mehr überlebensfähige Unternehmungen heraus als bei anfänglich sinkenden F&E–Anteilen. Demgegenüber ergibt sich im zweiten Fall für eine Unternehmung die Chance, *früh* in ein lokales Monopol überzugehen und auf einem hohen technischen Niveau zu überleben.

18 Konkurrenzabhängige F&E–Politiken

In den folgenden Abschnitten erweitern wir unsere Politikliste um konkurrenzabhängige F&E–Budgetierungsregeln der innovierenden Unternehmung. Diese Budgetierungsregeln sind eine Auswahl von heuristischen Feedback–Funktionen, die ökonomisch–technologische Intentionen und verschiedene Risikoprofile der Unternehmungen abbilden. Die Liste der Politiken erhebt in keiner Weise den Anspruch die Problematik der unternehmerischen F&E–Budgetierung "erschöpfend" anzugeben. Die hier formulierten Politiken konzentrieren sich vielmehr auf die Koordination ökonomischer und technologischer (Wettbewerbs–) Potentiale der Unternehmung.

Alle konkurrenzabhängigen Politiken verwenden ausschließlich Informationen, die sich auf

- die direkte Konkurrenzumgebung und

- die aktuelle Periode sowie auf die Vorperiode

beschränken. Diese Informationen gehen entweder direkt in die Bestimmung der F&E–Anteile der Periode ein, oder sie werden zur antizipativen Berechnung der in der Folgeperiode erreichbaren Zustände (und Aktionsmöglichkeiten) der Unternehmung benutzt.

In der neueren theoretischen ökonomischen Literatur findet man dynamische Modelle mit "minimaler" oder "reduzierter" Steuerungskomplexität (siehe etwa Futia [Fu77], Rubinstein [Ru86]). Dort führen begrenzte Informationshorizonte oder begrenzter zulässiger Steuerungsaufwand[24] zu einer starken Reduktion der Menge zulässiger Steuerungen. Diese Ansätze stehen für die Erkenntnis, daß die meisten Entscheidungsprobleme in "realistischen" kompetitiven Systemen, unter Berücksichtigung der "denkbaren" Freiheitsgrade, weder in vertretbarer Zeit noch zu vertretbaren Kosten "gelöst" werden können. Für die Motivation unserer *heuristischen* Ansätze ist aber wichtiger, daß eine F&E–Politik von einer Unternehmung (auf plausible Art) implementiert werden kann und damit auch als Ergebnis eines (redundanten, impräzisen) Erfahrungsprozesses denkbar ist.

---

[24]Hierzu gehöhren: Begrenzung der *Anzahl* der Umschaltpunkte in einer Steuersequenz oder Begrenzung der Präzision der Steuergrößen.

Im folgenden (Abschnitte 18.1,18.2 und 18.3) enthalten drei F&E–Budgetierungspolitiken, die von der (d, s)–Situation der Unternehmungen (siehe dazu Abschnitt
11) abhängen. Danach wird eine risikoaverse Politik formuliert, die versucht, die
(eigene) Nachfragevariation der Unternehmung im Folgezeitpunkt zu minimieren
(Abschnitt 18.5). Schließlich geben wir eine F&E–Politik an, die direkt auf Diskrepanzen zwischen *ökonomischem* und *technischem* Erfolg der Unternehmung reagiert
(Abschnitt 18.6).

18.1 Risikoaverse F&E–Budgetierung

Zunächst stellen wir F&E–Regeln dar, die nur Informationen aus den "qualitativen"
(d, s)–Situationen (Abschnitt 11) verwenden. Diese kurzfristig antizipativen Daten
werden unternehmensintern berechnet. Sie berücksichtigt aber die gegenwärtige
Wettbewerbssituation der Unternehmung im Nachfragebereich. Weiter kann die
aktuelle (d, s)–Situation einer Unternehmung von ihren Konkurrenten nicht einge-
sehen (beobachtet) werden.

Die erste F&E–Regel stellt das risikoaverse Verhalten eines "guten Koordinators"
der ökonomischen und technologischen Möglichkeiten der Unternehmung dar. Solche Koordinatoren wurden in empirischen Arbeiten oft beschrieben. Empirische
und "semi–populäre" Beiträge zur Unternehmensstrategie stellen diesen Unternehmenstyp gerne als "auf besondere Weise" erfolgreich dar und prägten dafür die
etwas mysteriöse Bezeichnung "hidden champion". Wir beschreiben diesen Unternehmenstyp hier einfach durch ein F&E–Ausgabeverhalten, daß die Gleichgewichtspunkte unserer (d, s)–Situationen ausnutzt. Dafür müssen wir annehmen, daß diese
Unternehmung (und nicht nur der Modellierer) diese Gleichgewichtspunkte genau
berechnen kann. Diese Fähigkeit haben z.B. Unternehmungen mit einer (für uns
nicht näher spezifizierbaren) besonders durchsichtigen internen Struktur. Da dieser
Unternhmenstyp die kurzfristig sichere Koordination der technischen und ökonomischen Möglichkeiten allen anderen F&E–Strategien vorzieht, bezeichnen wir seine
F&E–Regel $y(\mathcal{C})$ auch als **konservativ**.

In den zwei (potentiell) gleichgewichtigen Nachfrage–Produktionssituationen C und
D wird diese Unternehmung jeweils die Schnittpunkte der (d, s)–Kurven aktivie-
ren. Abweichen von diesen Schnittpunkten bedeutet in jedem Fall kurzfristiger
Absatzverlust. In der Situation **Wachstum bei kleinem bis mittlerem lokalem Marktanteil** D wählt die Unternehmung den eindeutigen Schnittpunkt
und in der Situation **Wachstum bei großem lokalem Marktanteil** C wählt
sie den Schnittpunkt mit dem höchsten (dazugehörigen) Produktionsniveau (siehe
Abschnitt 11).

Diese Wahl der F&E–Anteile setzt auf Wachstum des Budgets und der Nachfrage
bei Inkaufnahme gleichbleibender Preise. Durch das Ausbleiben von Reputations-
veränderungen in den Gleichgewichtssituationen C und D verhindert die *Vetoposi-
tion* der risikoaversen Unternehmung auch einen Preisanstieg in ihrer Konkurrenzumgebung.

Bei **potentieller Übernachfrage** ($d > s$, für alle zulässigen y) wählt die risikoaverse Unternehmung als kurzfristig akkumulationsfördernde F&E–Aktivierung $\underline{y}$,

in der (d, s)–Situation **potentielle Überproduktion** A hingegen ($s > d$, für alle y)
den F&E–Anteil $\overline{y}$. Die risikoaverse Budgetierungsregel eines "guten Koordinators"
ist pro Periode durch die folgende Vorschrift gegeben:

$$
y_t^i(\mathcal{C}) = \begin{cases}
\overline{y} & \textbf{wenn} & (d, s)_t^i = A \\[2mm]
\underline{y} & \textbf{wenn} & (d, s)_t^i = B \\[2mm]
\min\{y \mid d(y) = s(y)\} & \textbf{wenn} & (d, s)_t^i \in \{C, D\}
\end{cases}
$$

Mit dieser Budgetierungspolitik profitiert eine Unternehmung vom häufigen Auftreten der (d, s)–Situationen **potentielle Nachfrage–Produktionsgleichgewichte**
(C und D). Durch *Gegensteuerung* in den beiden Extremsituationen A und B beab-
sichtigt sie auch, die Gleichgewichtssituationen wieder herzustellen. Weiter benutzt
die Unternehmung ihr Budget *nichtspekulativ* und setzt kein Vertrauen in ausgelöste
Repuationswirkungen.

In Übereinstimmung mit der gegenwärtigen Serie politikgebundener Märkte wird
auch der nachfolgende Simulationslauf mit **nachlässigen Austrittsbedingungen**
und **hoher Nachfrageträgheit** durchgeführt. Im Gegensatz zur zyklischen und
zur stochastischen Budgetierungspolitik ist die Störung der Anfangsnachfrage hier
essentiell (Parameter "dd" aus dem Experimentblatt, siehe auch Abschnitt 15), da
auf dem Markt sonst *identische* Unternehmungen verbleiben würden.

Die aggregierten Marktkennzahlen zeigen zum Endzeitpunkt des Laufes (Abb. 11.1,
rechts) eine (im Vergleich zur Ausgangssituation) *erfolgreiche* Nachfrage– und Bud-
getposition. Das Wachstum dieser ökonomischen Variablen findet bei einem relativ
niedrigen Preisniveau satt. Bei den hohen kumulierten F&E–Ausgaben ist das erreichte technische Niveau auf dem Markt relativ niedrig. Die Marktstruktur ist
extrem stabil und es findet nur ein "später" Marktaustritt statt.

In der ersten Periode überwiegt auf diesem Markt die (d, s)–Situation **potentielle
Übernachfrage** B. Danach geht der Markt in eine sehr stabile Region potentiellen Gleichgewichts D über. Der Politik gelingt es folglich auch auf längere Sicht,
die Unternehmungen in dieser Gleichgewichtssituation zu belassen. Innovationserfolge treten nur im Bereich stark schwankender Anfangsnachfrage auf, Imitation ist
räumlich begrenzt und findet nur in *zeitlicher Nähe* zu Innovationserfolgen statt. Im
Bereich *höherer* technologischer Niveaus finden vereinzelt Übergange in die Situation **potentielle Überproduktion** A statt. Diese Übergänge führen dann zu starker (aber räumlich begrenzter) Preiskonkurrenz und zu verstärkter Differentiation
der Nachfrage– und Budgetentwicklungen der beteiligten Unternehmungen. Weiter
erreichen innerhalb dieses Bereichs zwei Unternehmungen das maximal mögliche
technische Niveau (Niveau 5).

Der durchschnittliche Zeitverlauf der F&E–Anteile steigt am Anfang schnell auf sein
maximales Niveau (0.490) und sinkt in den verbleibenden Perioden wieder langsam
ab. Dieser relativ *glatte* Verlauf wird durch den raum–zeitlichen Verlauf von $y(i, t)$
im allgemeinen bestätigt, wobei sich aber sehr früh eine deutliche lokale Differenzierung herausbildet. Die Differenzierung ist besonders an der Budgetentwicklung
$q(i, t)$ zu erkennen und führt zu den "qualitativ" sehr unterschiedlichen Verteilun-

gen der Unternehmenszustände zu den Zeitpunkten 0 und 40 (Abb. 11.3, links). Alle Unternehmungen mit großen Markterfolgen befinden sich unter vollständiger lokaler Konkurrenz. Der größte Teil der Unternehmungen verkauft zu Preisen, die sich vom Ausgangspreis nur geringfügig unterscheiden; niedrigere Preise entstehen nur bei Unternehmungen mit höheren technischen Niveau (d.h. bei $k^i > 1$).

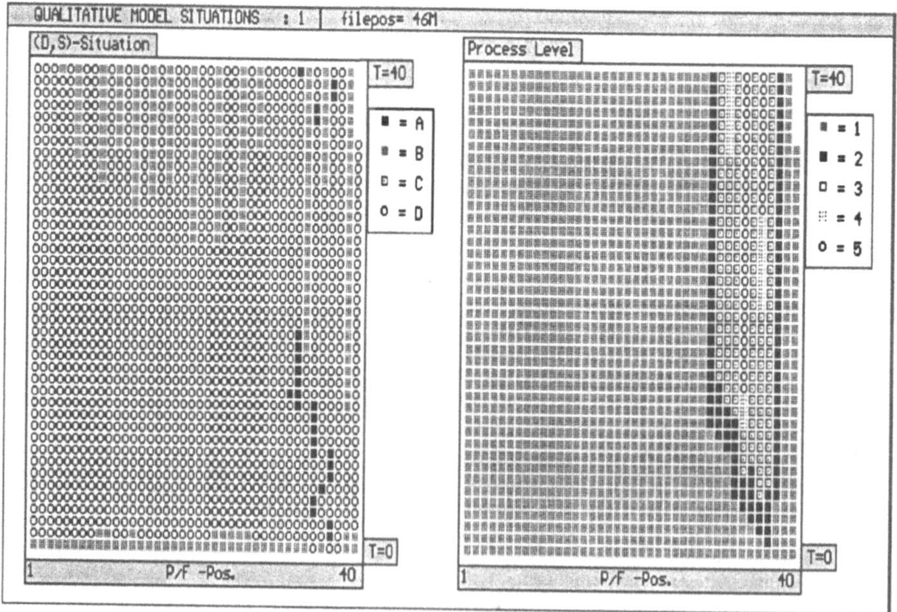

Abb. 11.1   Initialisierung und aggregierte Marktresultate in $T = 40$ – Politik $\mathcal{C}$

Abb. 11.2   Qualitative Situationen der Marktentwicklung – Politik $\mathcal{C}$

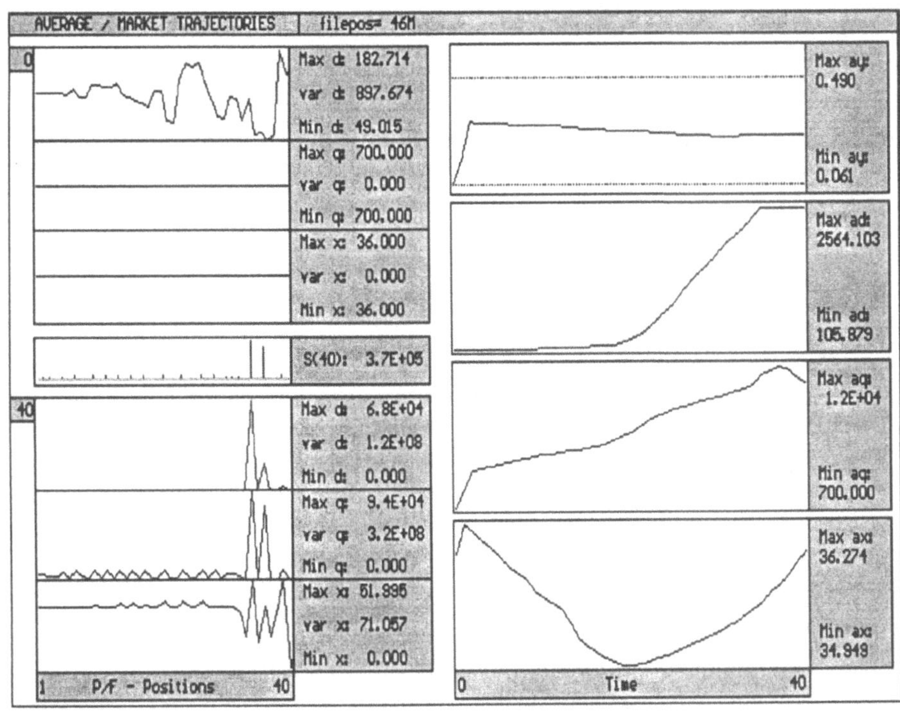

Abb. 11.3   Aggregierte Marktentwicklung – Politik $\mathcal{C}$

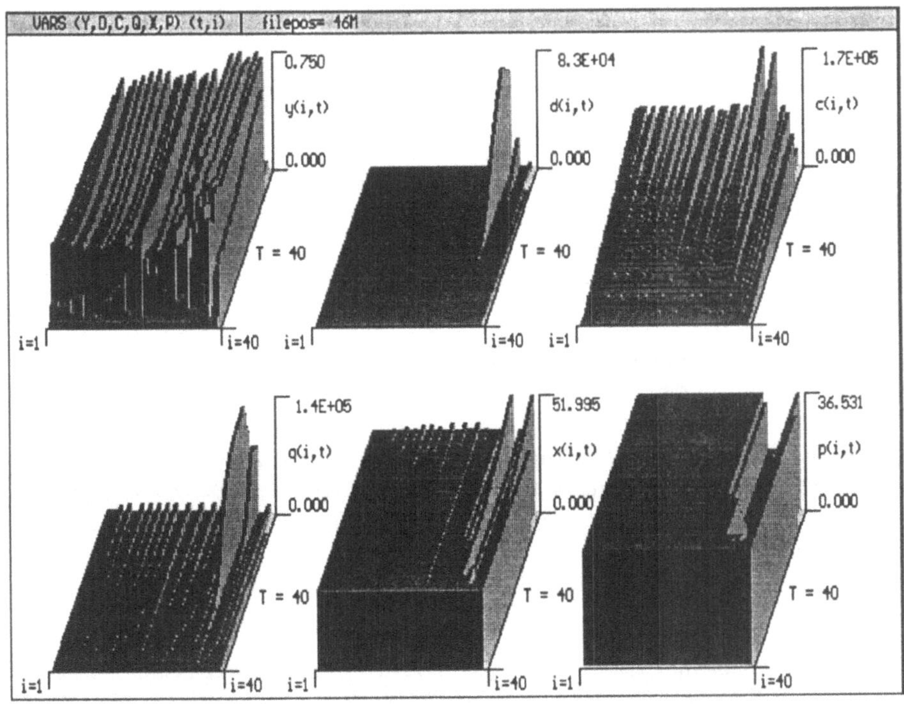

Abb. 11.4   Raum–zeitliche Marktentwicklung – Politik $\mathcal{C}$

Die hohe Anzahl der Preisblöcke (19) bedeutet, daß der Wettbewerb bei diesem stark konkurrenzerhaltenden Markt, zu starker Produktdifferenziation führt.

Insgesamt ist die konservative F&E–Budgetierungspolitik stark konkurrenzerhaltend. Sie führt im Produktraum zu starker lokaler Differenzierung und zu ökonomisch und technisch erfolgreichen Unternehmungen. F&E–Ausgaben und Innovationserfolge korrelieren positiv.

18.2 Reputationsorientierte F&E–Budgetierung

Im Gegensatz zum konservativen Koordinator aus Abschnitt 18.1 versuchen risikofreudigere Unternehmenstypen, durch gerichtete Abweichungen ihrer F&E–Anteile von den (d, s)–Gleichgewichtsanteilen, ihre Wachstumschancen in zukünftigen Perioden zu erhöhen. Die Annahme gerichteter aber "grober" Abweichungen erweitert die Vielfalt der Unternehmenstypen, die solche Politiken auf plausible Weise benutzen können. So müssen wir für diese Politiken nicht mehr voraussetzen, daß die Unternehmung den **genauen** Verlauf der (d, s)–Kurven antizipieren muß[25]. Dadurch erhöht sich die an nichtstrategische (d.h. unternehmensinterne) Beschränkungen gebundene Implementierbarkeit dieser Politiken.

Die strategische Implementierbarkeit (die erwartete Robustheit) der Politiken hängt von den Erwartungen der Unternehmungen bezüglich der F&E–Politiken ihrer Konkurrenten ab. Für den Einsatz einer solchen Politik ist entscheidend, ob zu erwarten ist, daß Konkurrenten Politiken mit gleicher oder entgegengesetzter Abweichnungsrichtung der F&E–Anteile verwenden.

Die reputationsorientierte Unternehmung ist bezüglich technologischer Entwicklungen risikofreudig. Sie setzt auf komplementäre Effekte von Konkurrenten, die eine Politik mit gleicher Abweichungsrichtung der F&E–Anteile verwenden[26]. Die reputations– oder technologieorientierte F&E–Politik $y(\mathcal{T})$ versucht durch große Innovationsanstrengungen die Reputation und folglich auch den Preis des Produktes der Unternehmung zu erhöhen. Dieses Vorgehen enthält ein *strategisches* Risiko, da es zu einer tatsächlichen Preiserhöhung nur im Fall *kollusiven* Verhaltens in der Konkurrenzumgebung kommt.

In der (d, s)–Situation *potentielle Überproduktion A* wird wie bei risikoaverser F&E–Politik $\bar{y}$ gewählt, in den restlichen (d, s)–Situationen wird der risikoaversen F&E–Aktivierung $y(\mathcal{C})$ ein zusätzlicher Teil des Budgets für F&E–Zwecke zugeführt. Die Höhe dieser zusätzlichen F&E–Budgetaktivierung ist ein fester Anteil der Differenz zwischen oberer zulässiger F&E–Aktivierung $\bar{y}$ und dem aktuellen *risikoaversen* Budget $y(\mathcal{C})$. Die Höhe dieses Zusatzanteils kann auch über eine *Gleichgewichtslösung* eines Spiels der direkten Konkurrenten bestimmt werden. Wir beschränken uns im folgenden auf die erste (und wesentlich einfachere) Variante, nämlich

---

[25]Die formalen F&E–Regeln verwenden die Gleichgewichtspunkte der Einfachheit halber als Stützgrößen, die Regeln können aber auch bei nur ungefährer Kenntnis der Gleichgewichtspunkte formuliert werden.

[26]Ein zweiter risikofreudiger Unternehmenstyp, der Konkurrenten mit entgegengesetzter Abweichungsrichtung der F&E–Anteile "bevorzugt" wird in Abschnitt 18.3 beschrieben.

$$y_t^i(\mathcal{T}) = \begin{cases} \overline{\alpha}(\overline{y} - y_t^i(\mathcal{C})) + y_t^i(\mathcal{C}) & \textbf{wenn} \quad (d,s)_t^i \in \{B,C,D\} \\ \overline{y} & \textbf{wenn} \quad (d,s)_t^i = A \end{cases} \quad , \text{ mit} 0 < \overline{\alpha} < 1.$$

Die reputationsorientierte Unternehmung setzt in ihrem Produktangebot auf die Wirkung eigener und kollektiver *technischer Überlegenheit* und auf hohe Neuigkeitsgrade (als Folge und Signalwirkung hoher F&E–Anstrengungen). Daher bevorzugt die Unternehmung häufiges Auftreten von Nachfrageüberhängen (gemessen an ihren aktuellen Produktionsmöglichkeiten).

Für die Initialisierung des nachfolgenden Simulationslaufs gelten die gleichen Bemerkungen wie bei *risikoaversen* F&E–Anteilen (Abschnitt 18.1). Zum Endzeitpunkt des Simulationslaufes beobachten wir hohe Nachfragen und Budgets, sowie ein nur geringfügig gesunkenes Preisniveau. Der Abstand zwischen dem höchsten geforderten Preis (höher als der (Einheits–) Preis in Periode 0) und dem kleinsten geforderten Preis sowie die hohe Preisdifferenzierung im Endzeitpunkt (16 Preisblöcke) bedeuten auch hier, daß auf dem Markt starke Produktdifferenzierung erfolgt ist. Die Marktstruktur ist wie bei dem *risikoaversen* Budgetierungstyp extrem stabil; es findet nur ein (später) Marktaustritt statt. Die kumulierten F&E–Ausgaben sind hoch, das erreichte technische Niveau des Marktes ist höher als bei *risikoaverser* Budgetierung.

Die in allen bisher dargestellten Läufen identische "Startkonfiguration" der (d,s)–Situationen wird von der **reputationsorientierten** Budgetierung, bis spätestens zur 4-ten Periode, in ein potentielles **Nachfrage–Produktionsgleichgewicht** D überführt. Im Durchschnitt verbleibt eine Unternehmung dann für mehr als die Hälfte der Simulationsperioden in dieser Situation. Ähnlich der *risikoaversen* Budgetierungspolitik "behält" die **reputationsorientierte** Budgetierungspolitik die Situation D bzw. führt nach Innovationserfolgen und der dann oft auftretenden Situationen A wieder in D zurück.

Innovationserfolge setzen im Bereich stark streuender Anfangsnachfragen "früh" ein und führen zu einem *ausgedehnten* Imitationskegel. Nachfolgeinnovationen setzen bei dieser Budgetierungspolitik hingegen relativ spät ein. Die Übernahme neuer Techniken führt zu einer stärkeren Differenzierung der Nachfrage–, Budget– und Reputationsverläufe als bei risikoaverser Politik. Unternehmungen mit herausragenden Nachfrage– und Budgeterfolgen bilden zwei Cluster im Produktraum (siehe Abb. 12.4). Diese ökonomisch erfolgreichen Unternehmungen profitieren von mittleren technologischen Niveaus oder von einer reduzierten Konkurrenzsituation (Unternehmung Nr.39).

Der durchschnittliche Verlauf der F&E–Anteile nimmt in den ersten Perioden stark und für den restlichen Simulationsverlauf nur leicht zu. Das Maximum der durchschnittlichen F&E–Anteile ist (der Intention dieser Politik entsprechend) höher als bei risikoaverser F&E–Budgetierung. Das Budgetwachstum der ökonomisch erfolgreichen Unternehmungen bleibt jedoch unter demjenigen der konservativen Budgetierung. Die Reputationswirkung entspricht in ihrem durchschnittlichen Verlauf ebenfalls der Intention dieser Politik. Die räumliche Entwicklung der Reputation führt aber auf eine starke Preisdifferenzierung im Bereich der Unternehmungen mit höheren technischen Niveaus. Der Bereich mit Preisen $p_T > p_0$ ist bei dieser Politik erheblich kleiner als bei der risikoaversen F&E–Politik, die maximal erreichten Preise sind im Endzeitpunkt jedoch höher (siehe Abb. 12.4, Variable $p(i,t)$). Die Korrelation zwischen kumulierten F&E–Ausgaben und den erreichten technischen

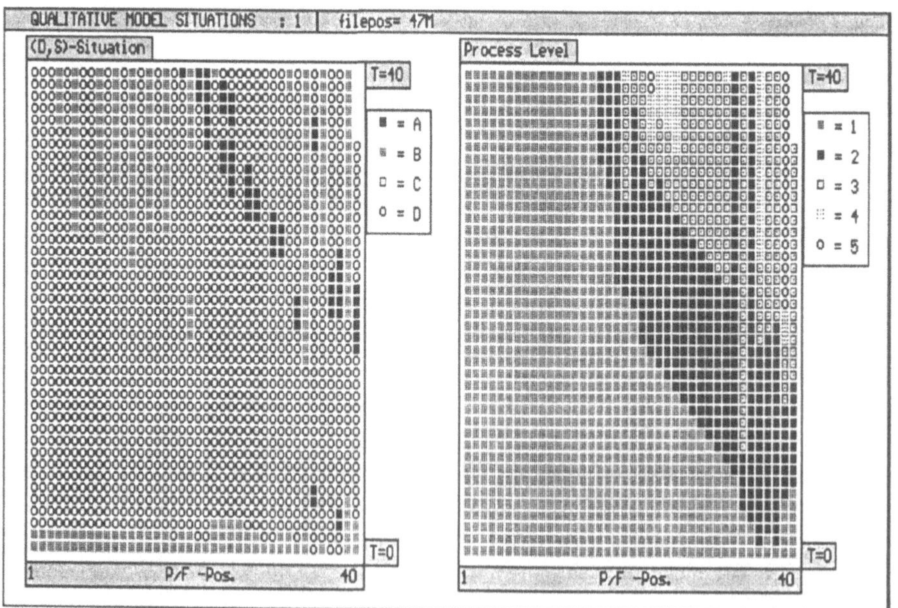

Abb. 12.1　　　Initialisierung und aggregierte Marktresultate in $T = 40$ – Politik $\mathcal{T}$

Abb. 12.2　　　Qualitative Situationen der Marktentwicklung – Politik $\mathcal{T}$

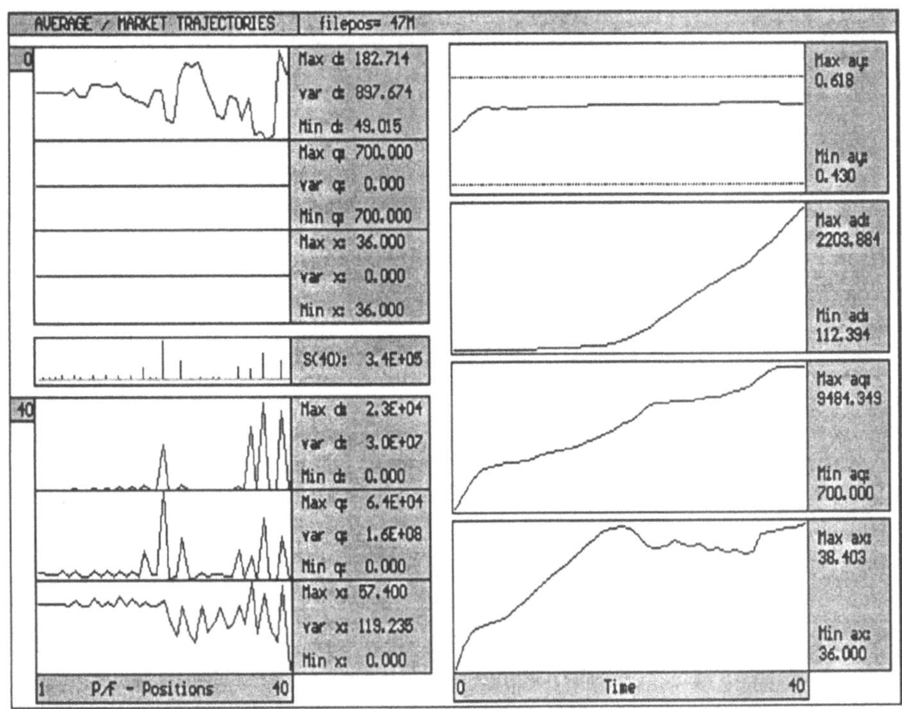

Abb. 12.3   Aggregierte Marktentwicklung – Politik $\mathcal{T}$

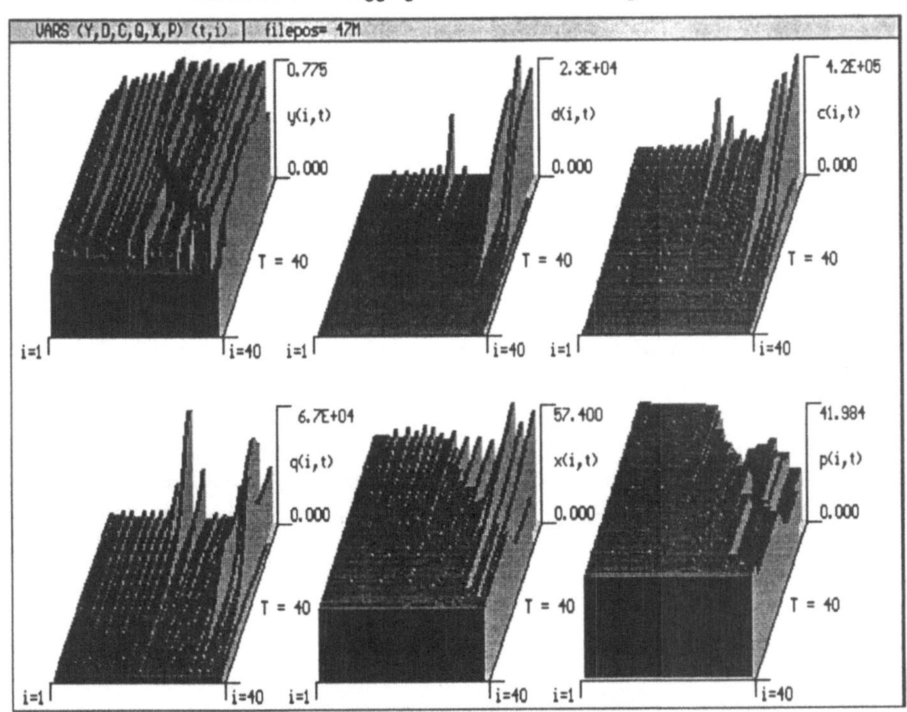

Abb. 12.4   Raum–zeitliche Marktentwicklung – Politik $\mathcal{T}$

Niveaus ist positiv. Die **reputationsorientierte** F&E–Budgetierungspolitik führt zur Herausbildung lokalisierter und ökonomisch erfolgreicher Unternehmenscluster bei extrem stabiler Marktform. Neue Produktionstechniken diffundieren sehr schnell.

18.3　Aggressiver Konkurrent

Wir beschreiben nun unsere zweite risikofreudige F&E–Budgetierungspolitik. Neben dem technologieorientierten Unternehmenstyp findet man in der Realität auch den ökonomisch aggressiven Unternehmenstyp, der Konkurrenten durch *ausgelösten* Preisverfall vom Markt zu drängen versucht. Das Ziel einer solchen Politik ist, die eigene Unternehmung möglichst schnell in ein (lokales) Monopol überzuführen. Dieses Ziel kann in unserem Modell durch (relative) Unterinvestition in F&E erreicht werden. Das dadurch in der Periode nicht verwendete Budget wird für die spätere Verwendung aufgehoben (siehe auch die Abschnitt 9.2 und 18.2).

Eine solche Politik gründet sich auf die Erwartung, daß es in der Konkurrenznachbarschaft innovationsorientierte Unternehmungen gibt, deren Innovationserfolge "ausgebeutet" werden können. Die ökonomisch **aggressive** F&E–Politik ist eher erfolgversprechend, wenn die Unternehmung in der Konkurrenzumgebung "Preisgeber" ist, d.h. wenn $v(x_t) = p_t$ gilt (siehe Abschnitt 9.3) und damit ihre Politik nicht durch "noch aggressivere" Unternehmungen unterlaufen wird. Weiter muß sie auf Grund eines ausreichend hohen Budgets in der Lage sein, einen temporären Nachfrageeinbruch "leicht" überstehen zu können. Da die Politiken der Konkurrenten nicht bekannt sind, riskiert diese Politik die Elimination der eigenen ökonomischen Existenz. Potentielle Gewinne der Politik sind die *Schädigung* oder Elimination der direkten Konkurrenten und eine (nachfolgend mögliche) Position als lokales Monopol. Wie bei der reputationsorientierten Politik sind auf unternehmensinternen Beschränkungen basierende Hürden der Implementierbarkeit niedriger als bei der risikoaversen Politik aus Abschnitt 18.1.

Besteht ein Markt nur aus aggressiven Konkurrenten und haben einzelne Unternehmungen dennoch eine Chance ihr Ziel zu erreichen. Eine Bedingung dafür ist, daß die Konkurrenten unterschiedliche Erstaustattungen besitzen. So können Unternehmungen auf Grund eines Startvorteils in den ersten Perioden genügend akkumulieren um ihre Konkurrenten zu überleben. Weiter können etwa "zu frühe" technische Übernahmen von Unternehmungen (auch außerhalb der Konkurrenznachbarschaft) zu Marktaustritten führen und dann eine Unternehmung in eine reduzierte Konkurrenzsituation mit größeren Akkumulationsmöglichkeiten versetzen.

Der ökonomisch **aggressive** Konkurrent wählt wie bei *risikoaverser* Politik in der (d, s)-Situation **potentielle Übernachfrage** B die F&E–anteilsuntergrenze $\underline{y}$. Im Gegensatz zur *reputationsorientierten* F&E–Politik wird die F&E–Aktivität in den (d, s)-Situationen A, C und D eingeschränkt. Die Höhe dieser Reduktion ist ein fester Anteil der Differenz zwischen dem entsprechenden *risikoaversen* Budget und der Untergrenze der zulässigen F&E–Anteile $\underline{y}$. Analog zur Situation bei reputationsorientierter Politik kann der Anteil $\underline{\alpha}$ auch durch eine Gleichgewichtslösung eines Spiels in der Konkurrenzumgebung bestimmt werden. Die Budgetierungsregel wird in folgender Vorschrift zusammengefaßt:

$$y_t^i(\mathcal{D}) = \begin{cases} \underline{\alpha}(y_t^i(\mathcal{C}) - \underline{y})) + \underline{y} & \textbf{wenn} \quad (d,s)_t^i \in \{A,C,D\} \\[2ex] \underline{y} & \textbf{wenn} \quad (d,s)_t^i = B \end{cases} , \; \text{mit} \, 0 < \underline{\alpha} < 1.$$

Bis auf die **aggressive** Budgetierungsregel ist der folgende Simulationslauf in seiner Initialisierung mit den bisher dargestellten Läufen identisch. Die aggregierten Marktkennzahlen geben im Endzeitpunkt eine relativ hohe Nachfrage und ein hohes Budget an. Das Preisniveau ist unter den Marktpreis im Anfangszeitpunkt abgesunken. Maximal- und Minimalpreis sind niedriger als bei *risikoaverser* oder *reputationsorientierter* Bugetierung.

Die Marktstruktur ist extrem unstabil. Im Endzeitpunkt verbleiben auf dem Markt außer einer reduzierten Konkurrenzsituation nur lokale Monopole. Das erreichte technische Niveau ist niedrig.

Die in allen bisherigen Läufen identische (d, s)–Situation der Startperiode (alle Unternehmungen in B, genau drei in D) geht spätestens in der 2–ten Periode in die potentielle Gleichgewichtssituation D über. Wegen der in den Folgeperioden abnehmenden (durchschnittlichen) Budgetentwicklung geraten die meisten Unternehmungen in die Situation potentieller Übernachfrage B. Das abnehmende Durchschnittsbudget geht auf die zu schnelle Reduktion der F&E–Ausgaben und den daraufhin einsetzenden Reputations– und Preisverfall zurück.

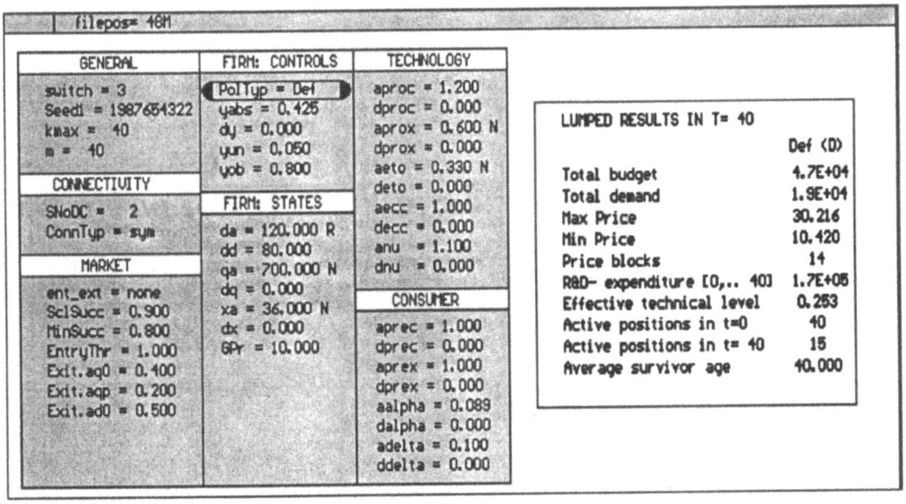

Abb. 13.1   Initialisierung und aggregierte Marktresultate in $T = 40$ – Politik $\mathcal{D}$

Aus der Situation B kehren einige Unternehmungen wieder in die potentiell gleichgewichtige Situation D zurück, können aber wegen der inzwischen zu stark abgefallenen *Finanzkraft* keine Budgetakkumulation auslösen. Nach diesem letzten "Überlebenstest" verschwinden mehr als die Hälfte der Unternehmungen innerhalb weniger Perioden von dem Markt.

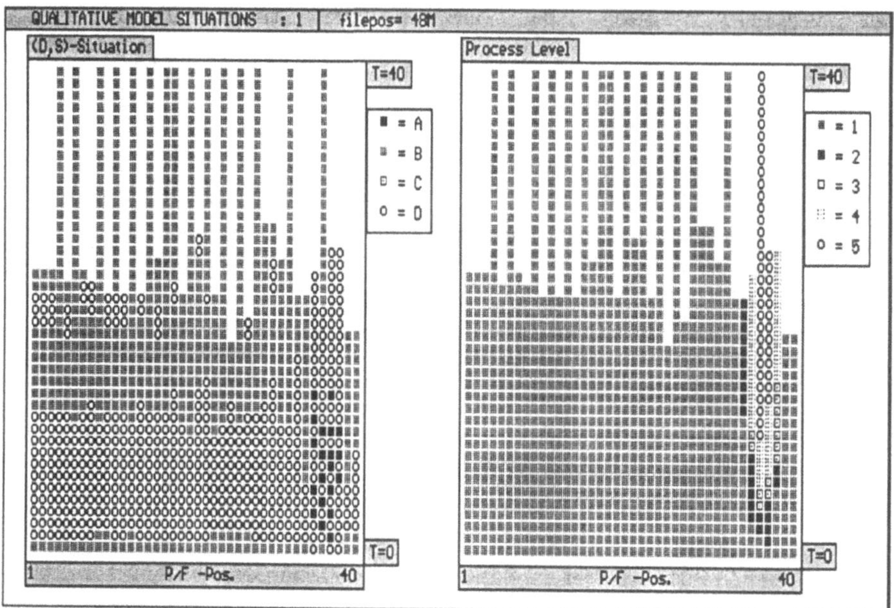

Abb. 13.2   Qualitative Situationen der Marktentwicklung – Politik $\mathcal{D}$

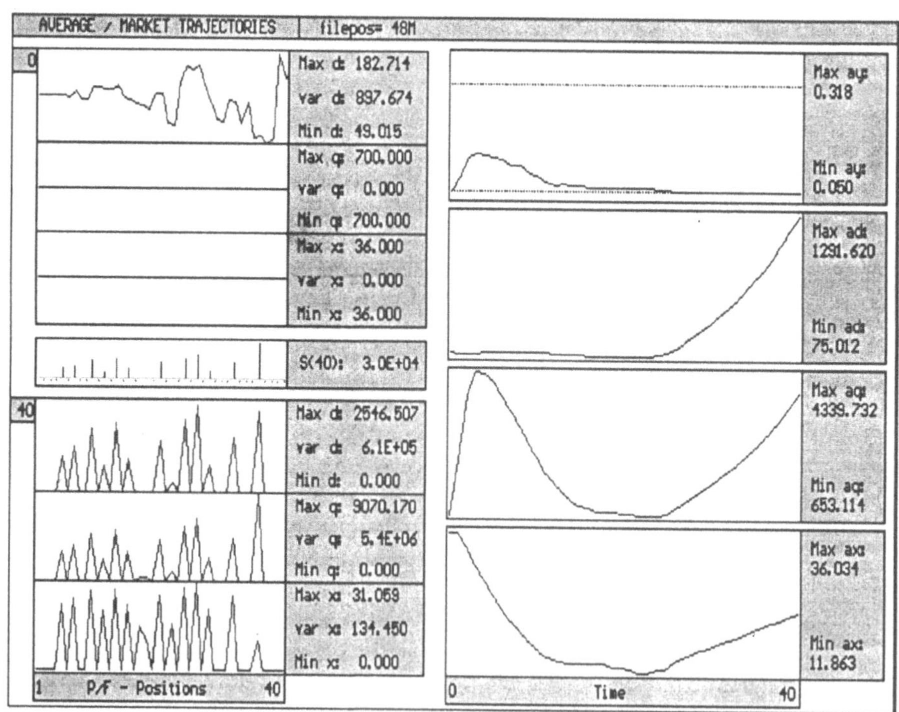

Abb. 13.3   Aggregierte Marktentwicklung – Politik $\mathcal{D}$

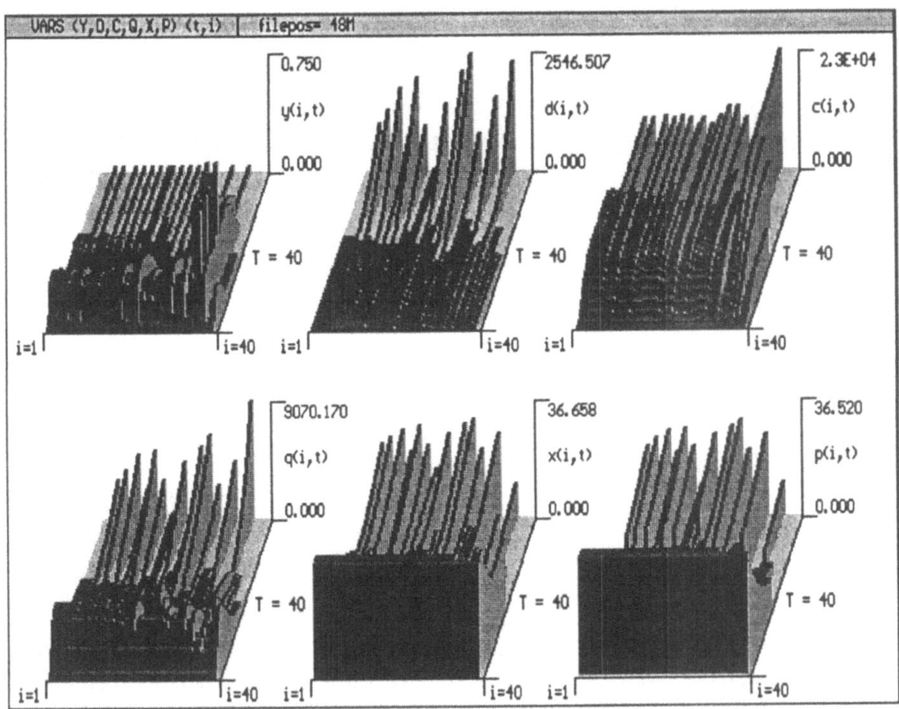

Abb. 13.4   Raum–zeitliche Marktentwicklung – Politik $\mathcal{D}$

Die verbleibenden Unternehmungen kommen in der erleichterten Konkurrenzsituation wieder in Bereiche wachsender Nachfragen und wachsender Budgets. Wegen der sich dann einstellenden potentiellen Übernachfrage (Situation D) kommen die überlebenden Unternehmungen auch wieder in Bereiche mit wachsender Reputation.

Erste Übernahmen neuer Produktionstechniken finden auf diesem Markt in der "frühen" Phase mit starker Konkurrenz statt. Die Imitationen bleiben in einer sehr eng begrenzten Produktregion. Die einzige Unternehmung, die mit (einer Produktionstechnik auf) einem höheren technischen Niveau überlebt, hat das maximale technische Niveau schon unter Konkurrenz erreicht. Die kumulierten F&E–Ausgaben korrelieren mit den Innovationserfolgen positiv. Die ökonomisch erfolgreichen Unternehmungen stehen in keinem erkennbaren (d.h. einfachen) Zusammenhang zu den relativen Startvorteilen der Anfangsnachfragen.

Die **aggressive** F&E–Budgetierungspolitik führt intentionsgemäß zu vielen Marktaustritten. Trotzdem können einige Unternehmungen einen Wachstumspfad als lokale Monopole erreichen. Diese Möglichkeit ergibt sich aber erst nach einer riskanten Dekumulationsphase.

18.4 Vergleich der drei Budgetierungspolitiken

Für einen Markt mit Vertretern der drei konkurrenzabhängigen F&E–Budgetierungspolitiken ergibt sich folgender (strategischer) tradeoff: Trifft eine **risikoaverse** Unternehmung mit einem Reputationsüberhang (d.h. $v(x_t) > p_t$) auf einen **re-**

putationsorientierten Nachbarn, so kann diese möglicherweise von einer *kostenlosen* Zunahme ihres Budgets profitieren. Diese Budgetzunahme wird durch die
von ihrem reputationsorientierten Konkurrenten bewirkte Preiserhöhung hervorgerufen. Die **reputationsorientierte** Unternehmung hat die Preiserhöhung mit einer
Einschränkung ihrer Produktion zugunsten von F&E–Aufwendungen *bezahlt*. Die
ökonomisch **aggressive** Budgetierungspolitik führt nur dann zur "erfolgreichen"
Elimination von Konkurrenten, wenn deren Budgetakkumulation schon durch klei-
nere Preisnachlässe *umgekehrt* werden kann. Dabei dürfen die Reserven des eigenen
Budgets nicht verbraucht werden. Daraus folgt, daß die aggressive Politik, wenn
überhaupt, dann in der Anfangsphase der Marktentwicklung gegen die in späteren Marktphasen stärker akkumulierenden Politiktypen Erfolg hat. Bei erfolgreicher Elimination von direkten Konkurrenten durch eine **aggressive** Unternehmung
können, auch im Produktraum weiter entfernte, indirekte Konkurrenten in ihrer
Marktposition gestärkt werden (siehe die Abschnitte 20 und 21.3).

Für den Erfolg der **reputationsorientierten** F&E–Politik ist *implizit kollusives*
Verhalten (oder eine Konkurrenzumgebung mit Unternehmungen gleicher Politik)
a priori vorteilhaft, bei **aggressiven** Konkurrenten ist ein Zusammentreffen der
gleichen Politiken in der Konkurrenzumgebung i.A. von Nachteil.

Außer in den Situationen reduzierter Konkurrenz ergibt es in unserem Modell keinen Sinn, jeweils genau zwei Unternehmungen in "hinreichend vielen" Begegnungen
aufeinander treffen zu lassen (dieses ist eine gängige technische Vorgehensweise, um
Auszahlungsstrukturen in biologisch motivierten evolutionären Spielen zu ermitteln,
siehe etwa Nicolis [Ni86]. Die Auszahlungsstruktur kann hier nur unter Berücksichtigung der Konkurrenzumgebungen ermittelt werden.

Zum einen treffen in unserem Modell mehrere Unternehmungen gleichzeitig aufeinander, zum anderen ist es in unserem Kontext nicht gleichermaßen natürlich,
die *Kontaktwahrscheinlichkeit* der Unternehmungen von einer "Fitness" (in unserem Modell etwa die Nachfrage oder die Reputation) und einer dadurch bedingten
"Populationsgröße" abhängig zu machen. Insbesondere hat die Populationsgröße
in unserem Modell keine eindeutige Entsprechung: so kann zu diesem Zweck etwa
das Budget aber auch die Anzahl der Unternehmungen mit einer bestimmten F&E–
Politik herangezogen werden. Aus diesen Gründen sehen wir hier davon ab, (mögliche) formale Auszahlungsstrukturen für ein *Spiel der drei Politiken* anzugeben.

18.5 Risikominimierung zukünftiger Konkurrenzwirkun-
gen

Mit dieser F&E–Budgetierungspolitik strebt die Unternehmung die Minimierung
ihrer Nachfragevariation der nächsten Periode an. Die Nachfragevariation entsteht
durch die F&E–abhängigen Nachfrageanteile, die in der Folgeperiode alternativ
möglich sind. Zur Bestimmung der aktuellen F&E–Anteile werden von dieser Rückkopplungsregel nur (Daten über) aktuelle Nachfragen der direkten Konkurrenten
benutzt. Diese Politik ist in einer Unternehmung auf plausible Weise implementierbar, da die benötigten Daten (ihre Beziehbarkeit aber auch ihre Genauigkeit)
kein entscheidendes Hindernis darstellen. Weiter ist Abkopplung vom Wettbewerb

(ohne das Ziel der Elimination der Konkurrenten) eine naheliegende Intention vieler Unternehmungen.

Die Nachfrageentwicklung der direkten Konkurrenten der Unternehmung ist i.A. von (im Produktraum) weiter entfernten Unternehmungen abhängig. Die Beobachtung solcher Unternehmungen wurde im Modell aber ausgeschlossen. Daher stellt die Unternehmung eine Vermutung über die Variationsbreite des in der nächsten Periode möglichen (erreichbaren) eigenen Nachfrageanteils auf.

Die Höhe der F&E-Anteile wird durch unsere Rückkopplungsregel folgendermaßen festgesetzt: Die Unternehmung wählt aktuell solche F&E-Anteile, die die Sensitivität, der in der nächsten Periode neu zu generierenden Nachfrage, bezüglich der dann möglichen Nachfrageanteile, minimieren würde. Die möglichen Nachfrageanteile sind in der vermuteten Variationsbreite enthalten.

Wir bezeichnen die Menge der in der nächsten Periode möglichen Nachfrageanteile mit $V_t^i \subset (0,1)$ und den Exponenten der Nachfragefunktion G (siehe Abschnitt 9.1) mit $n := n(d/D, y)$. Die Menge V_t^i wird einfach durch Auf- und Abschläge vom gegenwärtigen Nachfrageanteil d_t^i/D_t^i gebildet

$$V_t^i = \{X \mid (1 - \alpha^p)\frac{d_t^i}{D_t^i} \leq X \leq \min[1, (1 + \alpha^p)\frac{d_t^i}{D_t^i}]\}, \quad \text{mit} \quad 0 < \alpha^p < 1.$$

Die Konstante α^p kann etwa durch Erfahrung aus vergangenen Perioden etc. festgelegt werden. Wir setzen diese Konstante der Einfachheit halber als gegeben und für alle Unternehmungen als gleich voraus. Die F&E-Budgetierungsregel **Minimierung zukünftiger Nachfragevariation** lautet für die (d, s)-Situationen C und D:

$$y_t^i(\mathcal{I}) = \operatorname*{argmin}_{y_{t+1}^i} \left[\max_{\frac{d}{D}} n(\frac{d}{D}, y_{t+1}^i) - \min_{\frac{d}{D}} n(\frac{d}{D}, y_{t+1}^i) \right] \quad \text{with} \quad \frac{d}{D} \in V_t^i$$

Mit dieser Budgetierung ist auch die Erwartung verbunden, daß sich die Unternehmung im Zeitablauf auf ein *festes* Niveau der F&E-Anteile hinbewegt. Eine solche "Stabilisierung" würde den Steuerungsaufwand bei (strategisch) gleichgesinnten Unternehmungen erheblich reduzieren[27].

Die Gefahr "zu niedriger" F&E-Anteile ist durch diese Stabilisierung i.A. nicht gegeben. Die Eigenschaften der Funktion $n(d/D, y)$ (siehe Abschnitt 9.1) lassen hier eher "hohe" F&E-Anteile erwarten. In den extremen Fällen der (d, s)-Situationen (A und B, siehe Abschnitt 11) werden diejenigen F&E-Anteile gewählt, die auch für den risikoaversen Koordinator (Abschnitt 18.1) rational sind, d.h. $\bar{y}$ für **potentielle Überproduktion** A und $\underline{y}$ für **Nachfrageüberhang** B. Im Gegensatz zum risikoaversen Koordinator muß hier aber nur festgestellt werden, **ob** eine dieser extremen (d, s)-Situationen vorliegt.

Der folgende Simulationslauf zeigt die Eigenschaften dieser Politik bei **nachsichtigen Austrittsbedingungen** und **hoher Nachfrageträgheit**. Zum Endzeitpunkt der Simulation ergeben die aggregierten Marktkennzahlen vergleichsweise

---

[27]Würden der Unternehmung im Modell Kosten für ihren Informations- und Steuerungsaufwand entstehen, wäre eine erwartete Stabilisierbarkeit der F&E-Anteile für die Politikwahl von vorrangiger Bedeutung.

gute Budget– und Nachfrageresultate. Die Preise p_T sind unter dem Anfangspreisniveau und, gemessen an der starken Marktkonkurrenz, relativ stark differenziert. Die Differenz zwischen maximalem und minimalem Preis ist kleiner als bei der **stochastischen** oder der **zyklischen** F&E–Politik. Das erreichte technische

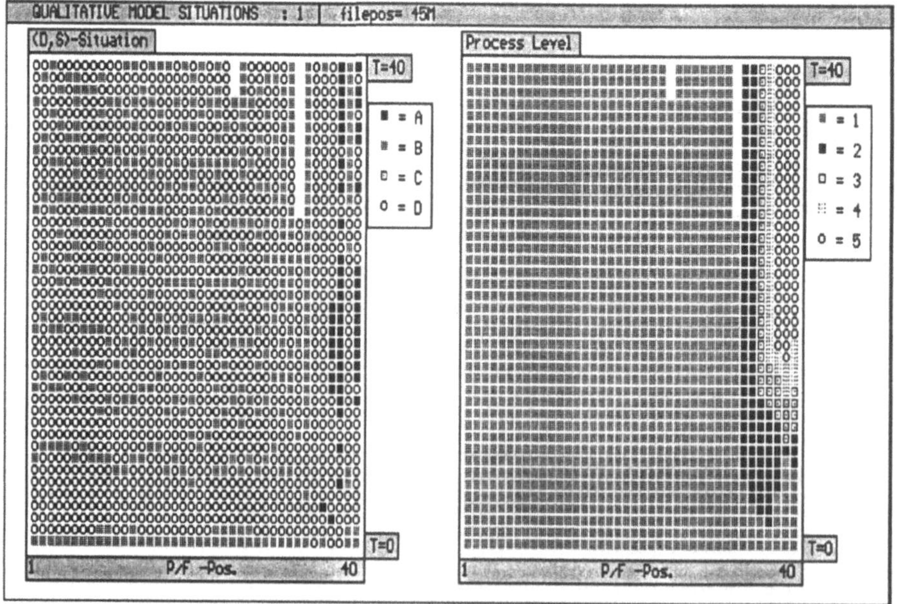

Abb. 14.1   Initialisierung und aggregierte Marktresultate in $T = 40$ – Politik $\mathcal{I}$

Abb. 14.2   Qualitative Situationen der Marktentwicklung – Politik $\mathcal{I}$

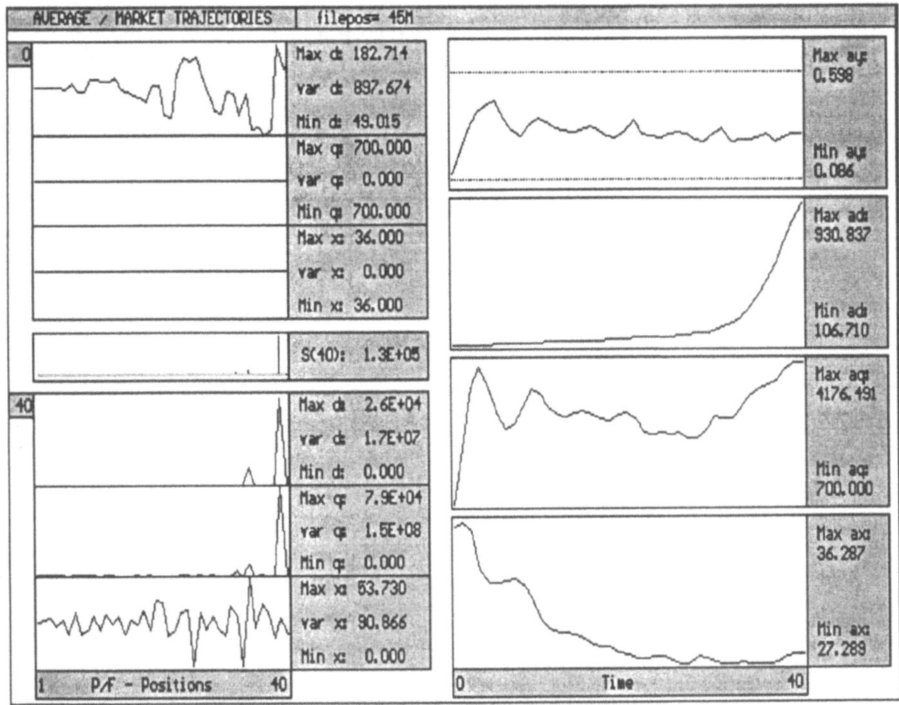

Abb. 14.3   Aggregierte Marktentwicklung – Politik $\mathcal{I}$

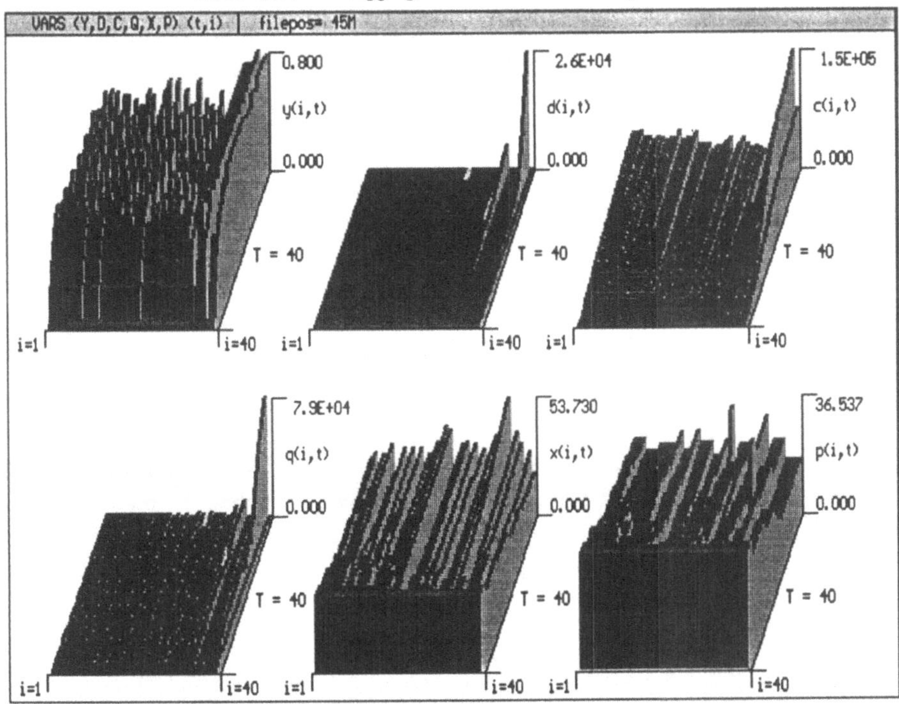

Abb. 14.4   Raum–zeitliche Marktentwicklung – Politik $\mathcal{I}$

Marktniveau ist relativ niedrig. Im gesamten Simulationszeitraum finden nur zwei "späte" Marktaustritte statt. Es bilden sich keine lokalen Monopole; dafür entstehen vier reduzierte Konkurrenzsituationen.

Bis auf drei Ausnahmen starten alle Unternehmungen in der (d, s)-Situation **potentielle Übernachfrage** B. Spätestens nach 2 Perioden gehen alle Unternehmungen in das **potentielle Gleichgewicht** D über. Nach einer relativ homogenen Übergangsphase wechseln sich die Situationen B und D auf dem gesamten Markt in kurzen Zeitabständen ab. **Potentielle Überproduktion** A tritt nur in wenigen (und stark lokalisierten) Ausnahmen auf.

Die Innovationserfolge sind auf den Bereich stark streuender Anfangsnachfrage beschränkt. Der Imitationskegel bleibt "eng begrenzt" und weitet sich nach der 7–ten Periode nicht mehr aus. In diesem technisch innovativen Bereich werden sehr hohe technische Niveaus erreicht (drei direkte Konkurrenten erreichen das maximale Niveau $k = 5$). Sämtliche Nachfolgeinnovationen finden darüberhinaus "früh" statt.

Der durchschnittliche F&E-Anteil nimmt nach anfänglich starker Zunahme tendentiell wieder ab (Abb. 14.3, rechts), wobei häufig "Korrekturbewegungen" auftreten. Wie in Abb. 14.4 zu erkennen ist, entstehen dabei zwei qualitativ unterschiedliche Bereiche (siehe den Verlauf von $y(i, t)$). Der große Bereich unterdurchschnittlich erfolgreicher Unternehmungen ist von starken Schwankungen der F&E-Anteile begleitet. Der Bereich technisch erfolgreicher Unternehmungen nähert sich in seinen F&E-Anteilen im Zeitablauf der Obergrenze zulässiger F&E-Anteile an. Die F&E-Anteile der ökonomisch überdurchschnittlich erfolgreichen Unternehmungen sind in der Abbildung nicht im gesamten Zeitbereich sichtbar (im Fall der Unternehmung Nr. 39 sind die F&E-Anteile kleiner / gleich derjenigen ihrer direkten Konkurrenten).

Diese Budgetierungspolitik läßt unter anhaltender Konkurrenz sehr erfolgreiche Unternehmungen entstehen (siehe etwa Unternehmung Nr. 39). Diese Unternehmung erreicht das maximale technische Niveau, wobei es ihr gelingt, **potentielle Überproduktion** zu vermeiden. Ihre direkten Konkurrenten geraten in eine "technologische Falle": Durch "zu früh" stattfindende technischen Übernahmen erzwingen sie den Verfall der Preise in der Konkurrenzumgebung (wegen wiederholt entstehender Überproduktion) und entziehen sich damit das eigene Akkumulationspotential.

Die höchsten Reputations– und Preisniveaus werden nicht von überdurchschnittlich erfolgreichen Unternehmungen erreicht. Daraus ist (ohne Verifikation) der Schluß erlaubt, daß die Anzahl der Unternehmungen mit ökonomischem Erfolg, bei dieser Budgetierungspolitik, mit der Erhöhung der Sensitivität der Reputationswirkung (Verstärkung des hier positiven Repuationseffekts, siehe Abschnitt 9.3 und Parameter "aalpha" im Abb. 14.1) einhergehen würde.

Die Budgetierungspolitik ist stark konkurrenzerhaltend. Sie konzentriert ökonomisch und technisch erfolgreiche Unternehmungen auf einen "engen" Marktbereich. Dadurch entstehen zwei qualitativ unterschiedliche F&E-Anteilsverläufe. Die Erwartung bezüglich der Stabilisierung der F&E-Anteile wird nur für bestimmte Startkonfigurationen erfüllt.

18.6 Asymmetrie der Markt- und Innovationserfolge

Die Simulationsergebnisse der bisher eingeführten F&E–Politiken zeigen, daß in unserem Modell durchaus Diskrepanzen zwischen ökonomischen und technologischen Erfolgen der Unternehmungen entstehen können (eine Diskussion ökonomisch-technologischer Diskrepanzen in Mäkten mit vollkommenem Wettbewerb findet man in Kamien und Schwartz [KaSc82]). Wir haben auch gesehen, daß die raum–zeitlich myopischen F&E–Regeln nicht immer eine Entwicklung der **Einzelunternehmung** ermöglichen, die für längere Zeiträume mit den Intentionen der Politik übereinstimmt. Unsere bisherigen konkurrenzabhängigen F&E–Politiken sind ökonomisch oder technologisch risikante Abweichungen vom ökonomisch-technologischen Koordinator oder beabsichtigen eine "nichtaggressive" Abkopplung von Wettbewerbswirkungen. Unsere letzte F&E–Budgetierungsregel benutzt im Gegensatz zum ökonomisch-technologischen Koordinator (Abschnitt 18.1) nur Informationen zum **gegenwärtigen** Stand der ökonomisch-technologischen Konkurrenzsituation der Unternehmung. Sie benutzt weiter (als einzige der hier angegeben Politiken) direkte Informationen aus dem kompetitiven technologischen Übernahmeprozeß. Die Koordination der unternehmensinternen Bereiche anhand der (d, s)-Situationen ist hier untergeordnet und wird vernachläßigt. Die Veränderung der F&E–Anteile der Unternehmung wird durch die in der Konkurrenzumgebung entstehenden, ökonomisch-technologischen Asymmetrien der Erfolge gesteuert. Diese Rückkopplung erfolgt nach Gegenüberstellung von (periodenweisem) Nachfrage- und Innovationserfolg. Die gegenwartsbezogene Datenbasis und die reaktive Natur dieser Politik lassen kaum unternehmensinterne oder strategische Hindernisse zur Implementation der Politik entstehen.

Die Veränderungsrichtung der F&E–Anteile wird durch Gegenüberstellung der in der jeweiligen Konkurrenzumgebung aktuell geltenden Verteilung der Nachfragen (der Nachfrageanteile) und der aktuell verwendeten Produktionsverfahren (d.h. der bis zum aktuellen Zeitpunkt *eingeführten* Produktionstechniken, siehe Abschnitt 10) bestimmt. Die Unternehmung kann in beiden Verteilungen in einer kleinen Konkurrenzumgebung (zwei direkte Konkurrenten) nur wenige "qualitativ" unterschiedliche Positionen einnehmen. Dafür listen wir einfach die möglichen Positionen von d^i und k^i in den Wertebelegungen der Verteilung in der Konkurrenzumgebung d^{i-1}, d^i, d^{i+1} und k^{i-1}, k^i, k^{i+1} auf. Danach nimmt eine Variable in der Verteilung entweder das Maximum (H), das Minimum (L) oder einen Zwischenwert (B) an. Es verbleibt noch der Fall (E), wenn die Streuung der Verteilung für eine qualitative Unterscheidung "zu klein" ist. Für die diskrete Variable **technisches Niveau** k ist die Unterscheidung (H),(L),(B) oder (E) immer klar, im Fall der stetigen Variable **Nachfrageanteil** $\frac{d}{D}$ wird eine minimale Streuung definiert, ab welcher man die ersten drei Fälle (H),(L) oder (B) unterscheiden kann. Prinzipiell läßt sich die Klassifikation der relativen ökonomisch-technologischen Positionen auch auf große Konkurrenzumgebungen übertragen. Die meisten so entstehenden Konfigurationen wären für die Unternehmung nicht sinnvoll unterscheidbar. Insbesondere würden bei größeren Konkurrenzumgebungen *multimodale* Verteilungen auftreten, die unsere einfache Interpretation und Verwendung der Verteilungen erheblich erschweren.

Pro Periode und Unternehmung geben wir zuerst eine *qualitative Reaktionsvorschrift*

E für die Veränderungsrichtung der F&E–Anteile an. Die möglichen ökonomisch-technologischen Positionen der Unternehmung bilden dabei die Eingänge der Matrix **E**:

$$
\mathbf{E}_t^i(v_d, v_k) = \begin{pmatrix} + & + & 0 & - \\ + & + & + & - \\ + & 0 & - & - \\ 0 & 0 & - & - \end{pmatrix} \qquad \text{mit} \quad v_d, v_k \in \{L, B, E, H\}
$$

Die Variablen v_d (Zeileneingänge von **E**) und v_k (Spalteneingänge von **E**) geben jeweils die aktuelle Situation in der Verteilung der Nachfragen d_j und in der Verteilung der Innovationserfolge k_j an. Der Index $j \in U_i$ läuft dabei über die Konkurrenzumgebung der i–ten Unternehmung. Die Symbole "+","-" und "0" bedeuten jeweils, daß sich der aktuelle F&E–Anteil um ein Inkrement w_t^i erhöht, verringert oder gleichbleibt:

$$
y_t^i(\mathcal{E}) = y_{t-1}^i + w_t^i, \qquad w_t^i = \begin{cases} 0 & \text{wenn} \quad \mathbf{E}_t^i = 0 \\[2ex] (\overline{y} - y_{t-1}^i)w^0 & \text{wenn} \quad \mathbf{E}_t^i = + \quad \text{und} \quad 0 < w^0 < 1. \\[2ex] (\underline{y} - y_{t-1}^i)w^0 & \text{wenn} \quad \mathbf{E}_t^i = - \end{cases}
$$

Durch diese Übergangsvorschrift wird die Variable y in einen Zustand umgewandelt. Bei gegebenem Parameter w^0 ist diese Politik daher noch initialisierungsabhängig. Dieser zusätzliche Freiheitsgrad der Modellgleichungen wird hier nicht weiter berücksichtigt. Die Initialisierung beschränkt sich für alle Simulationsläufe auf

$$
y_0^i = \overline{y}_0 \qquad \text{mit} \qquad \overline{y}_0 = \underline{y} + (\overline{y} - yu)/2.
$$

Damit haben wir die Budgetierungsregel formal beschrieben. Die Matrix **E** hat folgende Interpretation

- Bei *ökonomisch* und *technologisch* inferiorer Situation der Unternehmung in der Konkurrenzumgebung werden die F&E– Anteile erhöht, und

- bei *ökonomisch* und *technologisch* überlegener Situation verringert.

Weiter führt ein *Nachfragedefizit* in der Konkurrenzumgebung eher zur Erhöhung der F&E–Anteile als ein *Mangel an Prozeßinnovationen*. Diese asymmetrische Belegung der Eingänge setzt natürlich eine entspechende Rangfolge der Unternehmensziele voraus. Eine diskutable Belegung der Matrix **E** — weil von zusätzlichen Voraussetzungen über die Zielorientierung der Unternehmung abhängig — ist der Eingang (E,E). In der hier verwendeten Variante wird angenommen, daß die Unternehmung ihre F&E–Anteile reduziert, sobald sie sich "unter Gleichen" Konkurrenten wahrnimmt. Tritt die Situation (E,E) ein, verhält sich die Unternehmung ähnlich dem ökonomisch **aggressiven Konkurrenten** (siehe Abschnitt 18.3), wobei die aktuelle (d, s)–Situation hier aber keine Rolle spielt.

Der Eingang (E,E) und ferner auch die Gesamtbelegung der Matrix **E** geben spezifische, für Unternehmungen durchaus plausible, Intentionen einer F&E–Politik wieder. A priori können andere Belegungen der Elemente von **E** nicht ausgeschlossen werden. Diese vielleicht nicht offensichtlichen Belegungen könnten das Resultat komplizierterer Unternehmensstrategien sein.

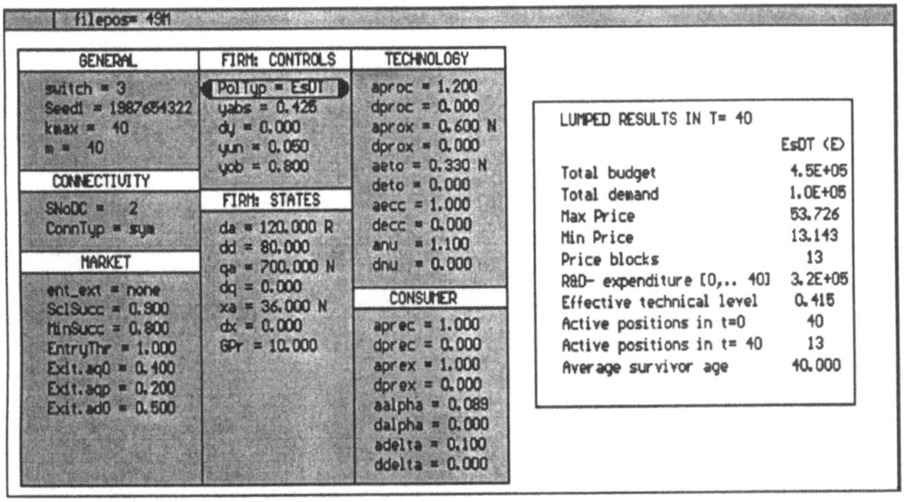

Abb. 15.1   Initialisierung und aggregierte Marktresultate in $T = 40$ – Politik $\mathcal{E}$

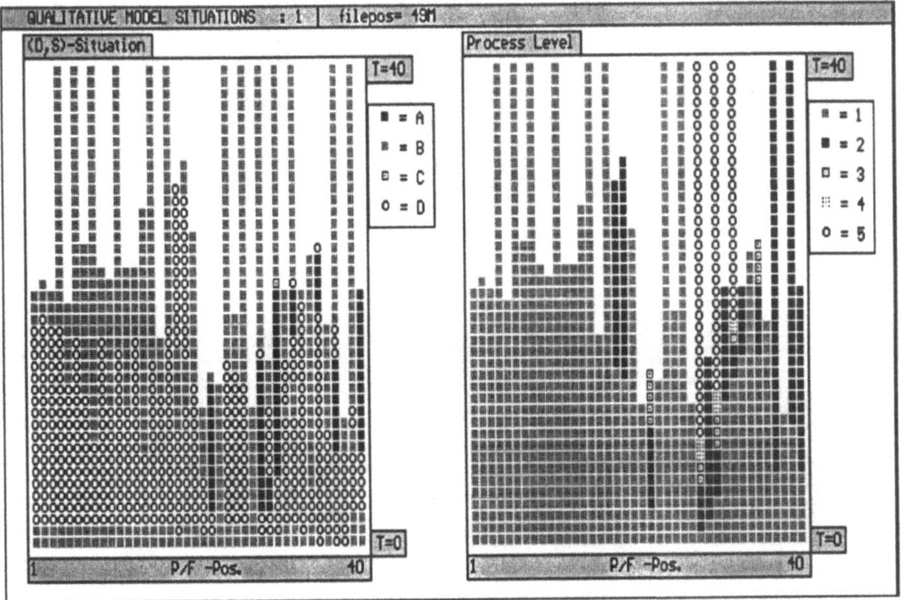

Abb. 15.2   Qualitative Situationen der Marktentwicklung – Politik $\mathcal{E}$

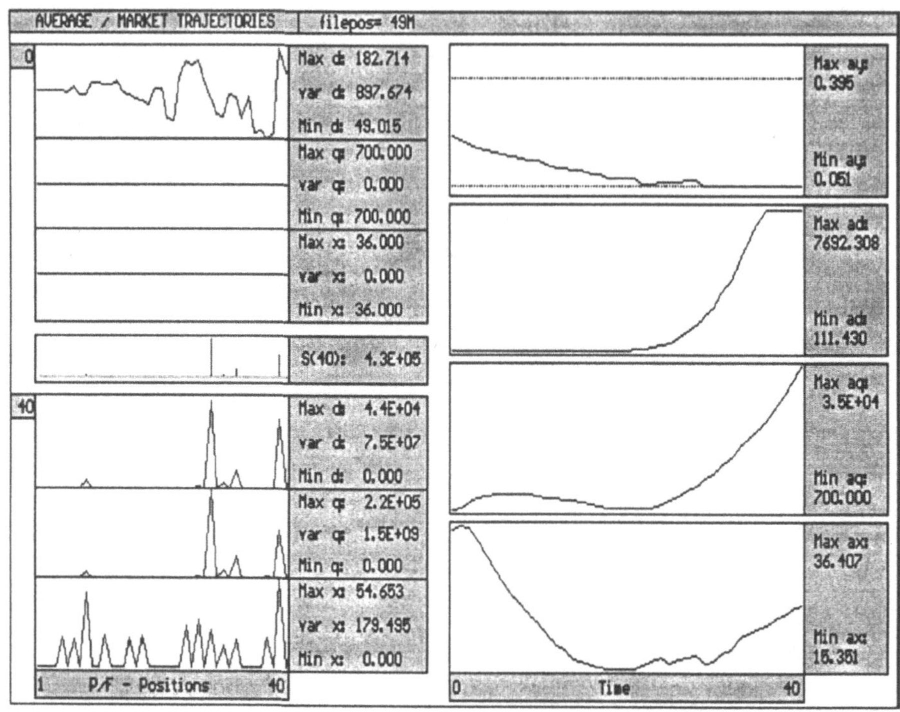

Abb. 15.3　　　Aggregierte Marktentwicklung – Politik $\mathcal{E}$

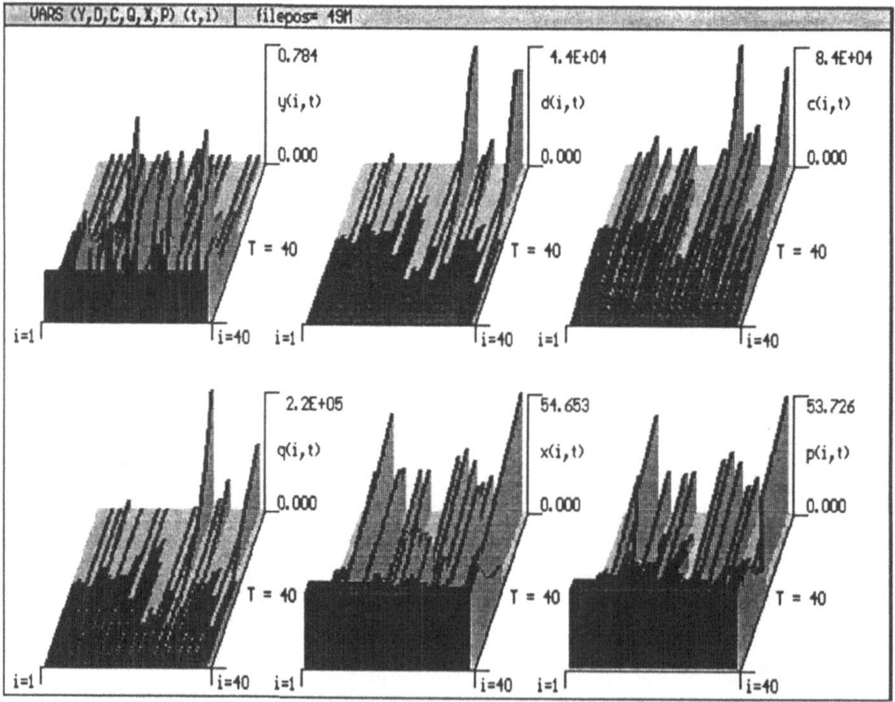

Abb. 15.4　　　Raum–zeitliche Marktentwicklung – Politik $\mathcal{E}$

An dieser Stelle wollen wir anmerken, daß man eine interessante Erweiterung des Aktions- und Interpretationsbereichs dieser F&E–Regel durch eine Variante erreichen kann, die auf "unscharfen Mengen" beruht. Dadurch kann die (hier) feste Skalierungsgröße der F&E–Anteilsveränderung w^0 durch angepaßte Größen, z.B. einer Matrix $W^0[v^d, v^k]$ ersetzt werden. Allerdings müßte ein Lernverfahren solche, für die Unternehmung auch "erfolgreiche", Matrizen erzeugen (zu "unscharf" kontrollierten Prozessen siehe Kosko [Ks92]). Darüberhinaus kann man durch eine "unscharfe" Repräsentaion auch die qualitativen Konkurrenzpositionen in komplexeren Wettbewerbssituationen leichter klassifizieren.

Die Übergangsgleichung der Budgetierungspolitik wird fortan mit dem Startwert $\bar{y}_0$ und der oben angegebenen Matrix **E** initialisiert. In Übereinstimmung mit der gegenwärtigen Simulationsreihe werden im folgenden Lauf **nachsichtige Austrittsbedingungen** und **hohe Nachfrageträgheit** verwendet. Auch hier ist die Störung der Anfangsnachfrage (wie bei allen anderen wettbewerbsabhängigen Budgetierungspolitiken, Abschnitte 18.1 – 18.5) wesentlich (siehe Parameter "dd" in Abb. 15.1, links).

Die aggregierten Marktkennzahlen weisen zum Endzeitpunkt des Laufes hohe Nachfragen und Budgets aus. Die Preisstreuung auf dem Markt ist sehr groß. Das Preisniveau ist jedoch kleiner als der Marktpreis zum Startzeitpunkt. Auf dem Markt entsteht extreme *Verdrängungskonkurrenz* — er zerfällt in 13 lokale Monopole. Das zum Endzeitpunkt erreichte technische Niveau ist (trotz der hier für den Fall (E,E) angenommenen **aggressiven** Wettbewerbsvariante) relativ hoch. Es wird ein ähnlich hohes technisches Niveau wie beim Fall der **reputationsorientiernten** F&E–Politik erreicht.

Bis auf zwei Ausnahmen geht die (d, s)-Startsituation in spätestens 3 Perioden in die Situation **potentielles Nachfrage–Produktionsgleichgewicht** D über. Aus dieser Situation gehen einige Unternehmungen über **potentielle Überproduktion** A, andere direkt in einen Nachfrageüberhang B über. Die Zeitpunkte dieser Übergänge sind für die einzelnen Unternehmungen sehr unterschiedlich.

Die ersten Innovationserfolge treten (räumlich) stark gestreut auf. Die Imitationskegel bleiben im Zeitablauf eng begrenzt — in drei Fällen tritt in der entsprechenden Konkurrenzumgebung keine Imitation auf. Die Wirkung der kurzfristigen Reaktion auf ökonomisch-technologische Asymmetrien besteht — soweit aus dem relativ kleinen Experimentumfang verallgemeinbar — darin, die Innovationshäufigkeit zu erhöhen und die Imitationschancen zu vermindern. Alle Unternehmungen, die zum Endzeitpunkt auf höheren technischen Niveaus produzieren, haben ihre technologischen Erfolge unter Konkurrenz erzielt.

Der durchschnittliche F&E–Anteilsverlauf des Marktes (Abb. 15.3, Variable "ay") nimmt über den gesamten Zeithorizont tendentiell ab und setzt sich aber aus qualitativ sehr verschiedenen Zeitverläufen zusammmen (siehe Abb. 15.4, Variable $y(i, t)$). Im Bereich der Innovationserfolge und den dort auftretenden ökonomisch-technologischen Disparitäten nehmen die F&E–Anteile der meisten Unternehmungen stark zu. Bei vielen Unternehmungen führen diese hohen F&E–Anteile aber zu Budgetdekumulation. Letztere wird wegen der in den ersten Perioden einsetzenden Preiskonkurrenz noch weiter verstärkt. Folglich sind diese Unternehmungen nach einigen Perioden gezwungen, den Markt zu verlassen.

Ökonomisch langfristig erfolgreiche Unternehmungen sind unter dieser Budgetierungsvorschrift auch vorwiegend technologisch erfolgreich. Die kumulierten F&E–Ausgaben haben keine deutliche Wirkung auf die Innovationserfolge. Ähnlich der ökonomisch **aggressiven** Budgetierungspolitik (siehe Abschnitt 18.3) ist auch die hier gewählte Variante der F&E–Politik $\mathcal{E}$ für die Einzelunternehmung sehr riskant. Sie führt aber auf relativ viele, zeitlich und räumlich stark streuende, Übernahmen neuer Produktionstechniken wobei "imitative" Übernahmen nur selten stattfinden.

19 Zusammenfassung der durchschnittlichen Zeitverläufe und aggregierte Marktkennzahlen

In diesem Abschnitt stellen wir die aggregierten Resultate der acht untersuchten F&E–Budgetierungsregeln gegenüber (Abschnitte 17.1 bis 18.5). In den entspechenden Abschnitten haben wir vielfach auf Einschränkungen hingewiesen, die bei der Interpretation der Marktkennzahlen und der durchschnittlichen Zeitverläufe der Simulationen gelten. Insbesondere lassen die im Endzeitpunkt auftretenden Konkurrenzsituationen (lokale Monopole, reduzierte Konkurrenzsituationen, volle (lokale) Konkurrenz) und die daraus folgenden sehr unterschiedlichen "weiteren" Akkumulationsmöglichkeiten der Unternehmungen, unkommentierte Kennzahlenvergleiche nicht zu.

In den folgenden Abbildungen (Abb. 16.1 und 16.2) werden die durchschnittlichen Zeitverläufe und die aggregierten Marktkennzahlen für alle acht Politiken angegeben. Zur leichteren Lesbarkeit ist die Rangfolge der Politiken für die aggregierten Marktkennzahlen getrennt aufgeführt (Abb. 16.2, unten). Der durchschnittliche Zeitverlauf ist für jede Budgetierungspolitik für die Variablen F&E–Budgetanteile (y), Nachfrage (d), Budget (q), Reputation (x), Preis (p), kumulierte F&E–Ausgaben (c) sowie technisches Niveau ("i", im Text Variable k) angegeben.

Bei nicht nach oben beschränkten Variablen bezieht sich die unter der entsprechenden Kurve angeführte Vergleichszahl auf das jeweilige Maximum der Kurve (nicht auf den Endzeitpunkt!). Die reellwertigen Kennzahlen aus der Tabelle der aggregierten Resultate beziehen sich auf den Endzeitpunkt der Simulationsläufe. Eine solche Kennzahl gibt die Summe der in den Einzelläufen entstandenen Kennzahlen (für die Bestimmug der Kennzahlen siehe Abschnitt 13.4) an. Das *durchschnittliche Überlebensalter* zählt die (aktiven) Perioden einer Unternehmung vom Endzeitpunkt rückwärts bis zu ihrem Markteintritt[28]. Alle angeführten Läufe wurden mit **nachsichtigen Austrittskriterien** ("aq0=0.4") und **hoher Nachfrageträgheit** ("adelta=0.1") durchgeführt. Läufe zu weiteren ("aq0, adelta")- Kombinationen, aber sonst identischer Initialisierung, sind in Stöppler und Schebesch [StSc90], Band II, enthalten.

---

[28]Diese Kennzahl ist für das Modell ohne Aktivitätsverlagerungen im Produktraum irrelevant; siehe ihre Verwendung in den Abschnitten 21.2 und 21.4.

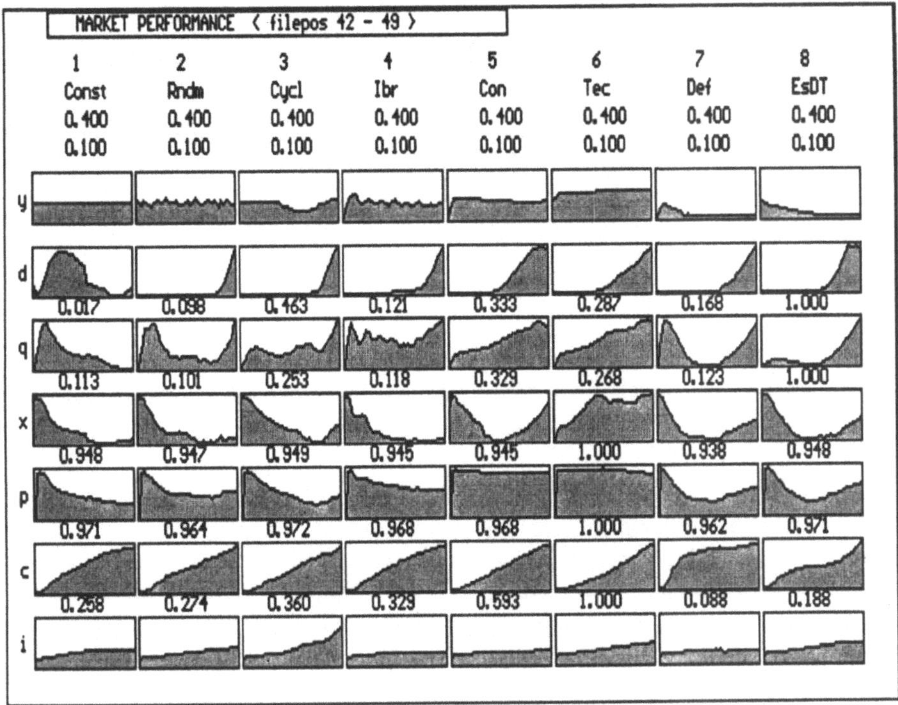

Abb. 16.1   Vergleich der durchschnittlichen Zeitverläufe

LUMPED RESULTS IN T= 40 :   AVERAGES OVER   8 RUNS

	Con (C)	Def (D)	Tec (T)	Const (K)	Rndm (R)	Cycl (Z)	Ibr (I)	EsDT (E)
Total budget	9613.902	3146.651	8765.137	75.857	2884.483	8250.754	3476.491	3.5E+04
Total demand	2564.103	1291.620	2203.884	115.512	753.910	3564.218	930.837	7692.308
Max Price	36.527	30.216	41.984	22.459	51.686	42.240	32.908	53.726
Min Price	15.573	10.420	18.675	10.079	7.110	4.359	16.781	13.143
Price blocks	19	14	16	14	13	4	15	13
R&D- expenditure [0,.. 40]	7.7E+04	1.1E+04	1.3E+05	3.3E+04	3.5E+04	4.7E+04	4.3E+04	2.4E+04
Effective technical level	0.308	0.253	0.462	0.388	0.438	0.840	0.300	0.415
Active positions in t=0	40	40	40	40	40	40	40	40
Active positions in t= 40	39	15	39	34	21	5	38	13
Average survivor age	40.000	40.000	40.000	40.000	40.000	40.000	40.000	40.000

POLICY RANKING OVER THE ABOVE CRITERIA

	1	2	3	4	5	6	7	8
Total budget	E	C	T	Z	I	D	R	K
Total demand	E	Z	C	T	D	I	R	K
Max Price	E	R	Z	T	C	I	D	K
Min Price	T	I	C	E	D	K	R	Z
Price blocks	C	T	I	D	K	E	R	Z
R&D- expenditure [0,.. 40]	T	C	Z	I	R	K	E	D
Effective technical level	Z	T	R	E	K	C	I	D
Active positions in t= 40	T	C	I	K	R	D	E	Z
Average survivor age	T	K	C	D	I	E	R	Z

Abb. 16.2   Kennzahlen und Rangfolgen der F&E-Politiken

Zunächst stellen wir fest, daß die (informal ausgedrückten) Intentionen durch die entsprechenden konkurrenzabhängigen myopischen F&E–Regeln auf die durchschnittlichen Zeitverläufe der Märkte mit Erfolg übertragen werden. Die "durchschnittliche Unternehmung" kann daher auf diese Regeln, auf Märkten mit in bezug auf die F&E–Politik gleiche Unternehmungen, vertrauen. Unsere raum–zeitlichen Marktverläufe haben aber gezeigt, daß es zwischen einzelnen Unternehmungen sowie in der ökonomischen und technologischen Entwicklung einzelner Unternehmungen sehr große Unterschiede geben kann. Daher sollte sich eine Unternehmung nur begrenzt am "durchschnittlichen Unternehmenserfolg" einer F&E–Politik orientieren[29].

In den vorigen Abschnitten haben wir weiter gesehen, daß die **risikoaverse** Politik (im Durchschnitt) auch langfristig ein guter Koordinator der ökonomischen und technologischen Fähigkeiten der Unternehmung ist. Unter den bisher betrachteten Marktbedingungen stellt sich trotz "Überinvestition in F&E" eine **reputations–** oder **technologieorientierte** Abweichung von der Koordinatorregel ebenfalls als durchschnittlich erfolgreich heraus. Die durchschnittliche Entwicklung der **konstanten** (Const) und der **stochastischen** (Rndm) Budgetierungspolitik verläuft bis auf die F&E–Anteile und die Nachfrage sehr ähnlich. Ein auffällig schlechtes Marktergebnis wird (trotz hoher Nachfrageträgheit) von der **konstanten** Politik erreicht, während die **zyklische** Politik die größten technologischen Erfolge verzeichnet. Gewisse Ähnlichkeit der durchschnittlichen Unternehmung besteht auf Märkten mit der ökonomisch **aggressiven** Politik (Def) und der auf **ökonomisch-technische Disparitäten** reagierenden Politik (EsDT). Wir wollen hier noch einmal darauf hinweisen, daß die Politiken $\mathcal{I}$ (Ibr) und ($\mathcal{E}$) (EsDT) leicht implementierbar sind und daher für viele Unternehmenstypen in Frage kommmen.

Neben zu erwartenden *ökonomischen* und *technologischen* Erfolgen sind für die Unternehmung auch die Chancen des langfristigen "Überlebenserfolges" von Interesse. Wir teilen die acht Budgetierungspolitiken nach ihrer Tendenz zur Marktverdrängung in folgende drei Gruppen auf:

1. Stark konkurrenzerhaltend sind die **reputationsorientierte** ($\mathcal{T}$), die **risikoaverse** ($\mathcal{C}$), die **zukünftige Nachfragevariationen minimierende** ($\mathcal{I}$) und die **konstante** ($\mathcal{K}$) Politik.

2. Riskant ist die Verwendung der **aggressiven** ($\mathcal{D}$), der auf **ökonomisch-technische Disparitäten** reagierenden ($\mathcal{E}$) und der **zufälligen** ($\mathcal{R}$) Politik.

3. Äußerst riskant ist die Verwendung der (durchschnittlich recht erfolgreichen) **zyklischen** ($\mathcal{Z}$) Politik.

Danach ist einer Unternehmung, unter den aktuellen Marktparametern (hohe Nachfrageträgheit der Konsumenten und nachsichtige Austrittsbedingungen bei schwacher Unternehmensleistung) und je nach Risikoeinstellung, die Politik $\mathcal{E}$ (bei extremer Risikofreude) oder (mit abnehmender Risikobereitschaft) die Politik $\mathcal{T}$ und die Politik $\mathcal{C}$ zu empfehlen.

---

[29]Falls sich eine Unternehmung "sehr viele Marktversuche" leisten kann, werden die Varianzen unbedeutend.

20 Aktivitätsverlagerung im Produktraum und strategieverpflichtete Unternehmungen

Die bisherigen Modellannahmen lassen Veränderungen der Marktstruktur nur sehr eingeschränkt und unidirektional zu. Die Marktstruktur kann sich bisher nur durch Marktaustritte *ökonomisch nicht erfolgreicher* Unternehmungen (siehe Abschnitt 12) verändern. Eine wesentliche Eigenschaft realer Märkte ist aber, daß "bidirektionale" Veränderungen der Marktstruktur und damit auch der (lokalen) Konkurrenzintensität stattfinden.

Im folgenden betrachten wir Veränderungen der Marktstruktur, die (in der Realität) Folge strategisch "hoch angesiedelter" Entscheidungen in Einzelunternehmungen sind. Wir nennen sie **Aktivitätsverlagerungen** der Unternehmung im Produktraum. Wir identifizieren Aktivitätsverlagerungen mit den Marktbewegungen *Eintritt, Zusammenfassung, Diversifikation* und *Produkt(re)positionierung* von Unternehmungen. Oftmals haben diese strategischen Marktbewegungen größeren Einfluß auf das Unternehmensergebnis als die Verwendung *guter* Periodenentscheidungen. Um in unserem Modell Aktivitätsverlagerungen abzubilden, wird das Kernmodell in den folgenden Abschnitten um eine Modellkomponente erweitert. Diese Modellkomponente steuert die ereignisabhängigen (in der Realität auch asynchronen) Bewegungen der Unternehmungen im Produktraum.

Bei Aktivitätsverlagerungen, die mit Marktein– und Austritten von Einproduktunternehmungen verbunden sind, tritt das Problem der *Vererbbarkeit* der Unternehmensvariablen auf. Dafür müssen Regeln angegeben werden, die die Weiterverwendung der Unternehmenszustände Nachfrage, Budgets, Reputation, technisches Niveau und kumulierte F&E–Ausgaben (technisches Wissen) sowie die Weitergabe der, bis zum Zeitpunkt einer Aktivitätsverlagerung, benutzten F&E–Budgetierungspolitik festlegen.

Werden auf dem Markt *gleichzeitig* mehrere (der in den Abschnitten 17 und 18 eingeführten) F&E–Budgetierungspolitiken verwendet, führen wir eine globale Partition des Marktes ein, die jeweils alle Einproduktunternehmungen mit der gleichen Budgetierungspolitik zusammenfaßt. Jeweils eine solche Zusammenfasung kann man als **strategieverpflichtete** Mehrproduktunternehmung interpretieren. Die Mehrproduktunternehmung besteht dann aus untereinander in Konkurrenz stehenden Einproduktunternehmungen (oder aus verschiedenen Produktdivisionen). Die Einproduktunternehmungen agieren nach wie vor als "unabhängige" *produktverpflichtete* Unternehmungen. Wie in Abschnitt 9 dargestellt, stehen sie zueinander in lokaler Konkurrenz. Zu den Konkurrenzumgebungen mit gleicher F&E–Politik kommen hier (an den "räumlichen Grenzen" der strategieverpflichteten Mehrproduktunternehmungen) noch Konkurrenzumgebungen mit zwei bis maximal drei (beschränkt durch $u_i = 3$, die maximale Anzahl direkter Konkurrenten) F&E–Budgetierungspolitiken hinzu. Dadurch heben wir die, nach unserer Auffassung bedeutendere, Konkurrenz der Produkte und Technologien zugunsten der "Konkurrenz von Unternehmungen" (soweit diese nicht produktverpflichtet sind) hervor.

Der produktverpflichteten Unternehmung entstehen durch die Aktivitätsverlagerungen, über die periodenweise anfallenden F&E–Anteilsentscheidungen hinaus, zusätzliche Freiheitsgrade. Zum einen kann die Unternehmung in benachbarte Produkte diversifizieren, indem sie ihre Aktivitäten auf nicht von anderen Unternehmungen besetzte Produktpositionen erweitert oder verlegt, zum anderen kann sie eine Produktlinie beenden, indem sie ihre aktuelle Produktposition *freigibt* (deaktiviert) und ihr bisher akkumuliertes Budget in andere (profitablere) Einproduktunternehmungen investiert.

Im Modell werden Aktivitätsverlagerungen ausgelöst, wenn ein dem *unbedingten* Marktaustritt (siehe Abschnitt 12) verwandtes Kriterium erfüllt wird. Pro Zeitpunkt gehen wir dabei von einer (groben) Dreiteilung der Bewertung der ökonomischen Leistungsfähigkeit der produktverpflichteten Unternehmung aus. Ist diese Leistung zu **niedrig**, folgt nach wie vor unbedingter Marktaustritt, ist die Leistung **hoch**, so sieht die Unternehmung keine Veranlassung zur Veränderung ihres bisherigen Verhaltens. Ist die Leistung zwar oberhalb der *unbedingten Marktaustritt* auslösenden Grenze, werden aber zusätzliche Leistungskriterien nicht erfüllt, so versucht die Unternehmung ihre zukünftige Leistung durch Neupositionierung im Produktraum zu verbessern. In diesem Fall sind dann die Bedingungen für eine der drei Aktivitätsverlagerungen erfüllt. Der folgende Ausdruck präzisiert diese Bedingungen:

$$(\tau^q q_t^i < q_{t-1}^i) \quad \vee \quad (\tau^d d_{t-1}^i p_{t-1}^i < q_t^i) \quad \rightsquigarrow \quad \textbf{Aktivitätsverlagerung.}$$

Die Parameter $\tau^q \geq 0$ und $\tau^d \geq 0$ werden für alle Unternehmungen des Marktes gleichgesetzt. Das Kriterium prüft das kurzfristige Wachstum des Budgets und es vergleicht den — auf Grund der Nachfrage und des Preises der letzten Periode — möglichen Absatz mit dem aktuell erreichten Budget[30].

Im Simulationsmodell finden unbedingte Marktaustritte immer **vor** der Überprüfung des Kriteriums für Aktivitätsverlagerung statt. Daher ist auch nur $\tau^p > 1/\epsilon_p^q$ nicht-redundant (siehe *unbedingte Marktaustritte* in Abschnitt 12).

Ökonomische Leistung	Wechsel der Marktaktivitäten
sehr niedrig	unbedingter Marktaustritt (siehe Abschnitt 9)
akzeptabel	Aktivitätsverlagerungen im Produktraum
hoch	keine struktureller Wandel

Die Verwendung eines gemeinsamen Kriteriums für, ihrer Intention nach sehr unterschiedliche, Aktivitätsverlagerungen ist eine stark vereinfachende Annahme. Die Bedingung legt daher nur fest, **ob** eine der Aktivitätsverlagerungen stattfinden soll. Insbesondere enthält diese Bedingung auch nicht **alle** ökonomisch– strategischen Beweggründe für Aktivitätsverlagerungen. So wird etwa Produktdiversifikation auch von "jungen", stark wachsenden, *produktverpflichteten* Unternehmungen erwogen, wenn diese in ihrem Produktsegment verstärkte Konkurrenz durch Neueintreter oder durch eine sich abflachende Nachfrageentwicklung "voraussehen". Ein solches Verhalten setzt *Metawissen* vorraus, das durch ein Modell des vorliegenden Typs nicht abgebildet wird.

---

[30]Aktivitätsverlagerungen sind im Modell ebenfalls an kurzfristige Leistungsbewertung gekoppelt. In der Realität werden entsprechende Entscheidungen eher auf Grund "langfristig vorausschauender" Erwägungen getroffen. Wir haben diesen Typ der Informationsbeschaffung ausgeschlossen.

20.1 Kapitaltransfer

Hat sich eine Unternehmung durch ein (an dieser Stelle noch) beliebiges Verfahren dazu entschieden, ihre Aktivitäten auf einer Produktposition aufzugeben, bestehen im Modell zwei Möglichkeiten der weiteren Kapitalverwendung: Zum einen kann dieses Kapital in benachbarten Produktpositionen verwendet werden. Zum anderen kann die Unternehmung versuchen, ihr Kapital in die Produktposition (produktverpflichtete Unternehmung) investieren, deren Nachfrage im globalen Vergleich am stärksten zunimmt[31].

Ist das Ziel eines solchen **Kapitaltransfers** eine Einproduktunternehmung mit einer anderen F&E–Politik, wird durch ein **Mehrheitsverfahren** bestimmt, ob die F&E–Politik der transferierenden Unternehmung in der Zielunternehmung mit eingeführt wird. Die Bestimmung der Zielunternehmung und der nachfolgende Kapitaltransfer finden immer in der jeweils gleichen Periode statt. Die beiden Transfertypen unterscheiden sich nur durch ihre Beobachtungshorizonte im Produktraum, innerhalb deren potentielle Transferziele ausgewählt werden.

Bei einem anstehenden Transfer wird die Unternehmung mit dem *höchsten* Wachstum der Nachfrage als *Investitionsobjekt* innerhalb des Suchhorizontes ausgewählt. Die Nachfragen von Konkurrenten sind vergleichweise am leichtesten beobachtbar. Der Suchhorizont der i–ten Unternehmung wird mit $h_T(i) \subset \{1,\dots,m\}$ bezeichnet, wobei immer $U_i \subseteq h_T(i)$ gilt.

Die Suche nach einem geeigneten *Investitionsobjekt* und die mögliche Durchführung des Transfers ist für die i–te Unternehmung durch folgende Vorschrift gegeben:

$$\text{SUCHE} \quad j^* = \arg \max_{j \in h_T(i)} (\Delta d_{t-1}^j) \quad \text{gib Transferabsicht bekannt}$$

$$\text{WENN} \quad (\Delta d_{t-1}^{j^*} > \Delta d_{t-1}^i) \quad \wedge \quad (\text{von} \quad j^* \quad \text{KEINE Transferabsicht bekannt})$$

$$\text{DANN} \quad \text{transferiere von} \quad i \text{ nach } j^*.$$

Verwendet die Zielunternehmung j^* die gleiche F&E– Politik wie die transferierende Unternehmung i, so behält j^* diese Budgetierungsregel auch nach dem Transfer. Im gegenteiligen Fall entscheidet ein Mehrheitsverfahren über die *Vererbung* der Budgetierungsregel an die Unternehmung j^*.

Unabhängig vom unterstellten Transferhorizont können zu einem Zeitpunkt **mehrere** Transferaktionen die gleiche Unternehmung zum Ziel haben. In einem solchen Fall entscheidet die Summe der aus Unternehmungen mit gleicher F&E–Politik übernommenen Budgets über die neue Politik der Zielunternehmung. Ist j^* ein Transferziel für mehrere Unternehmungen , so gilt für die "neue" F&E–Budgetierungspolitik von j^*:

---

[31]Alternativ kann das Transferziel die Unternehmung mit der aktuell größten Wachtumsrate der Nachfrage sein. Diese Wahl würde im Modell "spekulative" Kapitalbewegungen begünstigen. Danach würden "kleine" aber stark wachsende Unternehmungen bevorzugte Investitionsobjekte. Transferierende Unternehmungen können dann (mit dem Ziel dominierender Kapitalbeteiligung) eine "schnelle" Ausdünnung des Marktes bewirken und dadurch vorzugsweise kleinen Unternehmungen zu (lokalen) Monopolsituationen verhelfen.

$$l(j^*)_{neu} = \arg\max_l \left(\left(\sum_{k \in \mathcal{P}_t^l} q_t^k \right)_{l \in L_t} \right),$$

mit $\mathcal{P}_t^l$ der Menge der Unternehmungen, die ihre **Transferabsicht** nach j^* angekündigt haben und die F&E– Politik $l \in L_t$ benutzen. Nach einem Kapitaltransfer werden dem Budget der Zielunternehmung alle eingeflossenen Budgets dazuaddiert.

Nach einem erfolgten Transfer kann in der Zielunternehmung sowohl die "alte" Budgetierungspolitik weiterverwendet als auch eine "neue" Politik übernommen werden. Diese Politikvererbung ist in unserem Modell die einzige Möglichkeit, F&E–Politiken innerhalb einer Periode auf im Produktraum (von den transferierenden Unternehmungen) entfernte Produktpositionen zu übertragen. In der Abbildung 17.1 wird der in den nachfolgenden Simulationsläufen ausschließlich verwendete *lokale* Transfertyp veranschaulicht.

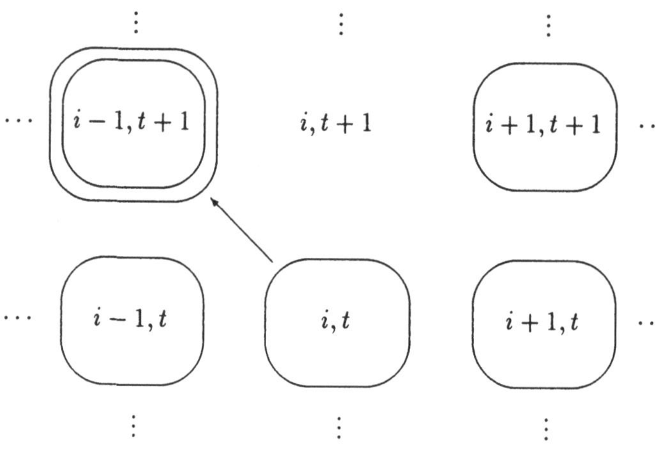

Abb. 17.1   Kapitaltransfer

Die beiden Auslegungen der Suchhorizonte unterscheiden sich schließlich durch die erwarteten Kapitalbewegungen und die erwartete Geschwindigkeit der Kapitalakkumulation auf *erfolgreichen* Produktpositionen. Eine nähere Bestimmung dieser Effekte ist i.A. nur durch explizite Simulation möglich.

Unabhängig von den Transferhorizonten kann durch die "Freiheit" der Kapitalbewegungen folgendes Problem entstehen: In einer Periode mit vollbesetzten Produktpositionen (Markt ohne reduzierte Konkurrenzsituationen) können alle Unternehmungen, wegen unzureichender ökonomischer Leistungsfähigkeit, **gleichzeitig** Aktivitätsverlagerungen beabsichtigen. Wegen der Vollbesetzung der Produktpositionen würde dies wiederum dazu führen[32], daß alle Unternehmungen *versuchen,*

---

[32]Für die Argumentation müssen wir hier die Existenz weiterer, noch einzuführender Aktivitäts-

ihr Kapital zu transferieren. Dann würde aber mit dem oben angegebenen Transferverfahren keine Unternehmung *tatsächlich* transferieren können. Ähnliche Beschränkungen gelten auch, wenn in einer Periode *viele* Unternehmungen beabsichtigen (lokal) zu transferieren.

Solche Situationen sind auf Grund der Simulationsresultate der vorigen Abschnitte für bestimmte Marktphasen zu erwarten. Um die "blockierende" Wirkung dieser Situationen abzuschwächen, fügen wir für den Transferfall eine weitere Vorschrift hinzu. Diese erlaubt die Durchführung eines Transfers mit einer "kleinen" Wahrscheinlichkeit w_T. Der Parameter w_T bestimmt die Anzahl der Unternehmungen, die in einer Periode tatsächlich Tranfers durchführen. Die Auswahl der tatsächlich transferierenden Unternehmungen aus der Menge der Unternehmungen mit Transferabsichten erfolgt zufällig.

Ein Markt ohne reduzierte Konkurrenzsituationen läßt als Aktivitätsverlagerungen nur Kapitaltransfers zu. Daher bewirkt die obengenannte Vorschrift i.A. eine schrittweise Konzentration der Unternehmensbudgets. Diese Kapitalbewegungen können die, in den Läufen der Abschnitte 17 und 18 z.T. massiv auftretenden, *unbedingten* Marktaustritte vorwegnehmen und den damit verbundenen Kapitalverlust des Marktes umgehen.

20.2 Diversifikation im Produktraum

Diversifikation ist im erweiterten Modell die zweite Möglichkeit unzureichende ökonomische Unternehmensleistung durch Aktivitätsverlagerung im Produktraum zu umgehen. Diversifikation führt zur Aktivierung einer nocht nicht oder nicht mehr besetzten Produktposition. Damit ist dann auch der Markteintritt einer "produktverpflichteten" Unternehmung verbunden. Die potentielle Wirkung der Diversifikation auf die Marktstruktur ist der Wirkung des Kapitaltransfers entgegengesetzt.

Für eine Unternehmung ist der Anreiz zur Diversifikation durch die Präsenz von Wettbewerb bestimmt. Wenn Diversifikation üblich ist, kann es auf dem Markt auf Dauer keine sichere Stellung als **lokales Monopol** (wie im Kernmodell der Abschnitte 17 und 18) geben. Jedes lokale Monopol läuft dann Gefahr, von einer, sich im Produktraum ausdehnenden "Mehrproduktunternehmung" erreicht zu werden und so erneut in eine Konkurrenzsituation zu geraten.

Im Modell beschränken wir Diversifikation auf jeweils benachbarte Produkte[33]. Die aus der diversifizierenden (Einprodukt–) Unternehmung hervorgehenden *neuen* Unternehmungen verhalten sich bezüglich ihrer Nachbarn wie direkte Konkurrenten im Kernmodell. Diversifikation in benachbarte Produktpositionen ist wegen der postulierten Ähnlichkeit der dort geltenden Produkteigenschaften und Produktionsverfahren (siehe Abschnitt 9) ohne Zeitverzögerung und nur durch Zuweisung von Kapital plausibel durchführbar.

---

verlagerungen vorwegnehmen. Hier genügt anzumerken, daß diese zusätzlichen Möglichkeiten nur bei "freien" Produktpositionen ausgenutzt werden können.

[33]Die mit Diversifikation oft verbundene Vorstellung der Erweiterung des Produktangebots durch Eintritt in neue Märkte wird im Modell nicht berücksichtigt; dafür wäre ein Modell mit mehreren Produktmärkten erforderlich.

Die i–te Unternehmung diversifiziert in ihre nächsten Produktnachbarn, wenn folgende drei Bedingungen erfüllt sind:

1. Das Kriterium für Aktivitätsverlagerung aus Abschnitt 20 tritt ein.   (UND)

2. In ihrer Konkurrenzumgebung U_i gibt es mindestens eine nicht besetzte Produktposition.   (UND)

3. Es wurde nicht *Kapitaltransfer* gewählt (siehe Abschnitt 20.1).

Die Vererbung und nachfolgende Initialisierung der Zustände Nachfrage, Reputation, technisches Wissen und technisches Niveau der so entstandenen neuen Unternehmungen können im Simulationsmodell in gewissem Umfang interaktiv bestimmt werden. Für die Simulationsläufe der nächsten Abschnitte gilt stets folgende Festlegung:

* Die Startbudgets (die aus einer nicht weiter spezifizierten Finanzquelle "aufgenommen" werden) sind ein fester Anteil der Budgets der diversifizierenden Unternehmung.

* Die Nachfragen werden über die neu entstandene Konkurrenzumgebung gemittelt.

* Die Reputation wird aus der *diversifizierenden* Unternehmung übernommen.

* Existieren auf der *neuen* Produktposition schon effizientere Produktionstechniken (d.h. $k > 1$, eingeführt durch eine Unternehmung, die diese Produktposition inzwischen aufgegeben hat, siehe auch Abschnitt 10), werden diese fortan von der neu entstandenen Unternehmung eingesetzt.

* Das technische Wissen wird aus der diversifizierenden Unternehmung übernommen, aber auf Grund des Wechsels der Produktposition, in der *neuen* Unternehmung um einen festen Anteil dekrementiert.

* Die F&E–Budgetierungspolitik der diversifizierenden Unternehmung wird auf die neuen Unternehmungen übertragen.

Die numerische Spezifikation der "Vererbung" der Variablen der diversifizierenden an die neu entstandenen Unternehmungen ist Aufgabe der Modellkalibrierung. Entscheidend ist hier, daß sich der Diversifikationsprozeß auf dem Markt **kapitalverzehrend** auswirkt.

Für die Modellierung kann ein Konflikt auftreten, wenn zwei Unternehmungen "gleichzeitig" in eine neue (oder nicht besetzte) Produktposition diversifizieren. Der Konflikt entsteht, wenn die diversifizierenden Unternehmungen unterschiedliche F&E–Politiken benutzen. In diesem Fall entscheidet (in Analogie zu Abschnitt 20.1) ein Mehrheitsverfahren über die *Vererbung* der F&E–Politiken. Durch Diversifikation kann sich daher der Einflußbereich einer F&E–Politik im Produktraum verändern. Setzt man noch vorraus, daß nur lokaler Kapitaltransfer stattfindet, bleibt der Einflußbereich einer F&E–Politik aber stets "zusammenhängend".

In Abbildung 17.2 veranschaulichen wir die Diversifikation für den Fall eines lokalen Monopols.

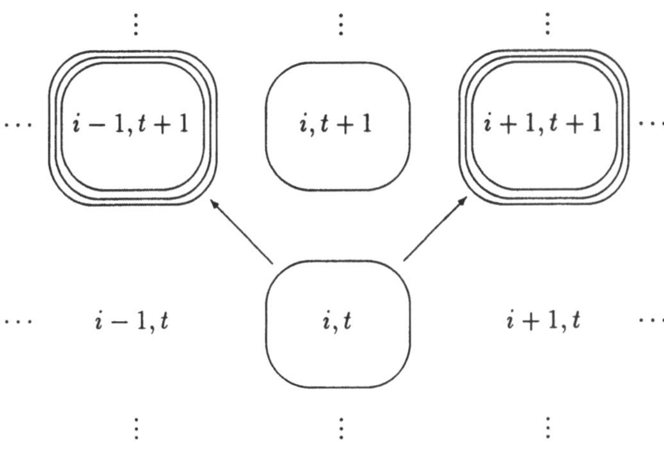

Abb. 17.2   Diversifikation

Die Wechselwirkung von Kaptitaltransfer (bewirkt Marktaustritte) und Diversifikation (bewirkt Markteintritte) läßt i.A. Märkte mit oszilliernder Anzahl aktiver Produkte (Unternehmungen) erwarten. Diese beiden Aktivitätsverlagerungen führen auf ein zu "mechanistisches" Marktmodell. Insbesondere ist eine hohe Rate der (stark kapitalverzehrenden) Diversifikation realitätsfern. Diese Lücke schließen wir im nächsten Abschnitt mit der dritten Aktivitätsverlagerung.

20.3 Repositionierung im Produktraum

Als letzte Möglichkeit der Verlagerung von Unternehmensaktivitäten sehen wir die Neupositionierung des Angebotes im Produktraum vor. Ausgehend von der Diskussion im letzten Abschnitt, ist die Aktivitätsverlagerung von Typ **Repositionierung** eine der Diversifikation entgegenwirkende Kraft. Im Unterschied zum Kapitaltransfer, der Marktkonzentration bewirkt, erhält die Repositionierung die Anzahl der Unternehmungen (soweit diese nicht durch unbedingte Marktaustritte ausscheiden).

Durch Repositionierung versucht die Unternehmung, über geeignete Wanderung im Produktraum, eine lokale Monopolstellung "aktiv" herbeizuführen und möglichst lange beizubehalten. Dafür nimmt sie einen kurzfristigen Nachfrageverlust in Kauf. Den theoretischen Hintergrund für dieses Vorgehen beleuchtet die Diskussion über (optimale) *Produktdifferenzierung* auf einem Markt (ein neuerer theoretischer Beitrag dazu ist etwa Economides [Ec89]). Eine Motivation für Produktrepositionierung ist auch das Bestreben, Produkte im **Perzeptionsraum** der Konsumenten "deutlich", d.h. mit *großem Abstand* zu anderen Produkten, zu positionieren (siehe dazu das Modell von Carpenter [Car89]).

In unserem Modell ist die *Bewegung* im Produktraum auch im Fall der Repositionierung pro Periode auf eine benachbarte Produktposition beschränkt. Anders als bei Diversifikation wird das Ausgangsprodukt jedoch aufgegeben (d.h. im Simulationsmodell wird die "alte" Produktposition deaktiviert). So eine Aktivität führt unter günstigen Bedingungen zur Herausbildung *äquidistanter* lokaler Monopole. Mit *günstigen Bedingungen* meinen wir einen Markt, der die einmal erreichte Konfiguration lokaler Monopole auch in späteren Perioden behält. Wird aber die Möglichkeit zur Diversifikation ebenfalls genutzt, um damit im Produktraum zu expandieren, besteht die Gefahr, daß Repositionierung zu einer "reinen" *Ausweichbewegung* wird, ohne die Wahrnehmung des Produktes der Unternehmung (durch die Konsumenten) zusätzlich zu erhöhen.

Steht auf Grund des *übergeordneten* Kriteriums aus Abschnitt 20 fest, daß eine Unternehmung i ihr Produkt neu positioniert, wird die Richtung dieser Bewegung durch folgende Regel bestimmt: Wir nehmen an, daß es mindestens ein *freies*[34] Produkt neben der aktuellen Position i gibt. Lassen wir weiter j^a dasjenige Element aus der Menge der *nächsten aktiven Produktpositionen* von i sein, das den maximalen Abstand zu i hat (j^a ist im Allgemeinen außerhalb von U_i). Die Variable $w_p \in \{-1, 1\}$ führt dann auf eine neue Produktposition i_{ziel}[35]:

$$i_{ziel} = i + w_p, \quad w_p = \begin{cases} +1 & \text{wenn} \quad j^a > i \\[2mm] -1 & \text{wenn} \quad j^a < i \\[2mm] \text{zufällig} & \text{wenn} \quad j^a \quad \text{nicht eindeutig} \end{cases}$$

Die Richtung der Neupositionierung ist durch die Länge der zu erwartenden Monopolphase bestimmt. Die auf lange Sicht potentiell *bessere* Wahrnehmung einer isolierten Produktposition durch die Konsumenten ist durch die Eigenschaften des Kernmodells — besonders sein Verhalten im Fall lokaler Monopole — gesichert. Im Unterschied zu den oben und in Teil I diskutierten Modellen aus der Literatur wächst der *Wahrnehmungsgewinn* in unserem Modell aber nicht mit der Distanz zur nächsten aktiven Produktposition. Die Abbildung 17.3 veranschaulicht die Neupositionierung einer Unternehmung im Produktraum.

---

[34]Eine deaktivierte oder eine bisher noch nicht besetzte Produktposition.

[35]Diese einfache Zuweisung von Adressen ist nur in Produkträumen mit *offenen* Rändern möglich.

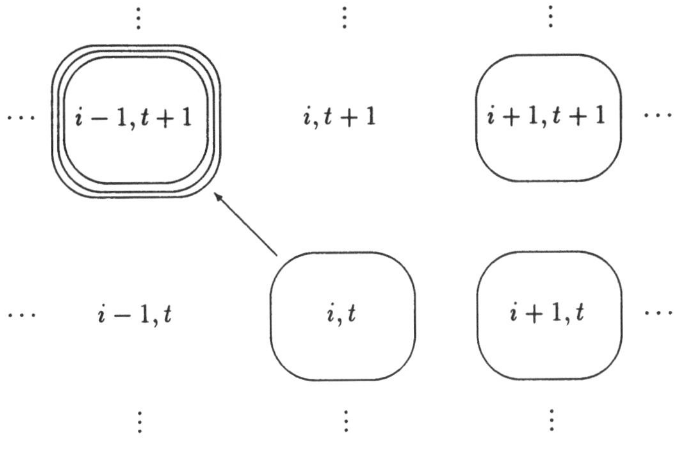

Abb. 17.3   Repositionierung

Die Vererbung bzw. Initialisierung der Zustände Nachfrage, Reputation, technisches Wissen, technisches Niveau der neuen Unternehmungen kann (analog zum Fall der Diversifikation) im Simulationsmodell in gewissem Umfang interaktiv bestimmt werden. Es gelten folgende Festlegungen:

- Das Startbudget für die (neue) Unternehmung auf der neuen Produktposition wird von der repositionierenden Unternehmung übernommen.

- Die Nachfrage der neuen Unternehmung ist die, um einen festen Anteil verminderte, Nachfrage (nach dem ähnlichen Produkt) der repositionierenden Unternehmung.

Die verbleibenden Zustände der Unternehmung werden (wie bei Diversifikation) aus der Ursprungsunternehmung und ihrer Konkurrenzumgebung übernommen. Auch hier ist die numerische Spezifikation der "Vererbung" ein Kalibrierungsproblem der Modelldynamik. Im Gegensatz zur Diversifikation ist die Produktrepositionierung auf dem Markt **kapitalerhaltend**.

Wir beenden diese Darstellung mit einigen allgemeinen Bemerkungen. Aus theoretischer Sicht handelt es sich bei den beschriebenen Aktivitätsverlagerungen um der F&E–Budgetierungsentscheidung vorgelagerte *strategische* Entscheidungen der Unternehmung. So kann die am Anfang des Abschnitts 20 angegebene Bedingung, die den Anstoß für eine Aktivitätsverlagerung liefert, durch eine Entscheidung auf *höchster Hierarchieebene* ersetzt werden. Die Folge ist eine zustandsabhängige Verzweigung der Entscheidungen: Entweder befindet sich die Unternehmung in einer Konkurrenzumgebung, in der sie zwischen allen (drei) Aktivitätsverlagerungen wählen kann (d.h. in einer reduzierten Konkurrenzsituation), oder sie kann ausschließlich Kapitaltransfer durchführen (in vollbesetzter Konkurrenzumgebung). Im

ersten Fall wäre durch ein, die Konkurrenten berücksichtigendes, Verfahren anzugeben ob Transfer, Diversifikation oder Neupositionierung durchgeführt wird. Davon
abhängig, wäre dann, im Fall erfolgter Neupositionierung oder Diversifikation, für
die neu entstandene Einproduktunternehmung, in einer nachgelagerten Entschei-
dungsstufe, eine der acht F&E–Budgetierungspolitiken zu wählen.

Umgekehrt kann man aber auch die Intention der wettbewerbsabhängigen F&E–
Budgetierungspolitiken mit einer Präferenz für die Typen der Aktivitätsverlagerung
verbinden. Danach "vertragen" die **risikoaverse** Politik C, die **zukünftige Nachfragevariationen minimierende** Politik I und die **reputationsorientierte** Politik T am besten Diversifikation. Neupositionierung kommt den Intentionen der
aggressiven Politik D und der (hier verwendeten Variante von) auf **technisch-
ökonomische Diskrepanzen** reagierenden Politik E entgegen. Wir sehen auch
von einer Randomisierung der *Wahl* der Aktivitätsverlagerungen, die die Intentionen der Budgetierungspolitiken berücksichtigt ab.

Daher wird in den folgenden Abschnitten eine, im Simulationmodell global geltende, Randomisierung für die (Verwendung der) drei Aktivitätsverlagerungen
festgelegt. Diese einfache Randomisierung wählt den Typ der Aktivitätsverlagerung bei Eintreten des Kriteriums aus Abschnitt 20 mit den Wahrscheinlichkeiten $W_T \ll W_D \ll W_R$. In den folgenden Simulationsläufen wird $w_T = 0.03$ (für
Transfer), $W_D = 0.25$ (für Diversifikation) und $w_R = 0.72$ (für Repositionierung)
verwendet.

Um durch Aktivitätsverlagerungen entstehende, pathologische Fälle sehr kleiner
Budgets oder Nachfragen und eine davon ausgelöste Kette von unbedingten Marktaustritten zu vermeiden, treffen wir hier noch folgende Maßnahme: Besteht durch
Repositionierung oder Diversifikation für die neu entstehenden Unternehmungen
die Gefahr eines unmittelbaren *unbedingten* Marktaustritts (siehe Abschnitt 12),
so werden diese *intendierten* Aktivitätsverlagerungen im Modell nicht ausgeführt.
Die neu hinzukommenden raum–zeitlichen Abbildungen der folgenden Abschnitte
geben die *beabsichtigten* Aktivitätsverlagerungen an[36].

21 Simulationen mit Aktivitätsverlagerung

In Abschnitt 15 wurden die Wahlmöglichkeiten der Initialisierung sowie die Resul-
tataufbereitung für das Kernmodell (ohne Aktivitätsverlagerungen) angegeben. In
den letzten Abschnitten wurde das Kernmodell um drei Typen der Marktbewegung
der Unternehmung erweitert. Die Implikationen der Erweiterungen werden durch
die Resultate einer Folge von Simulationsexperimenten getestet. Zuerst vergleichen
wir die Wirkung der Modellerweiterungen auf Märkte mit je einer F&E–Politik.
Diese Läufe werden analog zu den Abschnitten 17 und 18 für alle acht Budgetierungspolitiken durchgeführt.

---

[36]Die (relativ seltenen) Fälle nicht ausgeführter Aktivitätsverlagerungen sind daran zu erkennen,
daß die bei tatsächlich erfolgter Aktivitätsverlagerung typischen Veränderungen in der Umgebung
der Ausgangsunternehmung nicht stattfinden. So kann etwa auf der gleichen Produktposition
über mehrere Perioden das Signal "Repositionierung" angezeigt werden, ohne von tatsächlicher
Repositionierung gefolgt zu werden.

Bezogen auf die im Modell verwendeten, relativ kleinen Marktgrößen und Zeithorizonte *beschleunigen* Aktivitätsverlagerung die Marktentwicklung. Durch die potentiell starken strukturellen Marktveränderungen kann man schon aus diesen (kleinen) Simulationsexperimenten auf Erfolgschancen von miteinander in Konkurrenz stehenden F&E–Politiken schließen. In der letzten Experimentreihe werden Märkte mit mehreren F&E–Politiken simuliert. Zuerst werden vier Läufe mit einem zum Startzeitpunkt vollbesetzten Markt (je 5 Unternehmungen pro Politik) diskutiert. Schießlich folgen vier Läufe, die mit je acht isolierten und äquidistanten Unternehmungen starten. Jede der Unternehmungen verwendet eine der acht Budgetierungspolitiken. Abbildung 17.4 faßt alle Simulationsläufe zusammen:

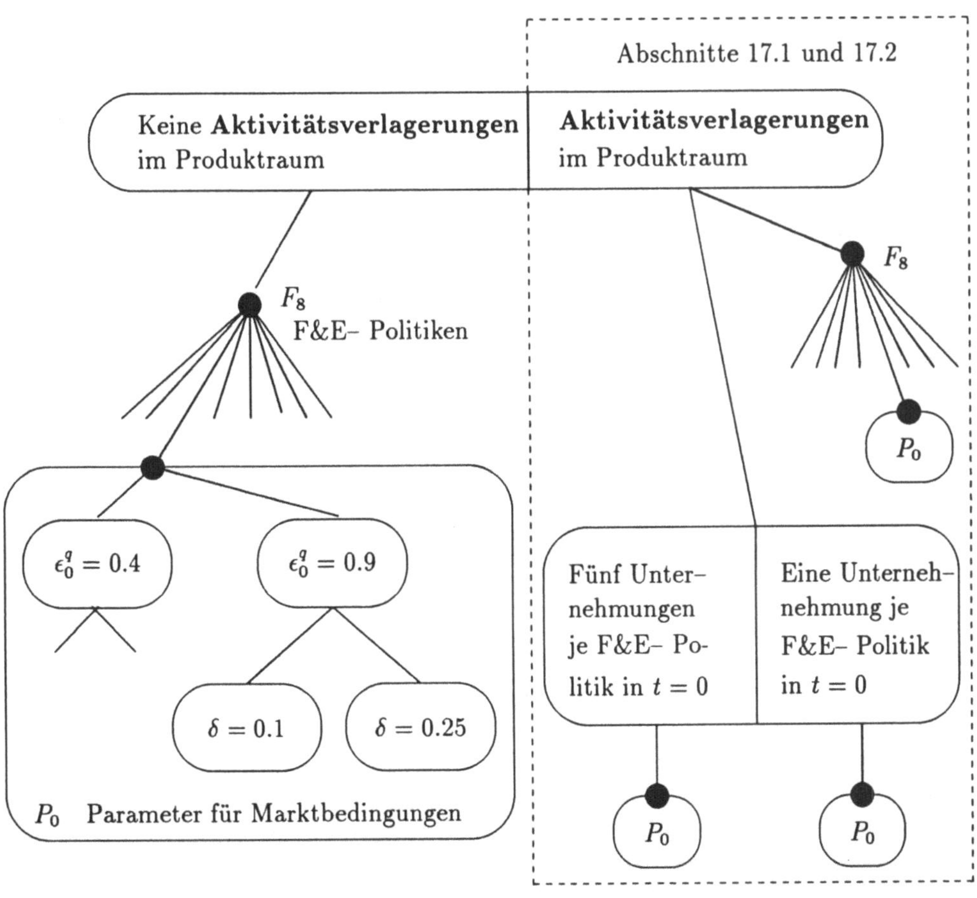

Abb. 17.4   Parameterbaum für die Simulationsläufe

Die zusätzlich aufgenommenen Aktivitätsverlagerungen erweitern die (im Anhang und ab Abschnitt 21.3) angegebene Folge graphisch aufbereiteter Simulationsresultate um folgende Ergebnisblätter:

1. Die qualitativen Unternehmenssituationen werden durch eine Darstellung der raum–zeitlichen Entwicklung der Verbreitung von Budgetierungspolitiken und durch die Angabe der am Markt erfolgten Aktivitätsverlagerungen erweitert.

2. Die aggregierten Marktkennzahlen fassen Unternehmungen mit einer Budgetierungspolitik zusammen.

21.1 Aktivitätsverlagerung auf Märkten mit einer F&E–Politik

In diesem Abschnitt diskutieren wir einige Implikationen der Aktivitätsverlagerungen auf die Marktdynamik. Den einfachsten Fall erhält man durch Wiederholung der Läufe mit einer F&E–Politik je Markt aus den Abschnitten 17 und 18. Der Unterschied zu letzteren besteht nur in den neu hinzukommenden Aktivitätsverlagerungen.

Als "auffälligste" Wirkung der Aktivitätsverlagerungen erwarten wir im Modell eine Zunahme stabiler oder im Produktraum *wandernder* lokaler Monopole. Weiter erwarten wir eine starke Zunahme der Anzahl reduzierter Konkurrenzsituationen. In diesen Konkurrenzsituationen wachsen Nachfragen und Budgets i.A. schneller als unter voller (lokaler) Konkurrenz. Die disaggregiert-qualitative und die raum–zeitliche Entwicklung von Märkten mit und ohne Aktivitätsverlagerungen ist daher nur bedingt vergleichbar.

Kapitaltransfers lassen zusätzliche, *erratisch* wirkende, Budgetbewegungen erwarten. Da wir nur Transfers innerhalb der direkten Konkurrenzumgebung zulassen, sind sich innerhalb weniger Perioden herausbildene globale Monopole unwahrscheinlich. Die durch Kapitaltransfer entstehenden hohen Budgets können von den so "aufgewerteten" Unternehmungen zu großen Nachfragesteigerungen genutzt werden. Weiter steigt auch die Erwartung einer beschleunigten Übernahme neuer Produktionstechniken. Im Kernmodell wurden von (irreversibel) ausgetretenen Unternehmungen eingeführte neuen Produktionstechniken wieder "vergessen". Jetzt kann der Markt durch vergangene Einführung "veröffentlichte" Techniken durch Neubesetzung von Produktpositionen reaktivieren. Diversifikation und Repositionierung können kurzfristig hohe Nachfragen wecken, die durch nachfolgende Unternehmnsaktivitäten (etwa wegen unzureichender Produktionsmöglichkeiten) nicht gedeckt werden können. Die dann benötigte Preissteigerung wird durch die Konkurrenzumgebung oft blockiert und folglich findet keine Budgetakkumulation statt. Daher ist eine Häufung bedingter und unbedingter Marktaustritte zu erwarten, die zu den Eingangs erwähnten Konkurrenzstrukturen führt. Die Austrittskriterien (siehe Abschnitt 12 und 20) beziehen sich jetzt immer auf die jeweils letzte Aktivierung eines Produktes (d.h. den Zeitpunkt des Markteintritts der gegenwärtigen Unternehmung).

Insgesamt wurden zu vier Umweltkonstellationen jeweils acht Märkte mit je einer Budgetierungspolitik simuliert. Die ausführlichen Ergebnisse der ersten acht Läufe (für **nachsichtige Austrittskriterien und hohe Nachfrageträgheit**) werden im Anhang angegeben, die Resultate der verbleibenden 24 Läufe finden man in Stöppler und Schebesch [StSc90] (Band II).

21.2 Zusammenfassung der durchschnittlichen Zeitverläufe und aggregierte Marktkennzahlen

In diesem Abschnitt fassen wir die Simulationsergebnisse der ersten acht Märkte mit Aktivitätsverlagerung und einer F&E–Politik pro Markt zusammen und geben die relativen Vorzüge einzelner Budgetierungspolitiken an. Die Aufbereitung der (aggregierten) Marktresultate stimmt mit der in Abschnitt 19 überein. Die Ergebnisse werden mit den entsprechenden aggregierten Resultaten ohne Aktivitätsverlagerung (Abschnitt 19) verglichen.

Für die Marktparameter **hohe Nachfrageträgheit** und **nachlässige Austrittsbedingungen** bewirkt Aktivitätsverlagerung eine Angleichung der entstehenden Marktstrukturen. Die Anzahl der im Endzeitpunkt überlebenden Unternehmungen liegt für Märkte ohne Aktivitätsverlagerungen zwischen 5 (bei zyklischer F&E– Budgetierung $\mathcal{Z}$) bis 39 (bei risikoaverser und reputationsorientierter F&E–Budgetierung $\mathcal{C}$ bzw. $\mathcal{T}$) und für Märkte mit Aktivitätsverlagerung zwischen 24 (bei Minimierung zukünftiger Nachfragevariation $\mathcal{I}$) bis 33 (bei konstanter F&E–Budgetierung $\mathcal{K}$).

Der Markt mit der Politik **Reaktion auf ökonomisch–technische Disparitäten** $\mathcal{E}$ erfährt durch Aktivitätsverlagerungen die größte Veränderung des *qualitativen* durchschnittlichen F&E–Anteilsverlaufs. Der zeitliche Verlauf der durchschnittlichen Nachfrage d und des Budgets q verändert sich im Detail bei allen Politiken. Veränderungen der Trends dieser Variablen findet man bei den Politiken $(\mathcal{K})$, $(\mathcal{Z})$, $(\mathcal{I})$ und $(\mathcal{D})$. Die Reputation und besonders die *durchschnittliche* Preisentwicklung wird von Aktivitätsverlagerungen nur wenig beeinflusst.

Der (aus aggregierter Sicht) größeren Ähnlichkeit der Marktstrukturen steht eine größere Variation der Einzelpreise sowie eine große Variation der Nachfargen und der Budgets gegenüber. Weiter werden bei wesentlich niedrigeren (kumulierten) F&E–Aufwendungen ähnlich hohe technische Niveaus erreicht.

Die Bewertung der Politikreihenfolgen durch die in Abbildung 18.2 angegebene Kriterienliste zeigt eine starke Veränderung der relativen Position einiger Politiken. Danach verbessert sich die **konstante** Politik am meisten (sie erreicht das höchste technische Niveau und ist ökonomisch erfolgreich) gefolgt von der **zufälligen** Politik. *Verlierer* im Vergleich zu Märkten ohne Aktivitätsverlagerung ist die **zyklische** Politik. Das beste ökonomische Ergebnis erzielt die **risikoaverse** Politik $\mathcal{C}$. Die Politiken **reputationsorientiert** $\mathcal{T}$ und **Reaktion auf ökonomisch–technische Disparitäten** $\mathcal{E}$ sind ähnlich erfolgreich. Die Politikempfehlung ($\mathcal{E}$ oder $\mathcal{C}$ oder $\mathcal{T}$) aus Abschnitt 19 gilt daher auch bei Aktivitätsverlagerung. Wegen ihrer einfachen Implementierbarkeit soll hier auch der relative Erfolg der **konstanten** F&E–Politik $\mathcal{K}$ beachtet werden.

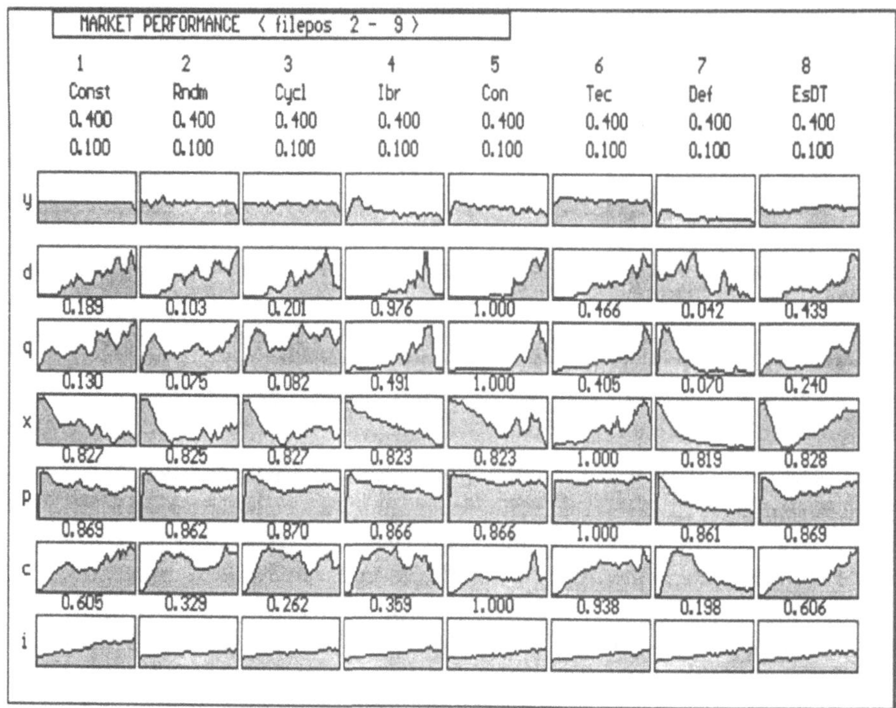

Abb. 18.1   Vergleich der durchschnittlichen Zeitverläufe

LUMPED RESULTS IN T= 40 :   AVERAGES OVER   8 RUNS

	Con (C)	Def (D)	Tec (T)	Const (K)	Rndm (R)	Cycl (Z)	Ibr (I)	EsDT (E)
Total budget	2.4E+04	-51.854	1.6E+04	7410.171	3979.872	3125.743	2849.100	1.4E+04
Total demand	3571.429	73.716	1216.740	444.788	369.417	260.448	308.421	1367.230
Max Price	51.748	23.013	59.834	35.906	46.924	39.371	25.317	52.644
Min Price	13.024	3.167	15.313	9.156	11.237	15.824	10.459	18.325
Price blocks	16	15	16	14	18	19	13	19
R&D- expenditure [0,.. 40]	1.1E+04	1156.649	2.2E+04	1.7E+04	8626.624	4852.310	1392.245	1.8E+04
Effective technical level	0.414	0.467	0.427	0.570	0.368	0.393	0.383	0.385
Active positions in t=0	40	40	40	40	40	40	40	40
Active positions in t= 40	28	27	30	33	31	28	24	26
Average survivor age	5.071	4.667	3.633	3.879	3.419	2.964	2.333	3.423

POLICY RANKING OVER THE ABOVE CRITERIA

	1	2	3	4	5	6	7	8
Total budget	C	T	E	K	R	Z	I	D
Total demand	C	E	T	K	R	I	Z	D
Max Price	T	E	C	R	Z	K	I	D
Min Price	E	Z	T	C	R	I	K	D
Price blocks	Z	E	R	T	C	D	K	I
R&D- expenditure [0,.. 40]	T	E	K	C	R	Z	I	D
Effective technical level	K	D	T	C	Z	E	I	R
Active positions in t= 40	K	R	T	C	Z	D	E	I
Average survivor age	C	D	K	T	E	R	Z	I

Abb. 18.2   Kennzahlen und Rangfolgen der F&E-Politiken

21.3 Aktivitätsverlagerung und konkurrierende F&E–Politiken

In diesem und in den folgenden Abschnitten diskutieren wir die Ergebnisse der Simulation von Märkten mit Konkurrenz von F&E–Budgetierungspolitiken und Aktivitätsverlagerungen. Durch Aktivitätsverlagerungen können die F&E–Politiken auch "territoriale" Erfolge erreichen, die eine Bewertung in unseren Märkten mit unvollständiger Konkurrenz erleichtert.

Die mögliche Belegung der Einproduktunternehmungen mit (verschiedenen) Budgetierungsstrategien ergibt Partitionen des Marktes, die wir als (Aufteilung des Marktes in) *strategieverplichtete (Mehrprodukt–) Unternehmungen* interpretieren. Am Ende eines Simulationslaufs mit strategieverplichteten Unternehmungen geben wir die aggregierten Marktkennzahlen für jede F&E–Politik getrennt an[37]. Für die zu erwartende Marktdynamik gelten sonst die gleichen Bemerkungen wie in Abschnitt 21.1.

Die Belegung der Unternehmungen mit verschiedenen F&E–Politiken läßt zum Startzeitpunkt eine große Anzahl von möglichen Anordnungen zu. Eine *gerechte* Anordnung, die Konkurrenzumgebungen mit allen alternativ möglichen Politikanordnungen berücksichtigt, ist bei *zyklischen Randbedingungen* prinzipiell (siehe Abschnitt 9) möglich. Die Anzahl der dafür benötigten Produktpositionen nimmt jedoch mit der Anzahl der Politiken stark zu. Eine *gerechte* Anordnung bezüglich aller direkten und indirekten Konkurrenzwirkungen ist noch aufwendiger und daher nicht durchführbar.

Wir beschränken uns auf eine zufällig initialisierte Reihenfolge der Politiken im Produktraum. Dabei unterscheiden wir zwei Initialisierungstypen: Im ersten Fall wird jeweils 5 benachbarten Unternehmungen je eine Budgetierungspolitik zugeordnet. Der Markt startet daher unter "maximaler Konkurrenz". Im zweiten Fall werden 8 in Produktraum äquidistante Unternehmungen mit je einer Budgetierungspolitik initialisiert. Ein so startender Markt wird (mit dem Zusatz) "lokale Monopole" benannt. Bis auf ihre Politiken werden alle Einproduktunternehmungen identisch initialisiert. In den verbleibenden Abschnitten stellen wir die Entwicklung von acht Märkten mit Politikkonkurrenz dar. Die Märkte wurden unter vier Umweltbedingungen (siehe Abschnitt 21) mit den Startkonfigurationen **Maximale Konkurrenz** und **Lokale Monopole** simuliert.

21.3.1 Maximale Konkurrenz, hohe Nachfrageträgheit und nachsichtige Austrittskriterien

Dieser Markt führt zur Elimination von drei der acht Budgetierungspolitiken und der sie verwendenden (Einprodukt–) Unternehmungen. Die verbleibenden Unternehmungen bilden zum Endzeitpunkt eine Marktstruktur mit relativ starker Konkurrenz (insgesamt 28 aktive Produktpositionen). Die Bemerkung bezieht sich auf die im vorherigen Absatz festgestellten 24–33 überlebenden Unternehmungen in

---

[37]Die Kennzahlen werden über alle Einproduktunternehmungen mit der gleichen F&E–Politik ermittelt.

Läufen mit Aktivitätsverlagerung und gleichen Umweltparametern (siehe auch Anhang 24.1.1 – 24.1.8).

Die aggregierten Marktkennzahlen unterscheiden sich für die überlebenden Politiken deutlich (siehe Abbildung 19.1). Die ökonomischen Erfolgsgrößen Nachfrage, Budget und Maximalpreis betreffend sind die **zyklische F&E–Politik** $\mathcal{Z}$ und die Politik **Reaktion auf ökonomisch–technische Disparitäten** $\mathcal{E}$ Gewinner des Marktes. Die größten technischen Erfolge verzeichnen die **zyklische** und die (hier) ökonomisch weniger erfolgreiche **konstante** Politik $\mathcal{K}$. Die ökonomisch **aggressive** Politik $\mathcal{D}$ und Politik $\mathcal{E}$ weiten ihren Einflußbereich im Produktraum aus.

Nach einer Phase starker Konkurrenz tritt im Einflußbereich der meisten Politiken starke Markträumung auf. In dieser (kürzeren) Phase entstehen stabile oder im Produktraum wandernde (lokale) Monopole. Auf diese Übergangsphase folgt eine bis zum Endzeitpunkt anhaltende Phase vermehrter Aktivitätsverlagerungen. Bei der **aggressiven** und der **konstanten** Politik ($\mathcal{D}$ und $\mathcal{K}$) treten größere Regionen mit *voller* Konkurrenz (und nur wenigen Aktivitätsverlagerungen) auf.

Die (d, s)–Entwicklung des Marktes geht von der anfänglich überwiegenden **potentiellen Gleichgewichtssituation** D in eine von **potentieller Übernachfrage** B dominierte Konfiguration über. Die meisten Übernahmen neuer Produktionstechniken finden (zu frühen Zeitpunkten) unter der zyklischen Politik $\mathcal{Z}$ und (zu späteren Zeitpunkten) unter der Politk $\mathcal{E}$ statt. Unter letzterer Politik wird auch das maximale technische Niveau erreicht. Die Imitationskegel bleiben *eng*. Nachfolgeinnovationen erfolgen in der (räumlichen) Nähe der Erstinnovationen.

Die durchschnittlichen Marktresultate zeigen zuerst schnell zunehmende und danach sehr langsam abnehmende F&E–Anteile. Die durchschnittlichen Unternehmenszustände deuten auf erfolgreiche Akkumulation bei abnehmender Reputation.

```
 filepos= 345  treepos=  1 /  8

 LUMPED RESULTS IN T= 40

                            Con (C)    Def (D)    Tec (T)  Const (K) Rndm (R)  Cycl (Z)  IBR (I)   EsDT (E)
 Total budget                  0     -1699.680  1411.178  -572.747     0       3.1E+04     0       2.7E+05
 Total demand                  0       688.722   428.058   557.164     0       1.1E+04     0       1.2E+04
 Max Price                     0        12.838    10.731    11.512     0        51.813     0       41.335
 Min Price                     0         9.478    10.731    10.731     0        51.813     0       23.797
 Price blocks                  0         5         1         2         0         2         0        5
 R&D- expenditure [0,.. 40]    0      4525.384  3363.194   2.0E+04     0       9.6E+04     0       1.8E+05
 Effective technical level     0         0.220     0.400     0.500     0         0.600     0        0.440
 Active positions in t=0       5         5         5         5         5         5         5        5
 Active positions in t= 40     0        10         1         4         0         3         0       10
 Average survivor age          0         2.900     1.000    11.750     0         1.667     0        4.400
```

Abb. 19.1   Kennzahlen in $T = 40$ für *Maximale Konkurrenz*, $\delta = 0.1$ und $\epsilon_P^q = 0.4$

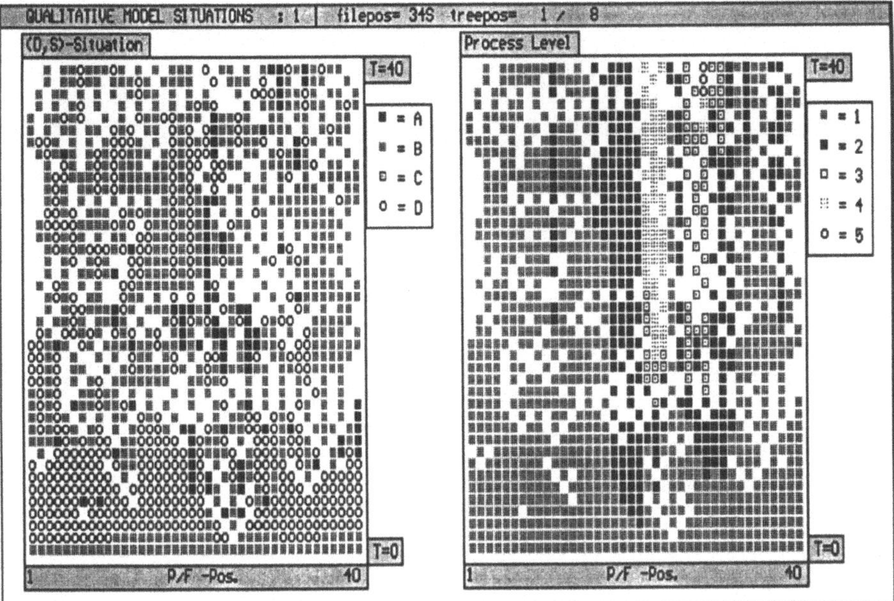

Abb. 19.2   Qualitative Situationen I der Marktentwicklung

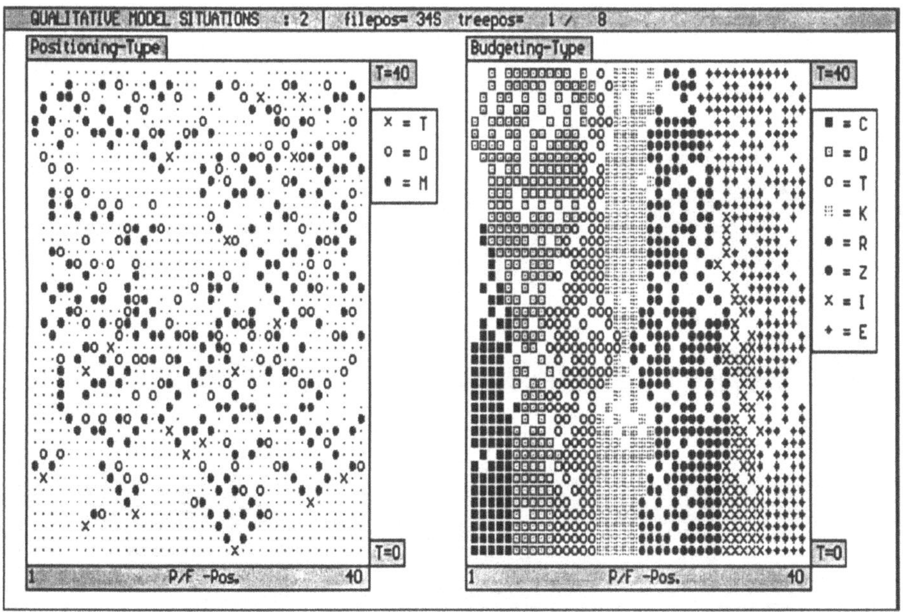

Abb. 19.3   Qualitative Situationen II der Marktentwicklung

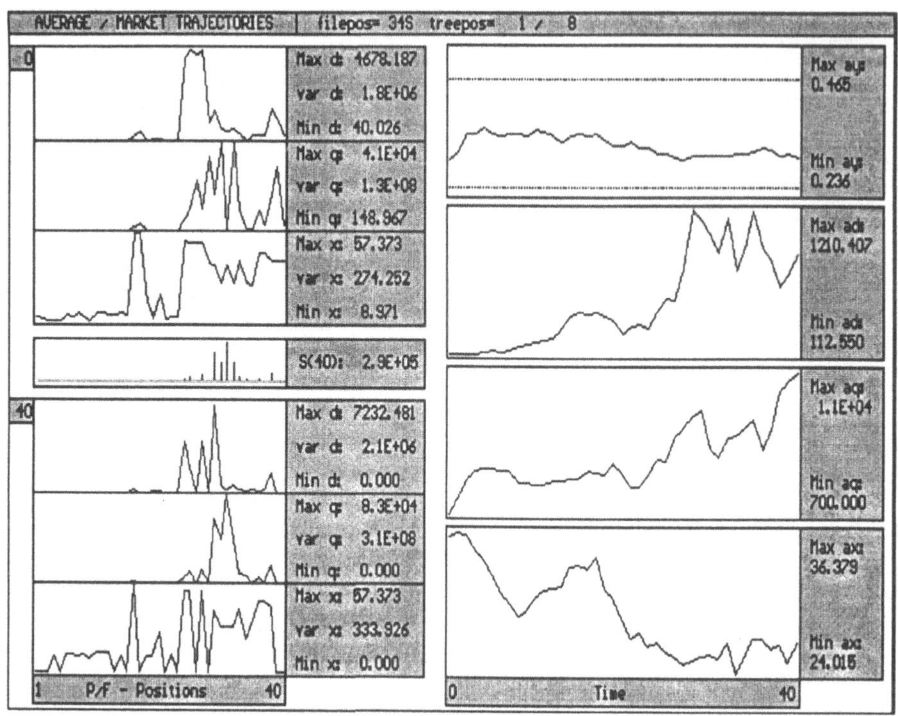

Abb. 19.4   Aggregierte Marktentwicklung

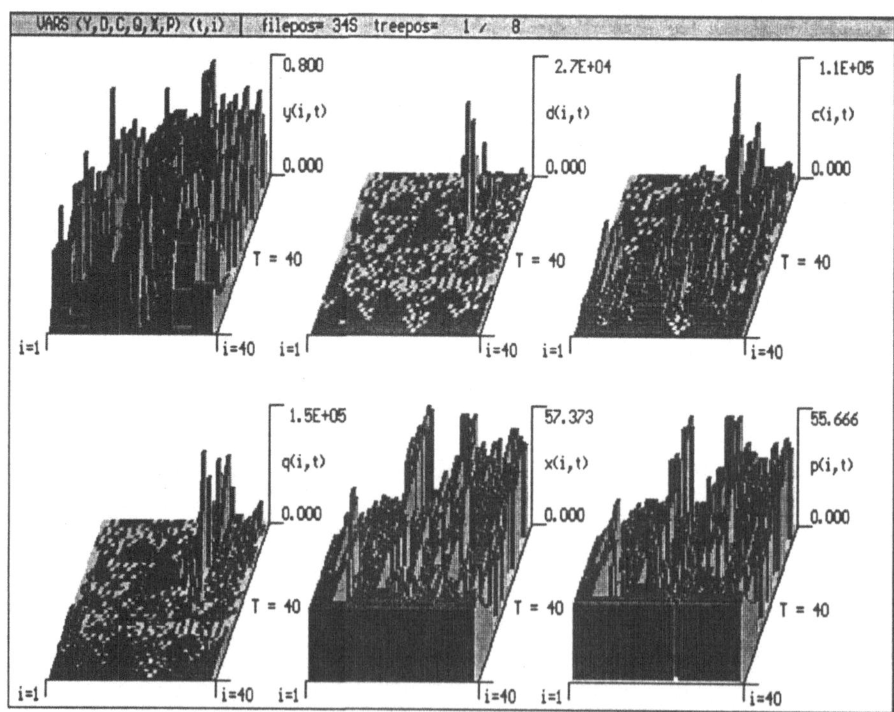

Abb. 19.5   Raum–zeitliche Marktentwicklung

Die raum–zeitliche Marktentwicklung enthält die Bildung eines Unternehmensclusters mit hohem ökonomischen Erfolg. Dieser Erfolg ist (zum Teil) auf die dort differenzierte Reputationsbildung zurückzuführen. Danach bildet sich ein Bereich mit starker Preiskonkurrenz (der von der **aggressiven** Politik dominiert wird) und ein Bereich mit steigenden Preisen, der zum (lokalen) Akkumulationserfolg beiträgt. Die Bereiche mit ökonomisch und technologisch erfolgreichen Unternehmungen stimmen überein.

21.3.2 Maximale Konkurrenz, hohe Nachfrageträgheit und strikte Austrittskriterien

Der Wechsel zu strikten Austrittskriterien führt zur Marktaufgabe durch fünf Budgetierungspolitiken bzw. der sie verwendenden Unternehmungen. Die verbleibenden Unternehmungen bilden zum Endzeitpunkt dennoch einen Markt mit relativ starker Konkurrenz (insgesamt 26 überlebende Unternehmungen).

Bezogen auf die ökonomischen Erfolge, ergeben die aggregierten Marktergebnisse für die einzelnen Politiken weitaus weniger Unterschiede als im vorausgegangen Simulationslauf (mit nachlässigen Austrittskriterien). Mit Abstand die größten technischen Erfolge verzeichnet die **zyklische** Politik Z. Zwei im vorherigen Lauf nicht überlebensfähige Politiken, die **risikoaverse** Politik C und die Politik der **Minimierung zukünftiger Nachfragevariation** I, sind hier relativ erfolgreich. Alle drei überlebenden Politiken weiten ihren Einflußbereich im Produktraum aus.

Nach einer kurzen Anfangsphase mit starker Konkurrenz und wenigen Aktivitätsverlagerungen tritt bei den überlebenden Politiken starke Markträumung auf, während alle *nicht überlebensfähigen* Politiken in dieser Phase vom Markt verschwinden. In der zeitlich ausgedehnten Markträumungsphase repositionieren die Unternehmungen mit den Politiken C und I ihr Produktangebot, während Unternehmungen mit der **zyklischen** Politik häufiger diversifizieren. Nach dieser Übergangsphase folgt eine, bis zum Endzeitpunkt anhaltende, Phase vermehrter Aktivitätsverlagerungen und starker Ausdehnumg der Einflußbereiche der Politiken. Unter der Politik Z tritt eine große Region mit *voller* Konkurrenz (und ohne Aktivitätsverlagerungen) auf. Häufige Diversifikationen führen bei dieser Politik zu verstärkter Konkurrenz und zu zeitweise unzureichender Kapitalakkumulation. Als Folge davon sieht man eine Reihe nicht ausgeführter Repositionierungen (Abbildung 20.3, links).

Die (d, s)–Entwicklung geht auch hier von der zu Anfang überwiegenden **potentiellen Gleichgewichtssituation** D in einen von **potentieller Übernachfrage** B dominierten Markt über. Die Unternehmungen mit hohen technischen Niveaus, sind häufiger in der Situation **potentielle Überproduktion** A, was auf *zu frühe* Übernahmen neuer Produktionstechniken deutet. Die meisten technischen Innovationen / Imitationen finden (zu frühen Zeitpunkten) unter der (hier ökonomisch nicht überlebensfähigen) **konstanten** F&E-Politik K und (zu späteren Zeitpunkten ausschließlich) unter der **zyklischen** F&E-Politik Z statt. Unter dieser Politik wird auch das maximale technische Niveau erreicht. In diesem Lauf werden auch Produktionstechniken reaktiviert, die von bereits verdrängten Unternehmungen eingeführt wurden.

Die durchschnittliche Marktentwicklung zeigt einen zuerst schnell zunehmenden und danach langsam abnehmenden Verlauf der F&E-Anteile. Die durchschnittlichen Zustandsverläufe stellen ökonomischen Markterfolg und gleichzeitige Zunahme der Reputation dar. Die raum-zeitliche Marktentwicklung zeigt schließlich die Bildung von zwei Unternehmensclustern mit hohem ökonomischem Erfolg. Diese Erfolge sind auf die, über den gesamten Markt einheitlich wachsende Reputation zurückzuführen. Die mit der Reputationswirkung (hier) einhergehende Preissteigerung verstärkt den Akkumulationserfolg des Marktes. Gebiete (des Produktraumes) mit ökonomischen und technologischen Erfolgen stimmen überein.

```
filepos= 351   treepos=   2 /  8

LUMPED RESULTS IN T= 40

                        Con (C)  Def (D)  Tec (T)  Const (K) Rndm (R) Cycl (Z)  IBR (I)  EsDT (E)
Total budget            1.2E+05    0        0         0        0      6.9E+05   2.6E+05    0
Total demand            1.1E+04    0        0         0        0      4.5E+04   1.6E+04    0
Max Price               51.723     0        0         0        0      55.787    53.854     0
Min Price               43.866     0        0         0        0      36.524    53.068     0
Price blocks            4          0        0         0        0       6         4         0
R&D- expenditure [0,.. 40] 1.8E+04 0        0         0        0      9.5E+05   2.6E+04    0
Effective technical level  0.200   0        0         0        0      0.483     0.257      0
Active positions in t=0    5       5        5         5        5       5         5         5
Active positions in t= 40  7       0        0         0        0      12        7          0
Average survivor age    1.429      0        0         0        0      2.667     2.857      0
```

Abb. 20.1   Kennzahlen in $T = 40$ für *Maximale Konkurrenz*, $\delta = 0.1$ und $\epsilon_P^q = 0.9$

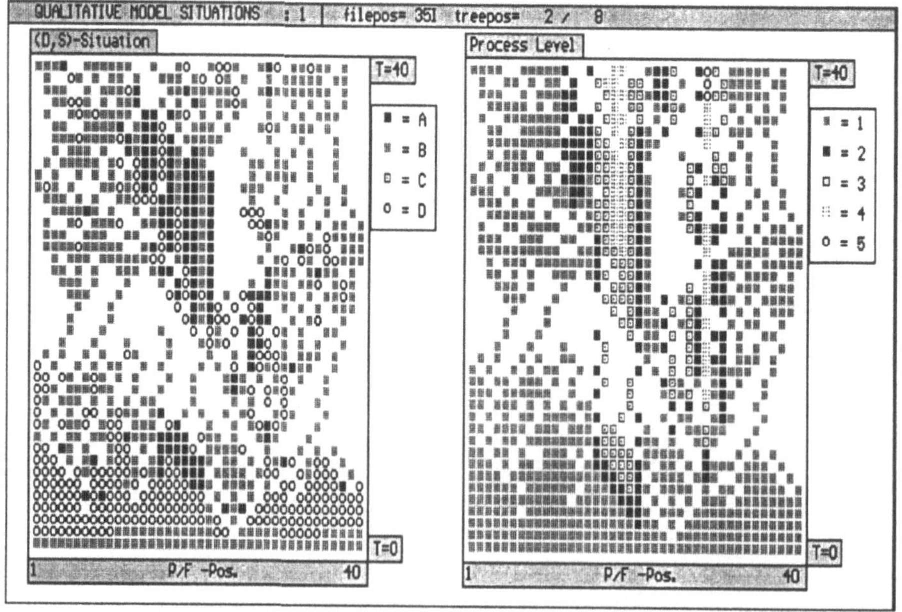

Abb. 20.2   Qualitative Situationen I der Marktentwicklung

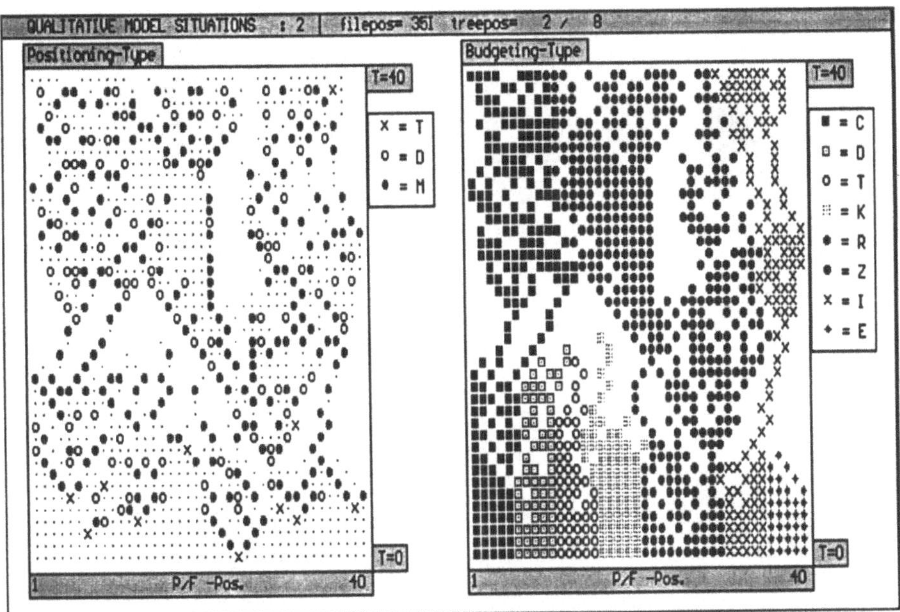

Abb. 20.3   Qualitative Situationen II der Marktentwicklung

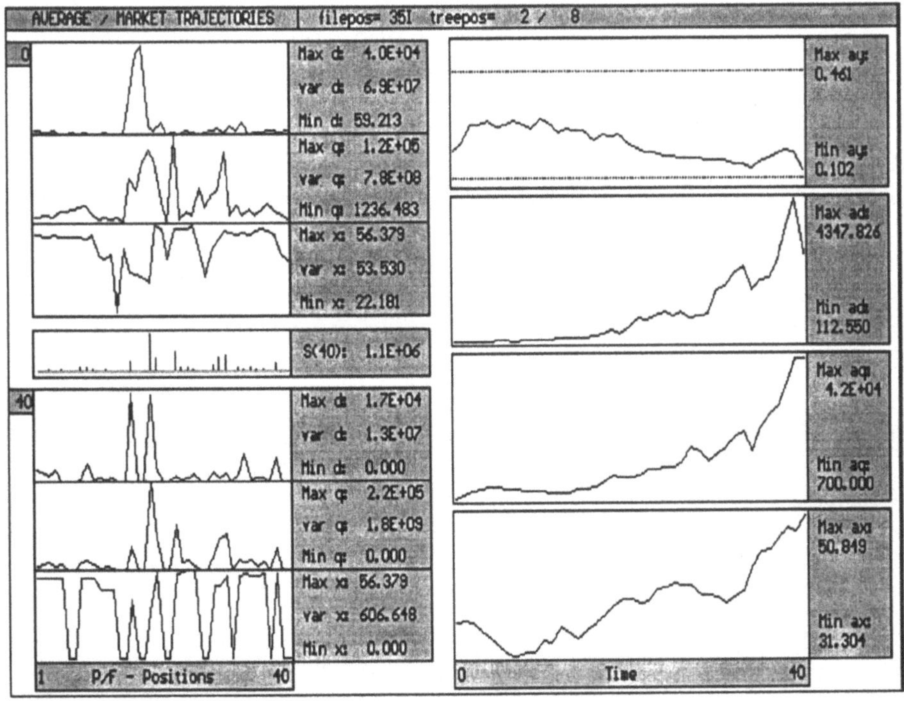

Abb. 20.4   Aggregierte Marktentwicklung

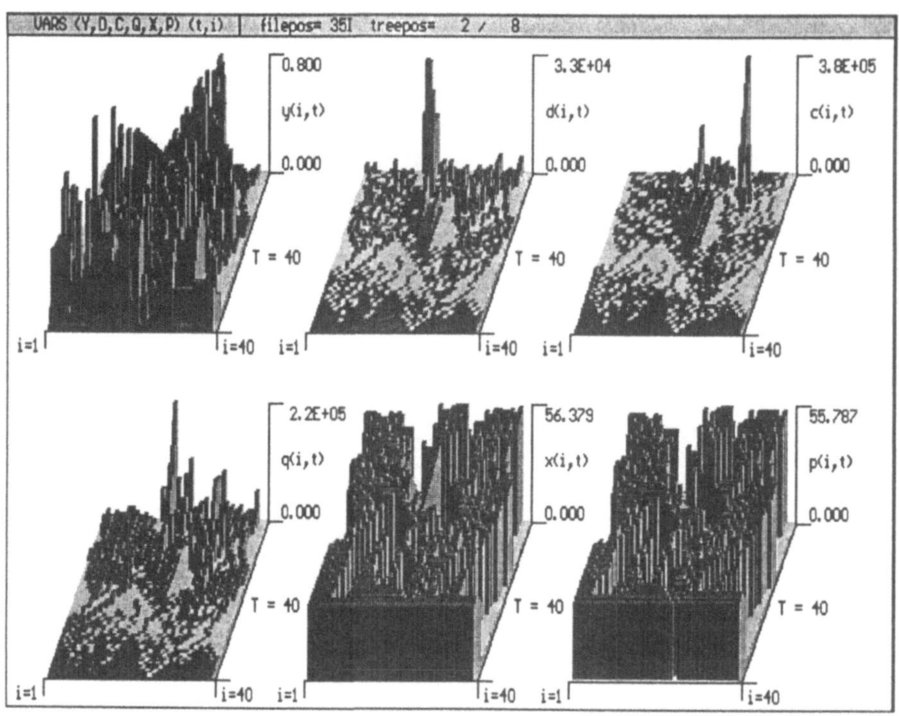

Abb. 20.5   Raum–zeitliche Marktentwicklung

21.3.3 Maximale Konkurrenz, reduzierte Nachfrageträgheit und nachsichtige Austrittskriterien

In diesem Simulationslauf kehren wir zu nachsichtigen Austrittskriterien (wie in Abschnitt 21.3.1) zurück, stellen aber zum ersten Mal Ergebnisse mit reduzierter Nachfrageträgheit dar. Diese Initialisierung führt zu einen konkurrenzerhaltenden Markt. Sechs der acht F&E–Politiken überleben zum Endzeitpunkt. Zum Endzeitpunkt besteht ein Markt mit relativ starker Konkurrenz (insgesamt 24 Einproduktunternehmungen). Die aggregierten Marktkennzahlen unterscheiden sich für die einzelnen Politiken deutlich.

Die ökonomischen Marktkennzahlen Nachfrage, Budget und Maximalpreis zeigen größere Erfolge unter **risikoaverser** ($\mathcal{C}$), **reputationsorientierter** ($\mathcal{T}$) und unter **zufälliger** Politik ($\mathcal{Z}$). Wegen der geringeren Nachfrageträgheit ist das hier erreichte Marktvolumen erwartungsgemäß kleiner als im ersten Lauf dieser Simulationsreihe (Abschnitt 21.3.1). Das im Endzeitpunkt erreichte technische Niveau des Marktes unterscheidet sich von diesem Vergleichslauf aber nur unwesentlich. Das höchste technische Niveau wird von der **reputationsorientierten** Politik $\mathcal{T}$ erzielt. Sie ist auch der ökonomische *Gewinner* des Marktes. Die F&E–Politiken erweitern ihren Einflußbereich im Produktraum nur geringfügig.

Die Anfangsphase mit starker Konkurrenz ist nur sehr kurz. Dieser Phase folgen Aktivitätsverlagerungen, die aber keinem deutlichen (d.h. einfachen) Entwicklungsmuster folgen. Die (d, s)-Entwicklung geht von der zu Anfang überwiegenden **po-**

tentiellen **Gleichgewichtssituation** D in eine "gemischte" Konfiguration von
potentieller Übernachfrage B und D über. Darüberhinaus treten sporadisch —
aber über die gesamte raum–zeitliche Konfiguration verteilt — Situationen **potentieller Überproduktion** A auf. Die Verschiebung der (d, s)-Situation in Richtung **potentiell gleichgewichtiger** bis **potentiell überproduzierender** Unternehmungen erklärt sich durch die (hier gewählte) reduzierte Nachfrageträgheit der
Konsumenten.

```
filepos= 361  treepos=   3 / 8
```

LUMPED RESULTS IN T= 40	Con (C)	Def (D)	Tec (T)	Const (K)	Rndm (R)	Cycl (Z)	IBR (I)	EsDT (E)
Total budget	1.1E+04	0	2.3E+04	155.856	1.7E+04	0	4268.405	475.721
Total demand	1169.021	0	2353.594	406.631	1406.515	0	406.872	207.892
Max Price	38.409	0	30.082	15.893	35.613	0	22.972	23.947
Min Price	24.514	0	13.671	13.671	27.709	0	17.435	16.690
Price blocks	3	0	5	3	3	0	3	2
R&D- expenditure [0,.. 40]	7701.047	0	3.3E+04	4065.579	1.4E+04	0	8325.646	2204.440
Effective technical level	0.280	0	0.680	0.400	0.533	0	0.280	0.200
Active positions in t=0	5	5	5	5	5	5	5	5
Active positions in t= 40	5	0	5	4	3	0	5	2
Average survivor age	1.400	0	1.400	2.000	2.667	0	4.000	1.000

Abb. 21.1   Kennzahlen in $T = 40$ für *Maximale Konkurrenz*, $\delta = 0.25$ und $\epsilon_P^q = 0.4$

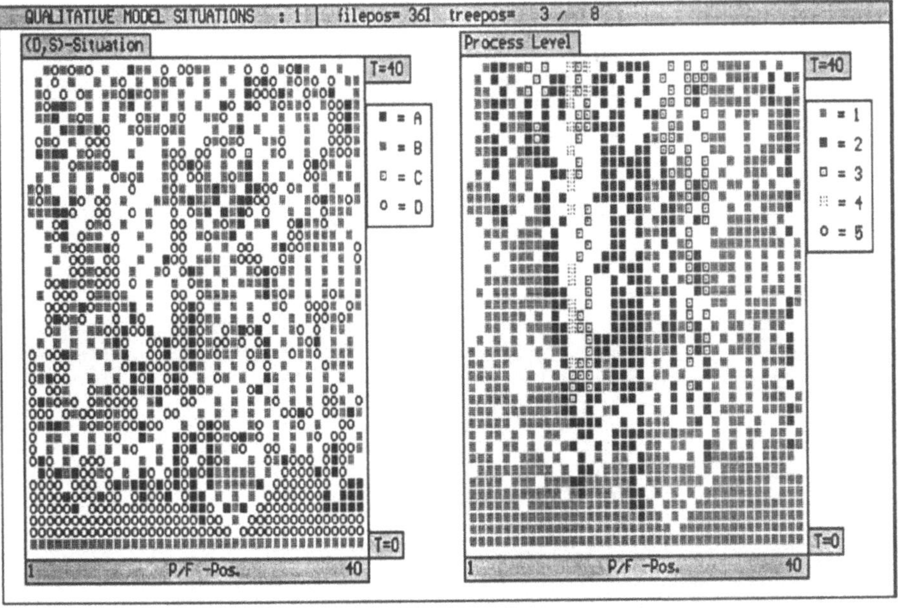

Abb. 21.2   Qualitative Situationen I der Marktentwicklung

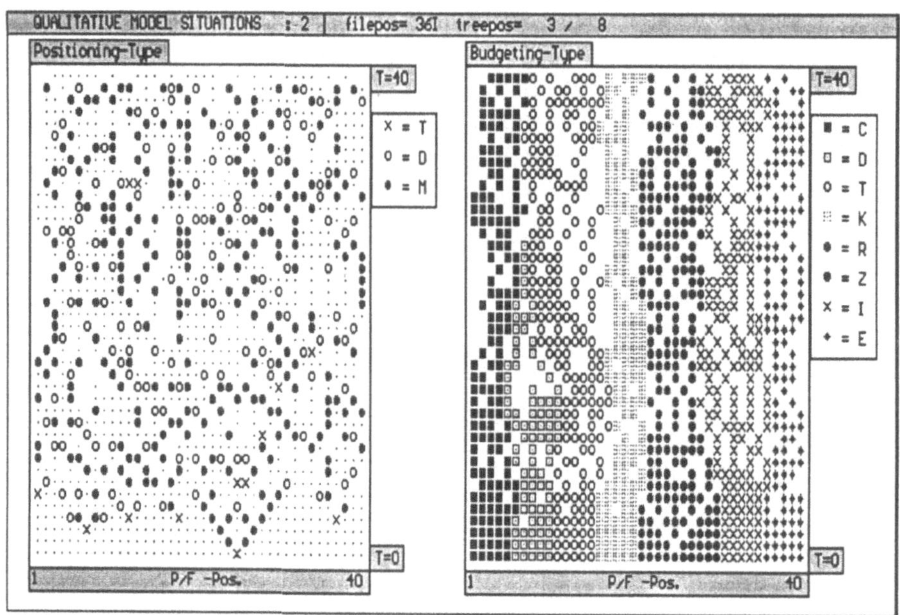

Abb. 21.3   Qualitative Situationen II der Marktentwicklung

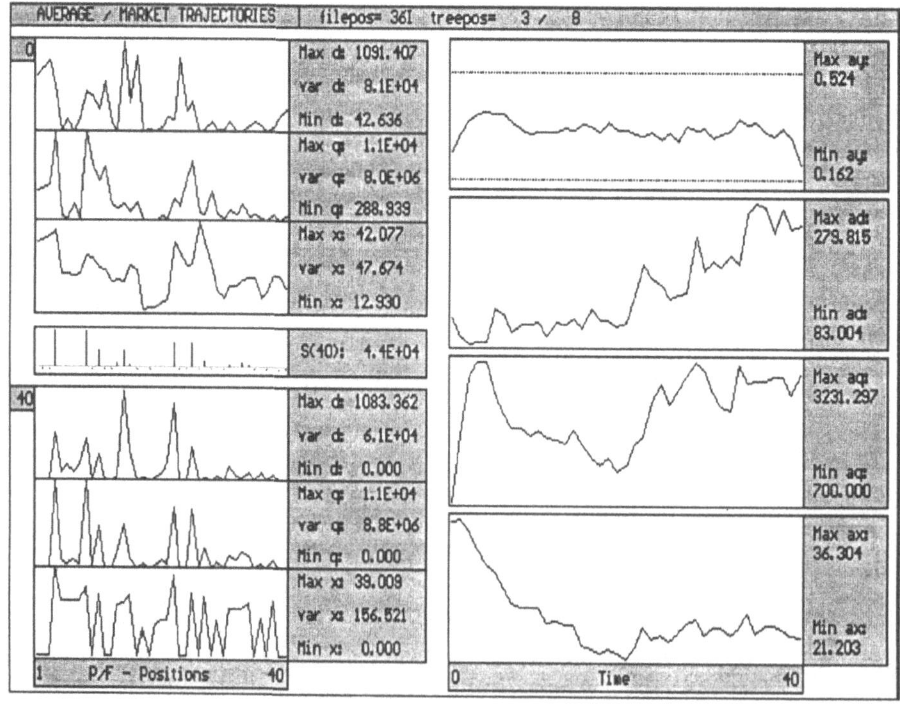

Abb. 21.4   Aggregierte Marktentwicklung

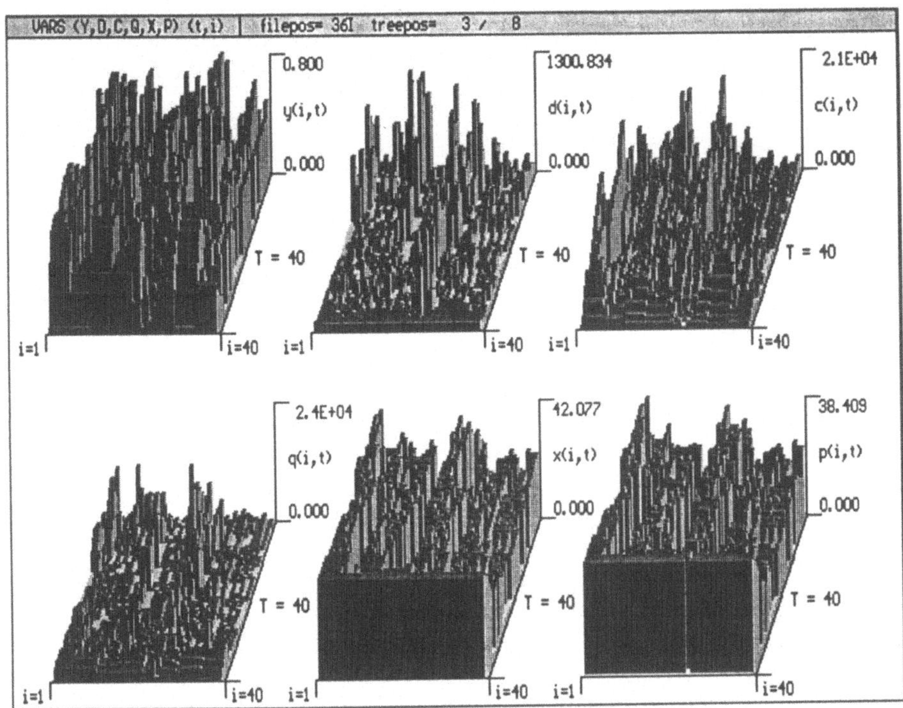

Abb. 21.5   Raum–zeitliche Marktentwicklung

Die Übernahmen neuer Produktionsprozesse sind räumlich und zeitlich gestreut. Sie finden zuerst unter **reputationsorientierter** F&E–Politik und zu späteren Zeitpunkten unter der **zufälliger** F&E–Politik statt.

Die durchschnittlichen Marktresultate zeigen einen schnell zunehmenden und danach stabilen Verlauf (einen konstanten Trend) der F&E–Anteile. Die Entwicklung der durchschnittlichen Zustände zeigt einen erfolgreichen Nachfrageverlauf bei (im Trend) nur langsam wachsendem Budget und Abnahme der Reputation. Die raum–zeitliche Marktentwicklung enthält schließlich eine breite Streuung der Unternehmungen mit hohem ökonomischen Erfolg. Diese Streuung wird schon in einer *früheren* Marktphase durch eine differenzierte Reputationsentwicklung ausgelöst. Unter den Politiken $\mathcal{I}$ und $\mathcal{E}$ bildet sich starke Preiskonkurrenz heraus, die den Akkumulationserfolg der (diese Politiken benutzenden) Unternehmungen vermindert. Der Bereich ökonomisch erfolgreicher Unternehmungen ist größer als der Bereich mit technischen Erfolgen.

21.3.4 Maximale Konkurrenz, reduzierte Nachfrageträgheit und strikte Austrittskriterien

Strikte Austrittskriterien und reduzierte Nachfrageträgheit führen zu extrem eingeschränkter Überlebensfähigkeit einzelner Politiken. Im Endzeitpunkt überleben bei diesem Lauf nur Unternehmungen mit der **risikoaversen** Politik $\mathcal{C}$ und der Politik **Minimierung zukünftiger Nachfragevariation** $\mathcal{I}$. Die Unternehmungen stehen zum Endzeitpunkt unter reduzierter Konkurrenz (insgesamt 17 im Produktraum stark gestreute Unternehmungen). Von den beiden überlebenden Politiken ist die Politik $\mathcal{C}$ ökonomisch sowie technisch erfolgreicher, die Politik $\mathcal{I}$ erreicht im Produktraum einen größeren Einflußbereich.

Nach einer kurzen Anfangsphase mit starker Konkurrenz und wenigen Aktivitätsverlagerungen tritt bei allen Politiken eine Phase zunehmender Aktivitätsverlagerungen ein. Erst danach tritt bei den (zwei) stabilen Politiken starke Markträumung auf, während alle *nicht überlebensfähigen* Politiken vom Markt verschwinden. Schließlich folgt eine bis zum Endzeitpunkt anhaltende Phase vermehrter Aktivitätsverlagerungen mit starker Ausdehnung der Einflußbereiche der beiden verbleibenden Politiken.

Die (d, s)-Entwicklung geht auch hier von der zu Anfang überwiegenden **potentiellen Gleichgewichtssituation** D in eine von **potentieller Übernachfrage** B dominierte Situation über. Unternehmungen, die sich in Gebieten hoher technischer Niveaus und in der 2–ten Konkurrenzphase befinden, geraten häufiger in **potentielle Überproduktion** A. Übernahmen neuer Produktionstechniken erfolgen (zu frühen Zeitpunkten) unter der (ökonomisch nicht überlebensfähigen) **reputationsorientierten** F&E–Politik $\mathcal{T}$, der **konstanten** F&E–Politik $\mathcal{K}$ und der **zyklischen** F&E–Politik $\mathcal{Z}$. Im Gegensatz zum Lauf aus Abschnitt 21.3.3 werden die Produktionstechnologien der verdrängten Unternehmungen vergessen.

Die durchschnittlichen Marktresultate zeigen einen zuerst schnell zunehmenden und danach zyklisch abnehmenden Verlauf der F&E–Anteile. Die Entwicklung der durchschnittlichen Zustände stellen ökonomischen Markterfolg, bei sich (nach den verschärften Konkurrenzphasen) wieder einstellender Zunahme der Reputation, dar.

Die raum– zeitliche Marktentwicklung zeigt starke Streuung der Unternehmungen mit hohem ökonomischem Erfolg. Nach einer Phase mit Preiskonkurrenz steigen Reputationen und Preise für die Produkte aller überlebenden Unternehmungen. Die Produktpositionen mit ökonomisch erfolgreichen Unternehmungen enthalten auch den Bereich mit technischen Innovationserfolgen.

```
 filepos= 371  treepos=  1 /  8

 LUMPED RESULTS IN T= 40

                             Con (C)  Def (D)  Tec (T)  Const (K) Rndm (R)  Cycl (Z)   IBR (I)  EsDT (E)
 Total budget                1.6E+05     0        0        0         0         0       8.7E+04     0
 Total demand                1.1E+04     0        0        0         0         0       4890.808    0
 Max Price                   46.534      0        0        0         0         0        36.338     0
 Min Price                   40.709      0        0        0         0         0        17.940     0
 Price blocks                   4        0        0        0         0         0          8        0
 R&D- expenditure [0,.. 40]  2.2E+04     0        0        0         0         0       1.5E+04     0
 Effective technical level   0.320       0        0        0         0         0        0.200      0
 Active positions in t=0        5        5        5        5         5         5          5        5
 Active positions in t= 40      5        0        0        0         0         0         11        0
 Average survivor age        2.400       0        0        0         0         0        2.727      0
```

Abb. 22.1   Kennzahlen in $T = 40$ für *Maximale Konkurrenz*, $\delta = 0.25$ und $\epsilon_P^q = 0.9$

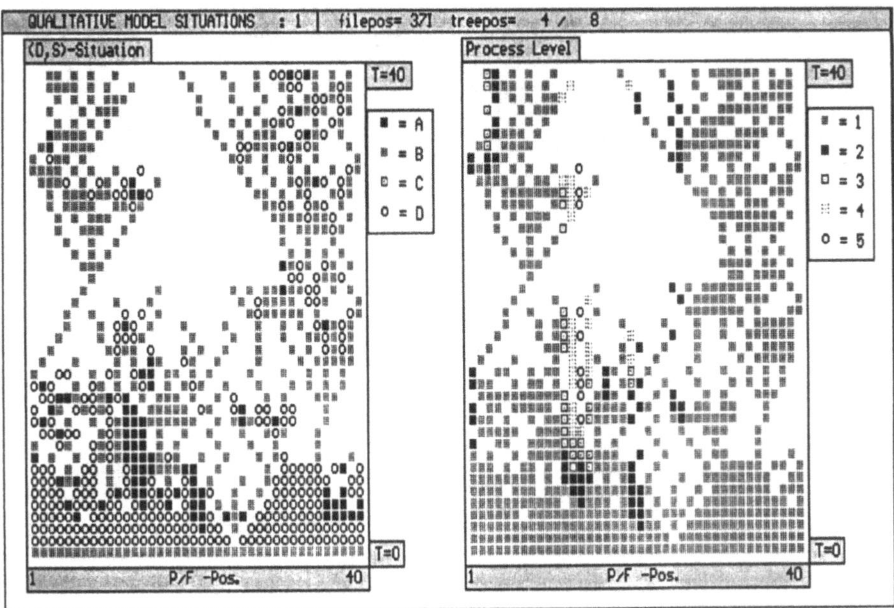

Abb. 22.2   Qualitative Situationen I der Marktentwicklung

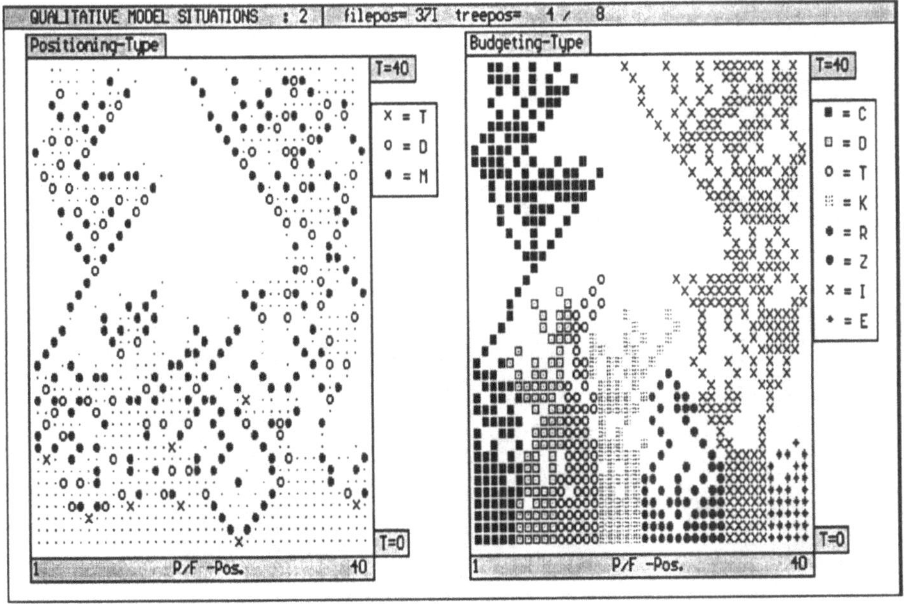

Abb. 22.3   Qualitative Situationen II der Marktentwicklung

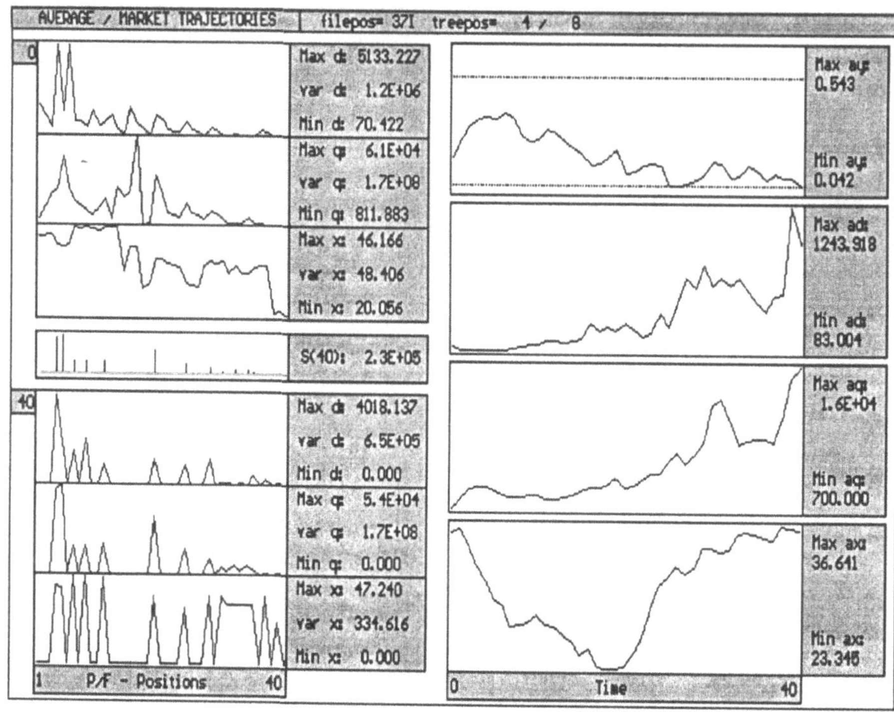

Abb. 22.4   Aggregierte Marktentwicklung

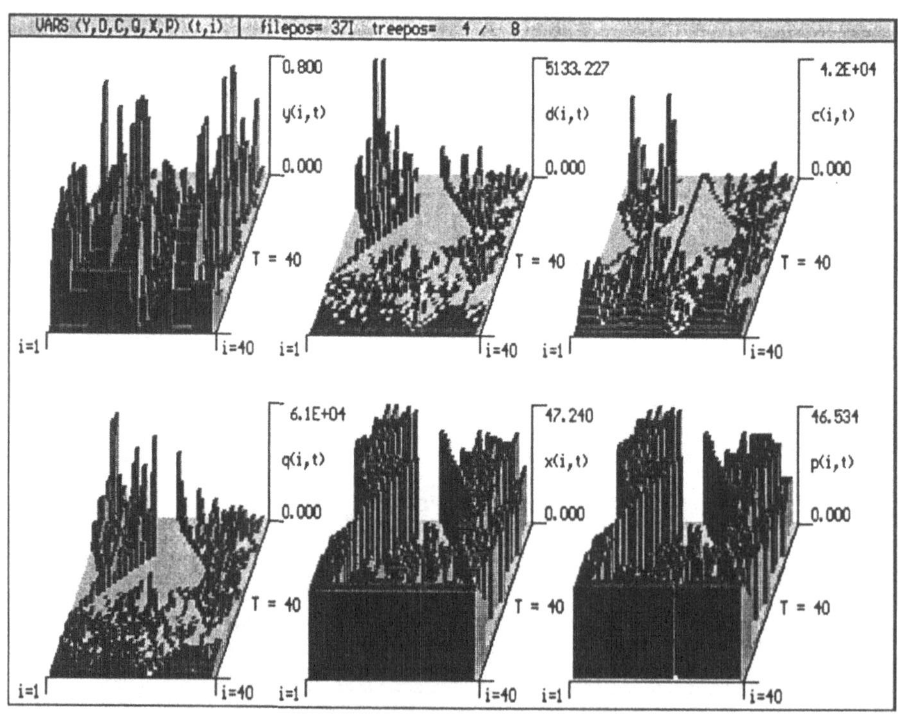

Abb. 22.5   Raum–zeitliche Marktentwicklung

21.3.5 Lokale Monopole, hohe Nachfrageträgheit und nachsichtige Austrittskriterien

In diesem Abschnitt stellen wir den ersten Markt mit der Initialisierung **lokale Monopole** dar. Dieser und die nächsten drei Läufe geben die Auswirkungen einer Startkonfiguration mit wenigen (und voneinander unabhängigen) Markteintretern auf ökonomische und technische Erfolge der F&E–Politiken an. Diese Startkonfiguration kann etwa auf Grund "gezielter Gründungshilfen" des Staates entstehen. Läufe mit dieser Initialisierung haben in vorausgegangenen Abschnitten keine Entsprechung. Als Vergleich verwenden wir die Ergebnisse aus den Abschnitten 21.3.1 bis 21.3.4.

Bei gleichen Umweltparametern ϵ_P^q und δ wie im Lauf aus Abschnitt 21.3.1, fällt auf diesem Markt nur die **aggressive** F&E–Politik $\mathcal{D}$ als *nicht überlebensfähig* aus. Bis auf diese Politik verbleiben die gleichen Politiken wie in Abschnitt 21.3.1 am Markt. Die ökonomischen und technischen Erfolge verschieben sich zugunsten der **reputationsorientierten** F&E–Politik $\mathcal{T}$. Die technischen Erfolge der **konstanten** sowie der **zyklischen** Politik ($\mathcal{K}$ und $\mathcal{Z}$) sind im vorliegenden Fall erheblich geringer als in Abschnitt 21.3.1.

Die Entwicklung der (d, s)–Konfiguration zeigt in den ersten Perioden für alle Politiken Dominanz der **potentiellen Überproduktion** B und später — insbesondere für die Einflußbereiche der **reputationsorientierten** und der **zyklischen** Politik — verstärktes Aufkommen der **potentiellen Gleichgewichtssituation** D. Potentielle Überproduktion A tritt nur sporadisch auf. Wegen der im Startzeitpunkt gewählten Marktstruktur setzen Aktivitätsverlagerungen früh ein. In einigen Bereichen des Produktraumes werden Phasen vermehrter Aktivitätsverlagerung von längeren Phasen *voller* Konkurrenz abgelöst. Die Orte der Einführung neuer Produktionstechniken streuen im vorliegenden Fall stärker als im Vergleichslauf. Es bilden sich zwei getrennte Gebiete mit technischen Erfolgen heraus.

```
filepos= 381  treepos=   5 /  8
```

LUMPED RESULTS IN T= 40

	Con (C)	Def (D)	Tec (T)	Const (K)	Rndm (R)	Cycl (Z)	IBR (I)	EsDT (E)
Total budget	0	0	1.4E+05	3.5E+04	0	1.5E+04	0	7.4E+04
Total demand	0	0	8754.864	3172.259	0	1765.617	0	4574.148
Max Price	0	0	54.994	63.193	0	49.211	0	60.869
Min Price	0	0	15.041	37.723	0	17.825	0	60.869
Price blocks	0	0	8	3	0	4	0	1
R&D- expenditure [0,.. 40]	0	0	7.9E+05	5.2E+04	0	1.0E+05	0	3.0E+04
Effective technical level	0	0	0.486	0.267	0	0.400	0	0.400
Active positions in t=0	1	1	1	1	1	1	1	1
Active positions in t= 40	0	0	14	3	0	7	0	1
Average survivor age	0	0	7.429	2.333	0	2.000	0	1.000

Abb. 23.1   Kennzahlen in $T = 40$ für *Lokale Monopole*, $\delta = 0.1$ und $\epsilon_P^q = 0.4$

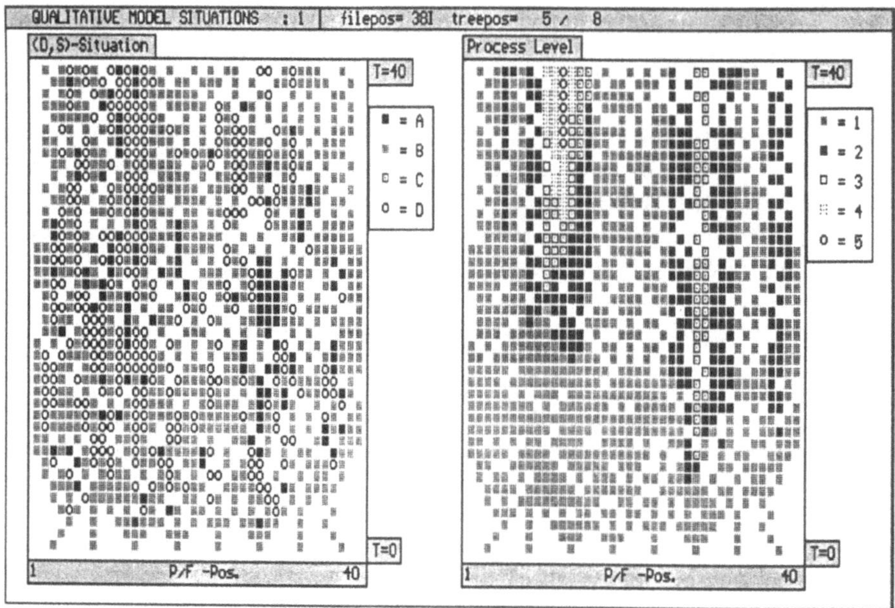

Abb. 23.2   Qualitative Situationen I der Marktentwicklung

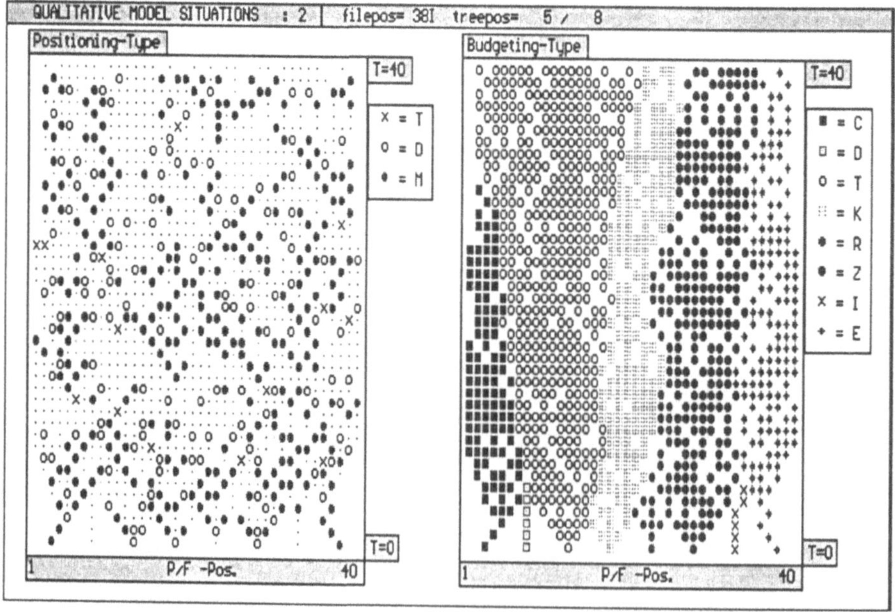

Abb. 23.3   Qualitative Situationen II der Marktentwicklung

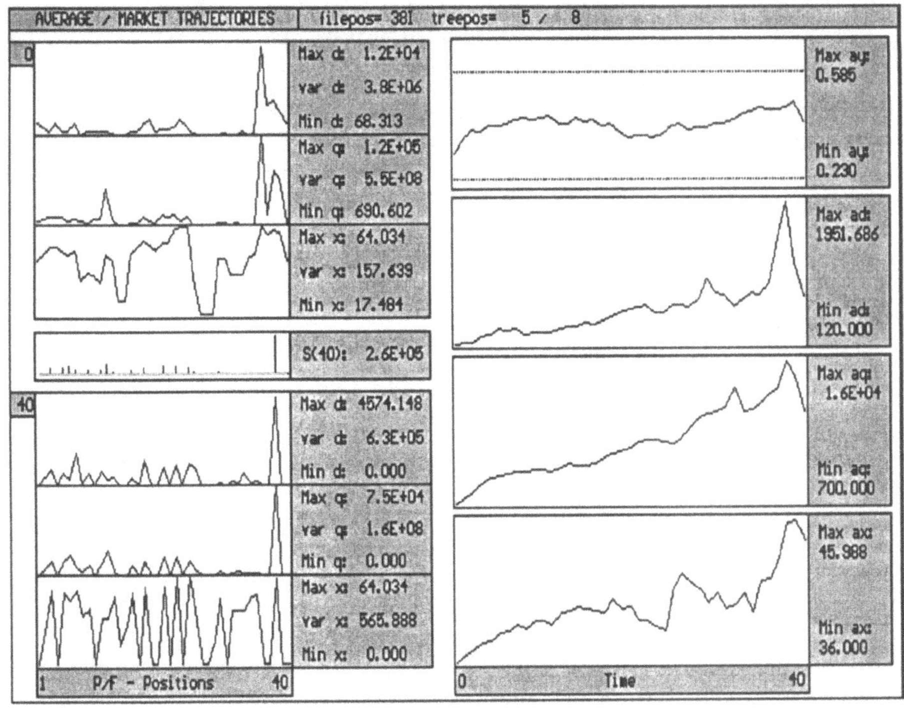

Abb. 23.4   Aggregierte Marktentwicklung

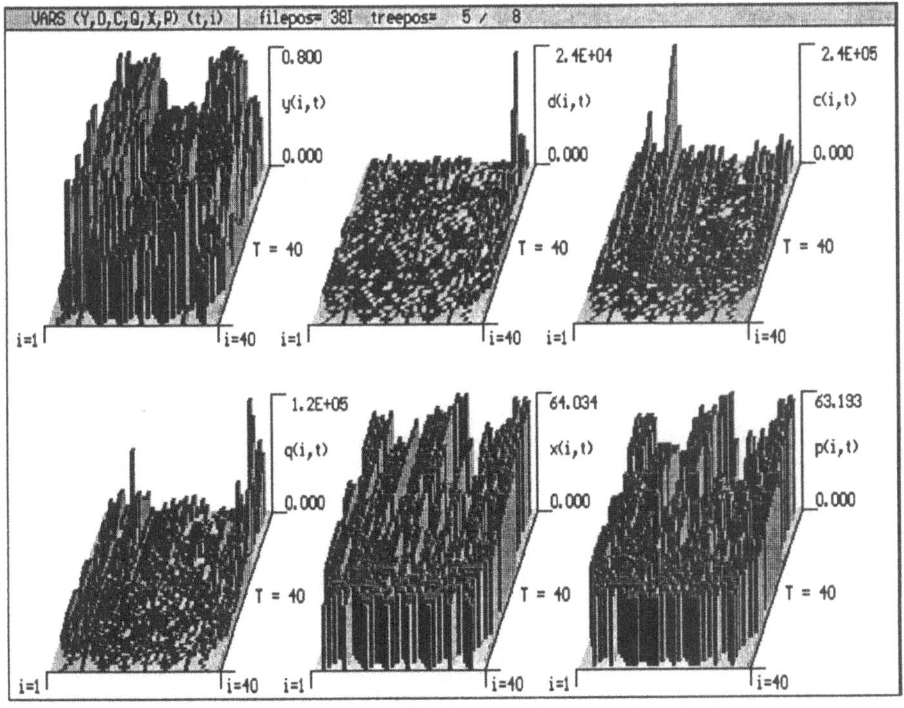

Abb. 23.5   Raum–zeitliche Marktentwicklung

Erste Innovationen finden unter **zyklischer** Politik (früh) statt, während die Innovationserfolge unter **reputationsorientierter** Politik später einsetzen. Letztere erreicht aber höhere technische Niveaus. Imitative technische Übernahmen finden kurz nach der jeweiligen "Erstinnovation" statt. Die **reputationsorientierte** Politik erweitert ihren Einflußbereich im Produktraum erheblich. Die im Vergleichslauf sehr erfolgreiche Politik $\mathcal{E}$ "verliert" fast alle Produktpositionen.

Die durchschnittlichen Zeitverläufe ergeben einen tendenziellen Anstieg der F&E–Anteile. Dieser Verlauf erklärt sich durch die Dominanz der reputationsorientierten Politik. In der Tendenz steigen auch die Nachfrage, das Budget und die Reputation an. Die raum–zeitliche Marktentwicklung enthält ein ökonomisch erfolgreiches Unternehmenscluster im Einflußbereich der F&E–Politik $\mathcal{E}$. In den Einflußbereichen der Politiken $\mathcal{K}$ und $\mathcal{T}$ sind die erfolgreichen Unternehmungen nicht benachbart. Der Akkumulationserfolg der **konstanten** Politik $\mathcal{K}$ geht auf die hohen Preise zurück, die "ihre" Unternehmungen fordern können. Schließlich führt in diesem Markt technischer Erfolg nicht zu größeren ökonomischen Erfolgen.

21.3.6   Lokale Monopole, hohe Nachfrageträgheit und strikte Austrittskriterien

Bei gleichen Umweltparametern ϵ_P^q und δ wie im Lauf aus Abschnitt 21.3.2 verschwindet (hier) die **zyklische** F&E–Politik $\mathcal{Z}$ vom Markt. Im Endzeitpunkt befindet sich der Markt in einer stark reduzierten Konkurrenzsituation mit nur 19 überlebenden Unternehmungen. Die ökonomischen und technischen Erfolge werden von der **reputationsorientierten** F&E–Politik $\mathcal{T}$ und der Politik **Minimierung zukünftiger Nachfragevariation** $\mathcal{I}$ geteilt. Das resultierende Preisniveau ist (daher) erheblich höher als im Vergleichslauf.

Die Entwicklung der (d, s)–Situation zeigt in der ersten Phase für alle Politiken Dominanz der Situation **potentielle Übernachfrage** B. In späteren Perioden treten die **potentielle Gleichgewichtssituation** D sowie **potentielle Überproduktion** A sporadisch auf. Potentielle Überproduktion entsteht hauptsächlich bei *zu frühen* Übernahmen neuer Produktionstechniken.

Im Produktraum bilden sich zwei getrennte Gebiete mit großen technischen Erfolgen heraus. Erste Innovationen finden unter **zyklischer** Politik (früh) statt, während die Innovationserfolge unter **reputationsorientierter** Politik spät einsetzen. Da die **zyklische** Politik hier nicht überlebt, werden "ihre" Produktionstechniken von Unternehmungen der (im Produktraum) stark expandierenden F&E–Politik $\mathcal{I}$ übernommen. Alle überlebenden Politiken können ihren Einflußbereich im Produktraum erweitern.

Die durchschnittlichen Zeitverläufe zeigen einen tendenziellen Rückgang der F&E–Anteile, was den Einfluß der Politik $\mathcal{I}$ wiedergibt. Die in der Tendenz steigenden Verläufe der Nachfrage, des Budgets und der Reputation geben eine erfolgreiche Gesamtmarktentwicklung an. Der zeitweise starke Anstieg der Nachfragen resultiert aus einem *zu schnellen* Wachstum der technologisch sehr erfolgreichen Unternehmungen mit **zyklischer** Politik. Die so geweckte Nachfrage wird (von dieser nicht-adaptiven Politik) nicht in entsprechende ökonomische Erfolge überführt, woraufhin massive Marktaustritte folgen. Die raum–zeitliche Marktentwicklung enthält zwei ökonomisch erfolgreiche Unternehmenscluster im Einflußbereich der F&E–Politik $\mathcal{E}$ und der Politik $\mathcal{I}$. Der Akkumulationserfolg der überlebenden Politiken ist auch hier durch die Reputationsentwicklung und die dadurch bedingten hohen Preise zu erklären. In diesem Markt führt technischer Erfolg zu ökonomischem Erfolg des Produktes, aber nicht unbedingt zu ökonomischem Erfolg der (technisch erfolgreichen) Unternehmung.

```
  filepos= 39I   treepos=   6 /  8

LUMPED RESULTS IN T= 40
```

	Con (C)	Def (D)	Tec (T)	Const (K)	Rndm (R)	Cycl (Z)	IBR (I)	EsOT (E)
Total budget	1.2E+05	0	5.0E+05	0	0	0	6.1E+05	0
Total demand	1.2E+04	0	1.1E+04	0	0	0	2.4E+04	0
Max Price	60.628	0	63.495	0	0	0	62.645	0
Min Price	59.831	0	61.696	0	0	0	62.324	0
Price blocks	2	0	3	0	0	0	5	0
R&D- expenditure [0,.. 40]	2.1E+04	0	5.4E+05	0	0	0	6.7E+04	0
Effective technical level	0.200	0	0.500	0	0	0	0.400	0
Active positions in t=0	1	1	1	1	1	1	1	1
Active positions in t= 40	5	0	6	0	0	0	8	0
Average survivor age	5.600	0	2.000	0	0	0	2.875	0

Abb. 24.1   Kennzahlen in $T = 40$ für *Lokale Monopole*, $\delta = 0.1$ und $\epsilon_P^q = 0.9$

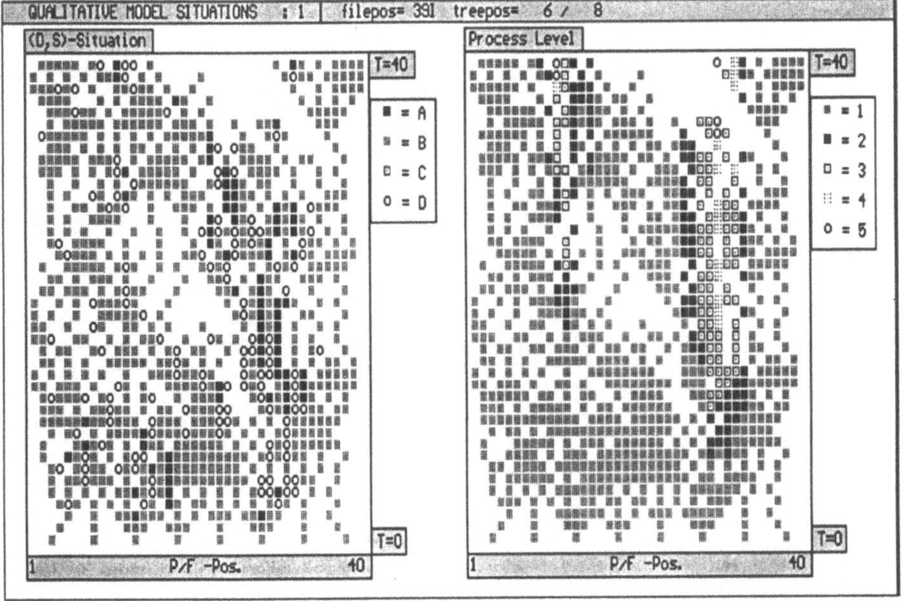

Abb. 24.2   Qualitative Situationen I der Marktentwicklung

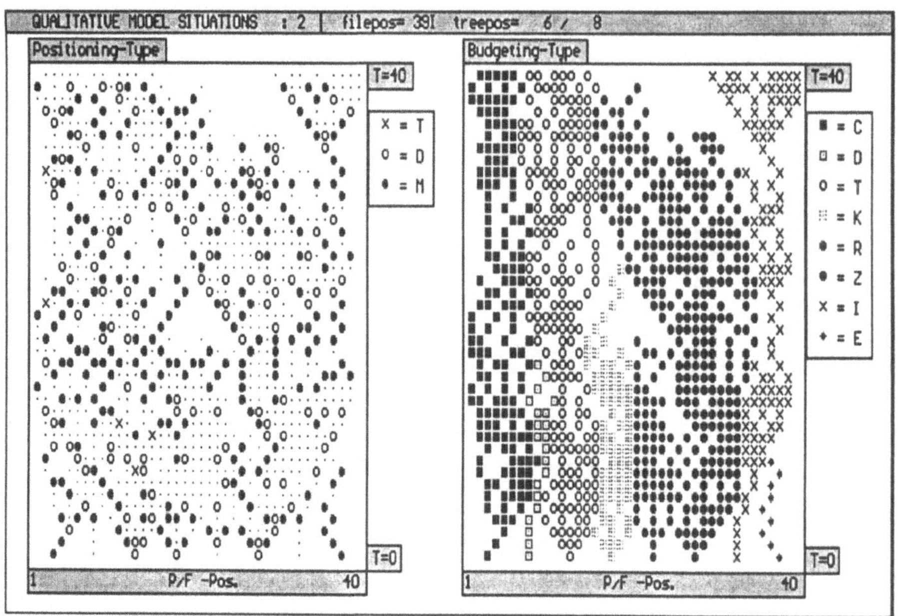

Abb. 24.3   Qualitative Situationen II der Marktentwicklung

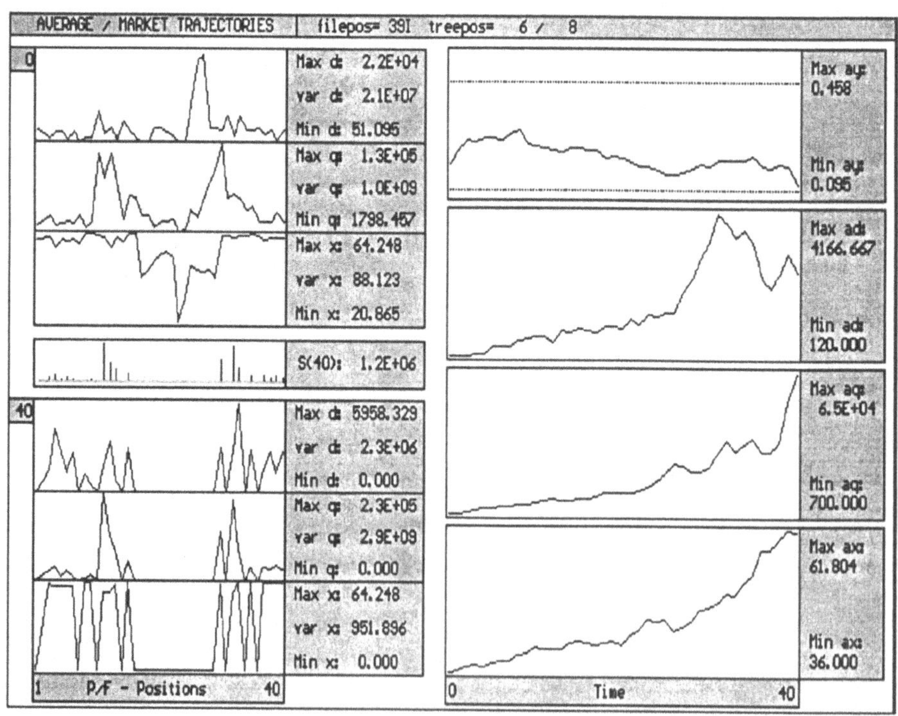

Abb. 24.4   Aggregierte Marktentwicklung

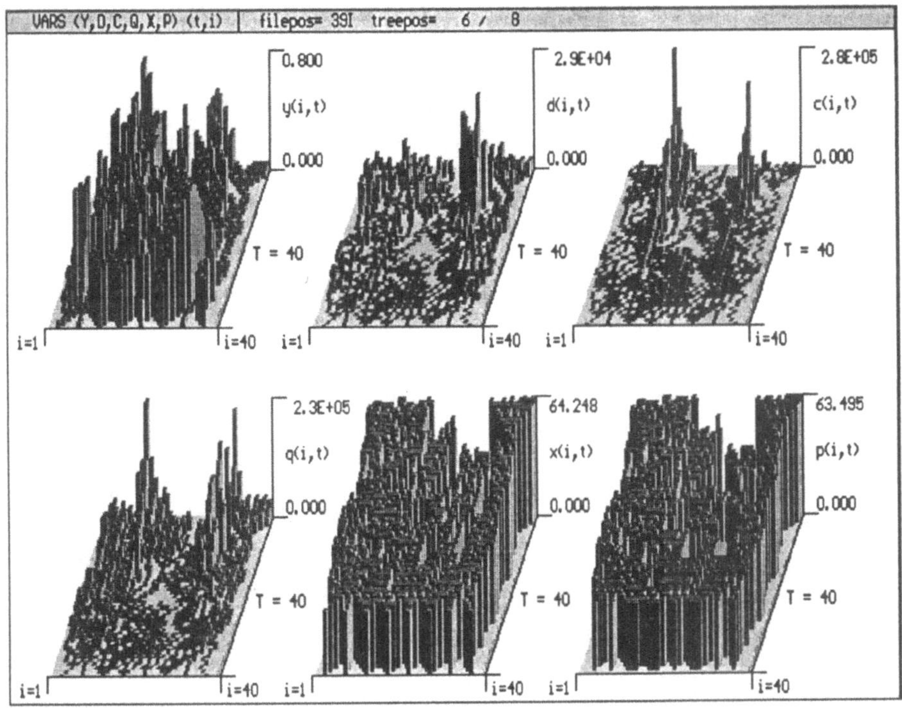

Abb. 24.5   Raum–zeitliche Marktentwicklung

21.3.7 Lokale Monopole, reduzierte Nachfrageträgheit und nachsichtige Austrittskriterien

Dieser Lauf verwendet die gleichen Umweltparameter ϵ_P^q und δ wie der Vergleichslauf aus Abschnitt 21.3.3. Hier fällt die, im Vergleichslauf ökonomisch nur unterdurchschnittlich erfolgreiche, Politik $\mathcal{E}$ als nicht überlebensfähig weg. Dafür überleben Unternehmungen unter der **zyklischen** F&E–Politik auf technisch sehr hohem, aber ökonomisch unbedeutendem Niveau. Im Endzeitpunkt herrscht auf dem Markt (wie im Vergleichslauf) starke Konkurrenz mit 27 aktiven Einproduktunternehmungen. Die Unternehmungen unter **risikoaverser** F&E–Politik $\mathcal{C}$ erreichen die mit Abstand besten ökonomischen Ergebnisse (bei eher niedrigem technischen Niveau), während Unternehmungen unter **zufälliger** und unter **zyklischer** F&E–Budgetierung die größten technischen Erfolge aufweisen. Das Preisniveau liegt höher als in dem unter *voller* Konkurrenz startenden Vergleichslauf.

Die Entwicklung der (d, s)–Situation zeigt für alle Perioden und Politiken Dominanz der Situation **potentielle Übernachfrage** B, jedoch mit relativ häufigem Wechsel in die **potenielle Gleichgewichtssituation** D und in **potentielle Überproduktion** A. Potentielle Überproduktion findet man wegen reduzierter Nachfrageträgheit (Parameter δ) auch häufig in der Anfangsphase des Marktes. Die Aktivitätsverlagerungen setzen hier sehr *früh* ein. In der (zeitlichen) Mitte des Laufes erfolgt ein Marktclearing, das die Anzahl der lokalen Monopole kurzzeitig erhöht, aber keine F&E–Politik verdrängt. Die ökonomisch unterschiedlich erfolgreichen F&E–Politiken $\mathcal{C}$, $\mathcal{K}$ und $\mathcal{I}$ erweitern ihren Einflußbereich im Produktraum. Wegen der starken Konkurrenz bleibt der Einfluß aller Politiken im Produktraum begrenzt. Erste Übernahmen neuer Produktionstechniken finden unter **zyklischer Politik** (früh) statt, während alle anderen Innovationen erheblich später einsetzen. Die Streuung der technischen Innovationen / Imitationen ist im vorliegenden Fall geringer als im Vergleichslauf. Alle neuen Techniken werden hier später eingeführt. Wie im Vergleichslauf erreicht keine Unternehmung das *maximal mögliche* technische Niveau.

```
 filepos= 40I   treepos=   7 /  8

LUMPED RESULTS IN T= 40
```

	Con (C)	Def (D)	Tec (T)	Const (K)	Rndm (R)	Cycl (Z)	IBR (I)	EsOT (E)
Total budget	1.6E+05	0	4.6E+04	2.3E+04	1.6E+04	139.563	4.5E+04	0
Total demand	6415.744	0	5044.324	1824.893	1029.221	167.103	1163.503	0
Max Price	52.159	0	43.156	30.151	46.453	15.605	47.759	0
Min Price	43.156	0	16.715	21.406	46.453	14.787	15.605	0
Price blocks	3	0	2	4	1	3	4	0
R&D- expenditure [0,.. 40]	2.2E+04	0	9.1E+04	3.7E+04	1.1E+04	4614.588	1.4E+04	0
Effective technical level	0.250	0	0.400	0.400	0.600	0.600	0.229	0
Active positions in t=0	1	1	1	1	1	1	1	1
Active positions in t= 40	4	0	5	7	1	3	7	0
Average survivor age	2.750	0	3.000	2.429	2.000	3.000	2.143	0

Abb. 25.1   Kennzahlen in $T = 40$ für *Lokale Monopole*, $\delta = 0.25$ und $\epsilon_P^q = 0.4$

```
QUALITATIVE MODEL SITUATIONS  : 1    filepos= 40I  treepos=  7 /  8
(D,S)-Situation
Process Level
T=40
T=40
= A
= B
= C
= D
= 1
= 2
= 3
= 4
= 5
T=0
T=0
1          P/F -Pos.          40
1          P/F -Pos.          40
```

Abb. 25.2   Qualitative Situationen I der Marktentwicklung

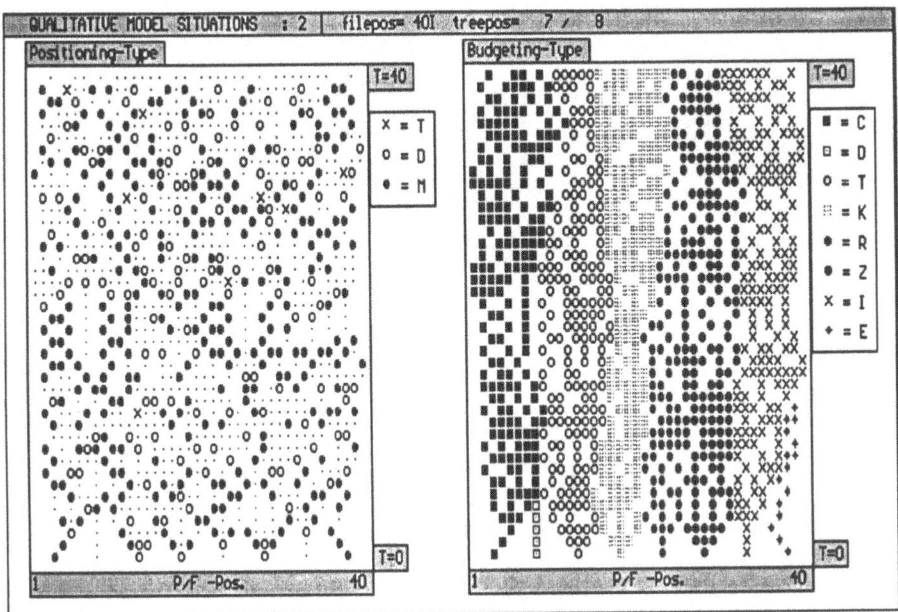

Abb. 25.3   Qualitative Situationen II der Marktentwicklung

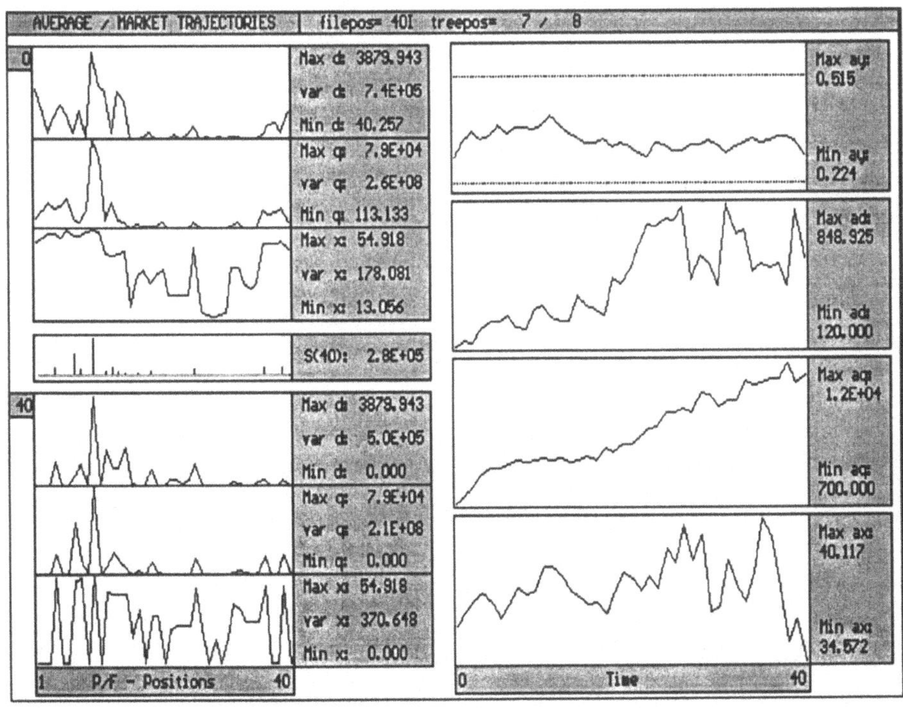

Abb. 25.4   Aggregierte Marktentwicklung

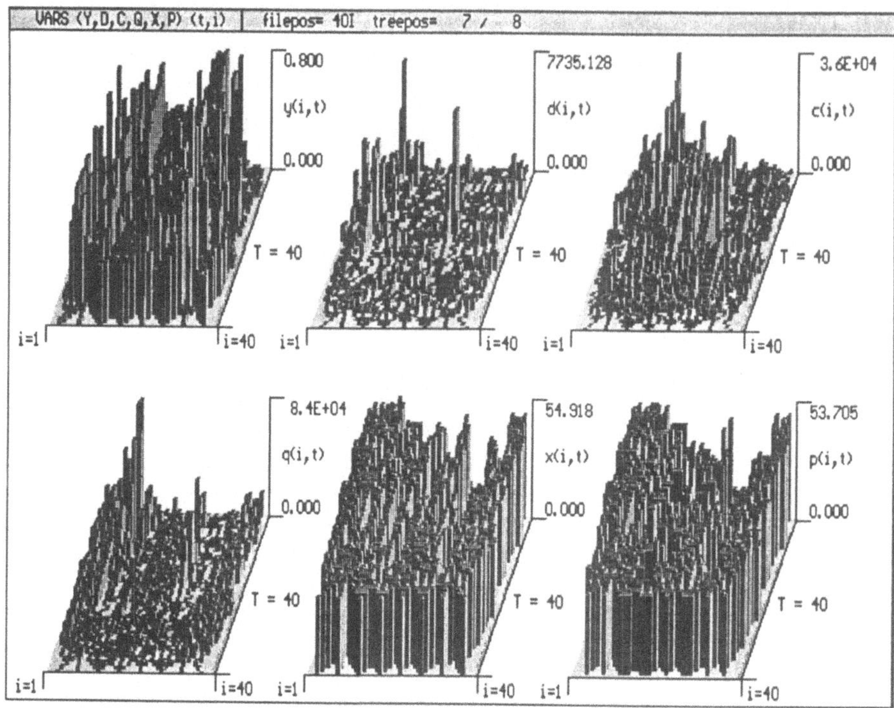

Abb. 25.5   Raum–zeitliche Marktentwicklung

Die durchschnittlichen Zeitverläufe zeigen einen etwas stärkeren Rückgang der
F&E–Anteile als im Vergleichslauf. Die in der Tendenz steigenden Verläufe der
Nachfrage und des Budgets geben eine erfolgreiche Marktentwicklung an. Der Repu-
tationsverlauf ist unstabil. Durch die Häufung der Aktivitätsverlagerungen werden
kurzfristig sehr hohe Nachfragen geweckt. Diese Nachfragen können dann oft nicht
in ökonomische Erfolge überführt werden, woraufhin unbedingte Marktaustritte
oder weitere Aktivitätsverlagerungen folgen. Die raum–zeitliche Marktentwicklung
enthält zwei ökonomisch erfolgreiche Unternehmenscluster im Einflußbereich der
F&E–Politiken C und T. Schließlich stimmen auf diesem Markt Bereiche mit technischem Erfolg nicht mit den ökonomisch erfolgreichen Bereichen im Produktraum
überein.

21.3.8 Lokale Monopole, reduzierte Nachfrageträgheit und strikte Aus-trittskriterien

Der letzte Lauf verwendet die gleichen Umweltparameter wie der Vergleichslauf aus
Abschnitt 21.3.4. Die im Vergleichslauf ökonomisch sehr erfolgreiche **risikoaverse**
Politik C gerät hier in starke Konkurrenz zur **reputationsorientierten** Politik
T. Auch die F&E–Politik I ist (trotz reduzierter Nachfrageträgheit) ökonomisch
und technisch erfolgreich. Die **zyklische** Politik Z erreicht ein hohes technisches
Niveau, aber nur einen durchschnittlichen ökonomischen Erfolg.

Im Endzeitpunkt besteht auf diesem Markt (wie im Vergleichslauf) reduzierte Konkurrenz mit nur 16 aktiven Einproduktunternehmungen. Unternehmungen unter

der Politik **Minimierung zukünftiger Nachfragevariation** $\mathcal{I}$ erreichen (mit Abstand) die besten ökonomischen Ergebnisse (bei eher niedrigem technischen Niveau), während die **reputationsorientierte** Unternehmung $\mathcal{T}$ das maximal mögliche technische Niveau erreicht. Unternehmungen mit **zyklischer F&E–Budgetierung** $\mathcal{Z}$ weisen nur hohe technische Erfolge auf. Das erreichte Preisniveau ist hier höher als im Vergleichslauf.

Die Entwicklung der (d, s)–Situation zeigt für alle Perioden und Politiken Dominanz der Situation **potentielle Übernachfrage** B, mit sporadischem Wechsel in **potenielles Gleichgewicht** D und **potentielle Überproduktion** A. Aktivitätsverlagerungen setzen auch hier früh ein. Bis auf Unternehmungen mit der Politik $\mathcal{E}$ verschwinden die **nicht überlebensfähigen** Politiken nach kurzer Zeit vom Markt. Da die Politiken ihren Einflußbereich (in dieser kurzen Phase) nur begrenzt ausdehnen können, kann hier kein Marktclearing entstehen (siehe Vergleichslauf). Dadurch können viele Unternehmungen in eine stabile Akkumulationsphase übergehen.

Erste Übernahmen neuer Produktionstechniken finden unter **zyklischer** und **reputationsorientierter** Politik (früh) statt. Die Innovationen unter Politik $\mathcal{E}$ setzen *zu früh* ein und führen dann zu unbedingten Marktaustritten der Unternehmungen. Die Streuung der Innovationen / Imitationen ist im Produktraum größer als im Vergleichslauf.

Die durchschnittlichen Zeitverläufe zeigen die gleiche Tendenz der F&E–Anteile wie im Vergleichslauf. In der Tendenz steigende Verläufe der Nachfrage, des Budgets und der Reputation geben eine erfolgreiche Marktentwicklung an. Auch hier werden durch Häufung der Aktivitätsverlagerungen kurzfristig sehr hohe Nachfragen geweckt, die dann unbedingte Marktaustritte oder weitere Aktivitätsverlagerungen bewirken (siehe auch Abschnitt 21.3.7). Die raum–zeitliche Marktentwicklung enthält zwei ökonomisch erfolgreiche Unternehmenscluster, die sich aber nicht bis zum Endzeitpunkt fortsetzen.

```
filepos= 41E  treepos=  8 / 8
```

LUMPED RESULTS IN T= 40

	Con (C)	Def (D)	Tec (T)	Const (K)	Rndm (R)	Cycl (Z)	IBR (I)	EsOT (E)
Total budget	9.1E+04	0	8.0E+04	0	0	5.4E+04	1.2E+05	0
Total demand	5374.350	0	2744.830	0	0	2782.447	1.1E+04	0
Max Price	55.479	0	58.204	0	0	43.126	41.204	0
Min Price	54.111	0	58.204	0	0	37.295	36.636	0
Price blocks	3	0	1	0	0	3	5	0
R&D- expenditure [0,.. 40]	8278.672	0	2.7E+04	0	0	1.2E+05	1.4E+04	0
Effective technical level	0.200	0	1.000	0	0	0.680	0.300	0
Active positions in t=0	1	1	1	1	1	1	1	1
Active positions in t= 40	4	0	1	0	0	5	6	0
Average survivor age	1.500	0	1.000	0	0	3.200	3.833	0

Abb. 26.1   Kennzahlen in $T = 40$ für *Lokale Monopole*, $\delta = 0.25$ und $\epsilon_P^q = 0.9$

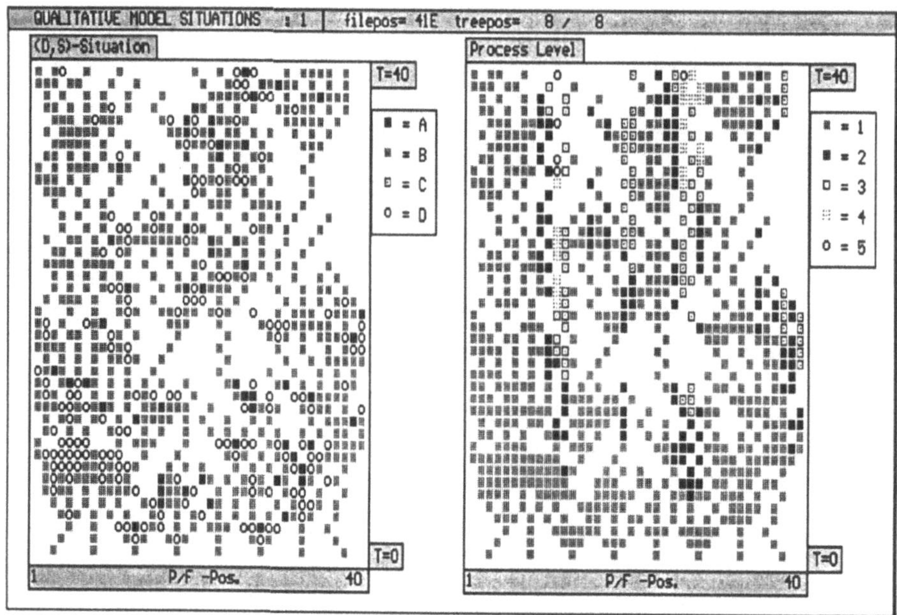

Abb. 26.2   Qualitative Situationen I der Marktentwicklung

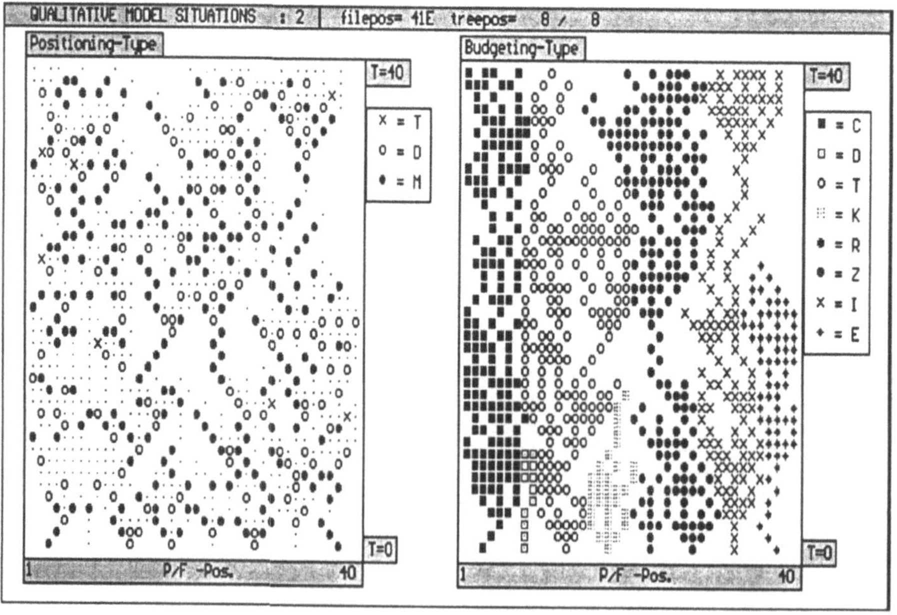

Abb. 26.3   Qualitative Situationen II der Marktentwicklung

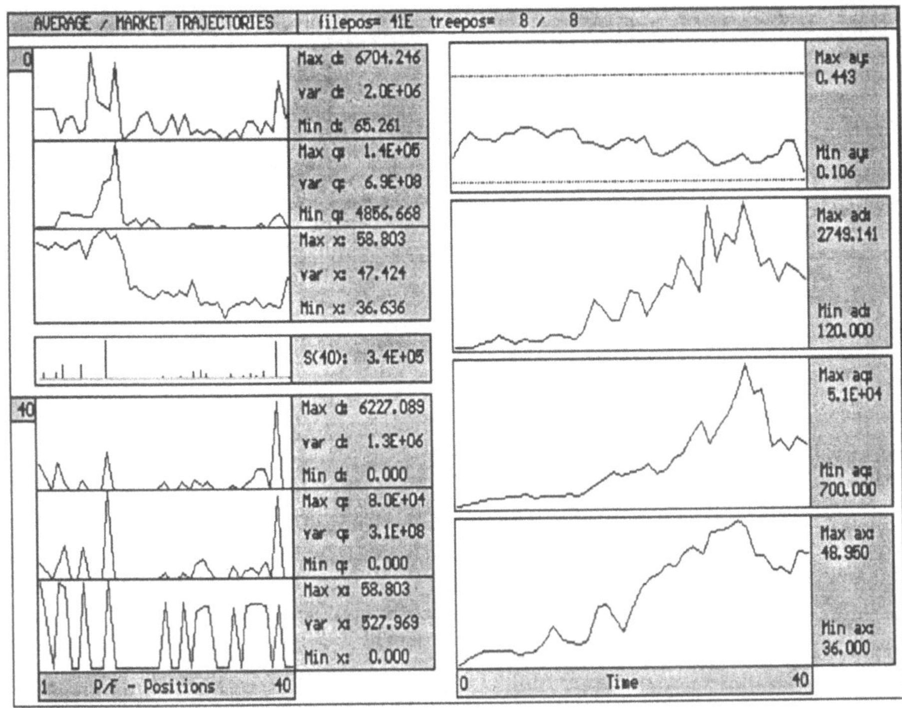

Abb. 26.4   Aggregierte Marktentwicklung

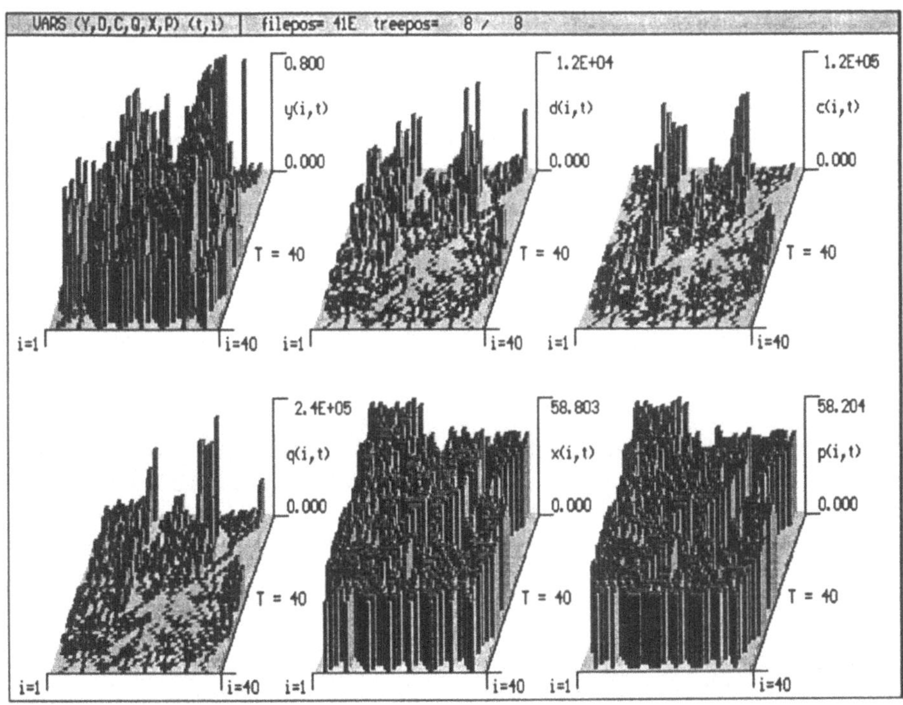

Abb. 26.5   Raum–zeitliche Marktentwicklung

Im Einflußbereich der F&E–Politiken C und T entsteht eine Häufung ökonomisch erfolgreicher Unternehmungen, deren (Produkt–) Positionen mit der Hochpreisregion übereinstimmen. Die Unternehmungen der Politik I übernehmen Produktionstechniken der (vom Markt eliminierten) Politik $\mathcal{E}$ und führen damit einige Produkte zu ökonomischen Erfolgen.

21.4 Zusammenfassung der durchschnittlichen Zeitverläufe und aggregierte Marktkennzahlen

Im folgenden werden die durchschnittlichen Zeitverläufe und die aggregierten Marktkennzahlen der Läufe mit strategieverpflichteten Unternehmungen vergleichend gegenübergestellt. Die Darstellungsform der aggregierten Ergebnisse ist mit der aus den Abschnitten 19 und 21.2 identisch. Die durchschnittlichen Zeitverläufe sind in Abbildung 27.1 für beiden Typen der Politik– und Marktinitialisierung, **Maximale Konkurrenz** und **Lokale Monopole**, angegeben. Die jeweiligen Umweltparameter "Exit.aq0" und "adelta" findet man in der 2–ten und 3–ten Zeile unter der Spaltennummerierung.

Strikte Austrittskriterien verringern die Anzahl der bis zum Endzeitpunkt überlebenden F&E–Politiken. Dafür erhöhen sie die ökonomischen Erfolge der überlebenden Unternehmungen. **Reduzierte Nachfrageträgheit** führt (erwartungsgemäß) zu komplexeren Konkurrenzabläufen. Sie entwickelt keine deutliche Tendenz der Politikverdrängung. Beide Umweltparameter wirken sich, in den gewählten vier Kombinationen, nicht signifikant auf die im Endzeitpunkt erreichten technischen Niveaus aus.

Die Markt– und Politikinitialisierung **Lokale Monopole** führt zu (relativ) später Übernahme neuer Produktionstechniken. Nimmt man die vier Umweltsituationen als gleich wahrscheinlich an, bestehen für **einzelne** Politiken größere Überlebenserwartungen als beim Start unter *maximaler Konkurrenz.*

Die durchschnittlichen F&E–Anteile steigen anfangs für die Läufe aller Parameterkonstellationen an und nehmen danach in der Tendenz wieder ab. Eine Ausnahme bildet der 5–te Lauf. Hier wird der Markt von der **reputationsorientierten** Politik (T) dominiert. Anhaltende Preiskonkurrenz entsteht nur bei **nachsichtigen Austrittskriterien** und unter der Politik– und Marktinitialisierung **Maximale Konkurrenz.**

Im Wettbewerb der F&E–Politiken ist die **zyklische** F&E–Budgetierung ökonomisch am erfolgreichsten. Die Ergebnisse in Abbildung 27.2 (oben) geben Variablenverläufe für die durchschnittliche Unternehmung ohne Bezug zum Beitrag der jeweiligen Politiken an. Daher ist zu beachten, daß die ökonomisch ebenfalls erfolgreiche Politik **Minimierung zukünftiger Nachfragevariation** I ihren Einflußbereich im Produktraum wesentlich erfolgreicher ausdehnt. Die **reputationsorientierte** Politik erreicht die größten technologischen Erfolge, gefolgt von der ökonomisch unbedeutenden **zufälligen** Politik.

Einer Einzelunternhmung kann eine F&E–Politik bei Politikkonkurrenz nur bei Kenntnis der Umweltsituation und der Ausgangsituation des Marktes empfohlen werden.

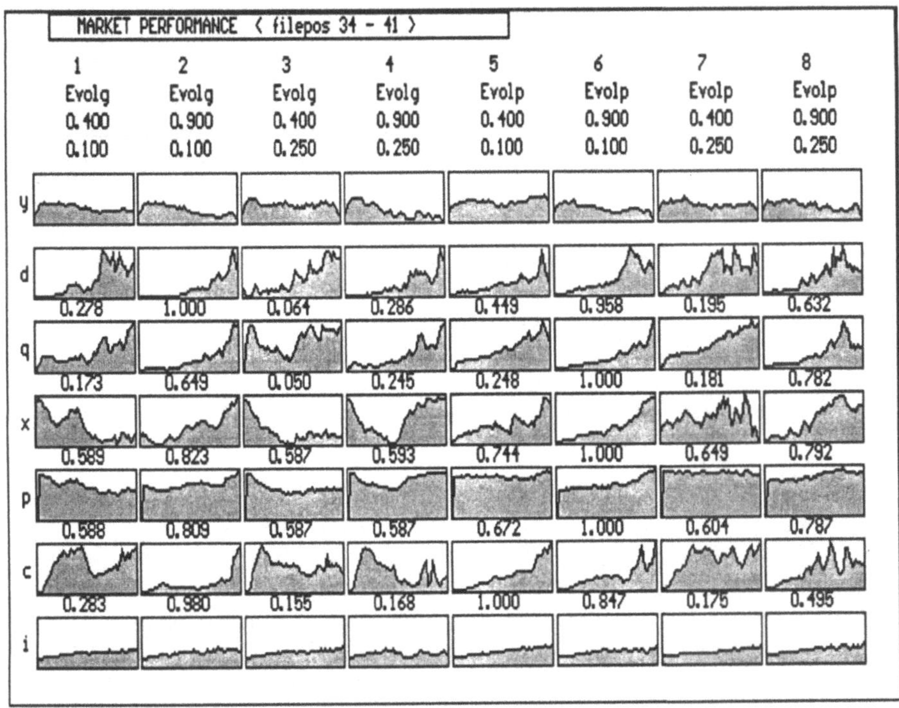

Abb. 27.1   Vergleich der durchschnittlichen Zeitverläufe

LUMPED RESULTS IN T= 40 :   AVERAGES OVER   8 RUNS

	Con (C)	Def (D)	Tec (T)	Const (K)	Rndm (R)	Cycl (Z)	Ibr (I)	EsDT (E)
Total budget	2.2E+04	-169.968	2.5E+04	3214.873	8092.149	2.6E+04	2.6E+04	2.6E+04
Total demand	1557.578	68.872	949.855	331.164	608.934	2026.706	1276.090	1320.846
Max Price	60.628	12.838	63.495	63.193	46.453	55.787	62.645	60.869
Min Price	24.514	9.478	10.731	10.731	27.709	14.787	15.605	16.690
Price blocks	19	5	20	12	4	18	29	8
R&D- expenditure [0,.. 40]	3338.433	452.538	4.6E+04	6278.204	6197.934	4.2E+04	3267.468	1.7E+04
Effective technical level	0.242	0.220	0.578	0.392	0.567	0.553	0.278	0.347
Active positions in t=0	24	24	24	24	24	24	24	24
Active positions in t= 40	30	10	32	18	4	30	44	13
Average survivor age	2.513	2.900	2.638	4.628	2.333	2.507	3.073	2.133

POLICY RANKING OVER THE ABOVE CRITERIA

	1	2	3	4	5	6	7	8
Total budget	Z	E	I	T	C	R	K	D
Total demand	Z	C	E	I	T	R	K	D
Max Price	T	K	I	E	C	Z	R	D
Min Price	R	C	E	I	Z	T	K	D
Price blocks	I	T	C	Z	K	E	D	R
R&D- expenditure [0,.. 40]	T	Z	E	K	R	C	I	D
Effective technical level	T	R	Z	K	E	I	C	D
Active positions in t= 40	I	T	Z	C	K	E	D	R
Average survivor age	K	I	D	T	C	Z	R	E

Abb. 27.2   Kennzahlen und Rangfolgen der F&E-Politiken

In den Abschnitten 21.3.1 bis 21.3.8 findet man die hierzu spezifischen Aussagen. Wir halten fest, daß **keine** Politik unter allen acht Parameterkombinationen überlebt. Die Politiken **risikoavers** C und **Minimierung zukünftiger Nachfragevariation** I werden für die Parameterkombinationen der laufenden Nummern 2, 3, 4 sowie 6, 7 und 8 (Abbildung 27.1) nicht vom Markt verdrängt. Die Verminderung des Risikos langfristiger Marktentwicklungen wird daher durch myopischrisikoaverse F&E–Budgetierung auch tatsächlich erreicht (beide Politiken sind risikoaverse Varianten der F&E–Budgetierung). Die **reputationsorientierte** Politik T ist unter der Startkonfiguration **lokale Monopole** in allen vier Umweltsituationen ökonomisch und technologisch erfolgreich.

22 Die aggregierten Marktresultate

In unseren Märkten mit unvollständigem Wettbewerb und innovierenden Unternehmungen führt die Wahl einer F&E–Budgetierungspolitik auf (verschieden ausgeprägte) Diskrepanzen zwischen **ökonomischem Erfolg** (Wachstum von Budget und Nachfrage pro Produktposition), **technologischem Erfolg** (Entdeckung / Verwendung neuer Produktionsverfahren) und **evolutionärem Erfolg** (Durchschnittlicher Überlebenserfolg, Erweiterung des Einflußbereichs im Produktraum). Diese Diskrepanzen kann man in der Realität vielfach beobachten. Sie haben in der Managementliteratur eine kaum noch übersehbare Vielfalt von Diskussionen ausgelöst. In der Praxis sind diese Diskrepanzen Anstoß für unterschiedlichste strategische Unternehmensallianzen (die häufig nicht zum erwarteten Erfolg führen, siehe etwa Lei [Le89]).

Aus Sicht der Einzelunternehmung ergibt sich für die Verwendung der Politiken (im Durchschnitt über **alle** simulierten Märkte[38]) folgendes Risiko:

- Stark konkurrenzerhaltend sind die Politiken T, C, I und K.

- Riskant sind die Politiken D, E und R.

- Äußerst riskant ist die Politik Z.

Wir klassifizieren den Erfolg von F&E– Budgetierungspolitiken weiter nach der Häufigkeit mit der sie in einer Rangordnung an bestimmten Stellen auftreten. Dabei werden die Läufe gezählt in denen jede der Politiken an erster, zweiter etc. Stelle bezüglich der Erfolgsbewertungen (ökonomisch, technologisch, evolutionär) aus Abschnitt 13 auftritt.

Auf dem ersten bis dritten Platz der Rangordnung zeigt sich ein deutlicher Vorteil der konkurrenzabhängigen F&E– Politiken **Risikoavers (C)** und **Reputationsorientiert (T)**:

---

[38]Insgesamt wurden 72 Läufe durchgeführt, siehe auch Abschnitt 21. Davon wurden 32 Läufe mit einer F&E–Politik pro Markt und mit Marktaustritten unter je vier Unweltsituationen durchgeführt. Die nächsten 32 Läufe waren bis auf Marktein– und –austritt mit den vorherigen Läufen identisch. In weiteren 8 Läufen (siehe Abschnitt 21.3) wurden auf den Märkten Politikverdrängung zugelassen.

Platz	Rangfolge	Verhältnis
$1-3$	$\mathcal{TCEZKIRD}$	$15:14:10:6:5:4:4:2$
$1-2$	$\mathcal{CTKEIZRD}$	$14:10:5:3:3:2:2:1$
1	$\mathcal{CTKIZ}$	$6:6:4:2:2$

Die Tabelle zeigt die Belegungen der drei ersten Plätze bezüglich aller Erfolgsbewertungen. Die weitere Aufschlüsselung nach den drei Erfolgsbewertungen (d.h. ökonomisch, technologisch, evolutionär) ergibt:

- Die F&E–Politiken $\mathcal{C}$ und $\mathcal{T}$ sind in den drei Erfolgsbewertungen ausgeglichen, wobei die Politik $\mathcal{T}$ auf höhere technologische Erfolge führt.

- Die auf dem ersten Erfolgsplatz noch auftretenden Politiken $\mathcal{K}$, $\mathcal{I}$ und $\mathcal{Z}$ sind in ihren Erfolgen nicht ausgewogen.

    - Die Politiken $\mathcal{K}$ und $\mathcal{I}$ haben jeweils nur größere technologische und evolutionäre Erfolge.
    - Die Politik $\mathcal{Z}$ hat einseitige ökonomische Erfolge.

Danach ist es für die Unternehmung lohnend, eine wettbewerbsorientierte, *ausgewogene* oder eine *vorsichtig technologieorientierte* F&E–Politik zu verwenden. Aggressiv wettbewerbsorientierte, auf Marktverdrängung zielende Politiken haben (unter den hier modellierten Bedingungen) nur eine geringe Erfolgserwartung. Stark adaptive Politiken wie $\mathcal{I}$ und $\mathcal{E}$ sind in den bisher getesteten Varianten — wie auch die wettbewerbsunabhängigen Referenzpolitiken $\mathcal{K}, \mathcal{R}, \mathcal{Z}$ — nur bedingt erfolgreich.

Bei (temporär) übermäßiger Technologieorientierung in einer Konkurrenzumgebung findet man oft *zu frühe* Einführung neuer Produktionstechniken. Die dann entstehenden, eingeschränkten Reaktionsmöglichkeiten der Unternehmung führten (oft zwangsweise) zur Vernachläßigung der ökonomisch–finanziellen Akkumulation. Obwohl die Einführung neuer Produktionstechniken von einem "neutralen Beobachter" als Fortschritt wahrgenommen wird, kann eine Diskrepanz zwischen Produktionsmöglichkeiten und Attraktivität des nachfragebestimmenden Produktes auftreten, die dann zu Reputationsverlusten, zu vorzeitigem Preisverfall in der Konkurrenzumgebung und eventuell zur unbedingten Existenzaufgabe der *ökonomisch schwachen* Unternehmungen führt.

Diese Modelleigenschaft erinnert an die, in der Literatur diskutierten, Vorteile "gradueller" technischer Verbesserungen (siehe Fine und Porteus [FiPo89]) im Produktionsbereich. Unser Modell zeigt, daß Vorteile gradueller technischer Veränderungen eher für frühe Akkumulationsstufen der Unternehmung und für Unternehmungen mit aggressiven Konkurrenten (die technologische Erfolge anderer Unternehmungen *nichtkooperativ* ausnutzen) von Vorteil wären.

Staatliche Förderungs– und Subventionspolitik kann bei den hier modellierten
Märkten mit "globalen" Maßnahmen kaum Erfolg haben. Innovationspolitik müßte
in solchen Märkten auf Informationen über das Risikoprofil der F&E–Politiken der
Unternehmungen gegründet werden. Weiter ist die Abschätzung der Akkumula-
tionsstufe des Marktes und besonders der "stark innovativen" Unternehmungen
notwendig. So können z.B. (drohende) Marktaustritte technologisch erfolgreicher
Unternehmungen verhindert werden. Einer solchen Maßnahme muß man aber auch
mit Mißtrauen begegnen, da durch Übervorteilung technologisch orientierter Unternehmungen, risikoaverse Unternehmungen, die (ohne Eingriffe) bezüglich sich
ändernder Umweltbedingungen evolutionär stabiler sind, zur Änderung ihrer F&E–
Politik veranlaßt werden könnten.

23 Zusammenfassung der verwendeten Modellstrukturen

Im ersten Teil der Arbeit diskutieren wir klassische und nichtklassische Konkurrenzprozesse aus der Literatur. Die vertretenen Sichtweisen stammen aus der Theorie
der Unternehmung (aus den Forschungsbereichen der *dynamischen Theorie der Unternehmung* und *Industrial Organization*) sowie aus der mikroökonomischen Theorie. Der Schwerpunkt des ersten Teils der Arbeit liegt auf, vorwiegend aus spieltheoretischer Sicht behandelten, dynamischen Prozessen technologischer Konkurrenz.
Selbst das vorwiegende Interesse an technologischer Konkurrenz erfordert nach Meinung des gegenwärtigen Autors, die Berücksichtigung der (inhaltlich sowie formal)
eng verwandten Randgebiete der Preis–, Reputations– und Produktqualitätsmo-
delle. Marktein– und –austrittsmechanismen und Produktdifferenzierung sind auch
wichtige Bestandteile technologischer Konkurrenz. Die verschiedenen Ansätze aus
der Literatur werden nach thematischen Gesichtspunkten diskutiert. Der erste Teil
endet mit einem Bewertungskatalog für Modelle technologischer Konkurrenz und
bereitet die Modellbildung aus Teil II, durch eine Gewichtung der vorgefundenen
Realitätsauschnitte ("model frames"), und der verwendeten Einflußgrößen und Prozesse, vor.

Der zweite Teil der Arbeit ist ein Beitrag zur Modellierung der Wechselwirkung
von *Innovation und Wettbewerb*. Dafür wird ein Konkurrenzmodell für technologischen Wettbewerb auf Märkten mit strukturierten Konkurrenzformen definiert,
entwickelt und validiert. Es wird ein Ansatz eingeführt, der die F&E–Ausgaben
der Unternehmung, als Generator für Produktperfektionen und (komplementär) für
Prozeßinnovationen, als bestimmende Größe im Konkurrenzprozeß annimmt. Dieser Ansatz ist (technisch) ohne funktionale Modifikation auf beliebig große Märkte
sowie beliebige territoriale Konkurrenzstrukturen verallgemeinbar.

Die Modellhypothese territorialer, stark lokalisierter und damit unvollkommener
Konkurrenz, beschreibt Märkte mit großem Innovationspotential besser als klassische n–Personen Konkurrenz. Sie ermöglicht auch die *natürliche* Einführung (und
Implementation) von, die Maktstruktur verändernder Unternehmensaktivitäten,
wie Diversifikation im Produktraum, Produkt(re)positionierung und Kapitaltrans-

fer. Die direkte und simultane Modellierung dieser Unternehmensaktivitäten in dynamischen Innovationsmodellen ist meines Wissens in der Literatur bisher umgangen worden.

Um unser Modell zu definieren, ist eine *unübliche* Auswahl vom Marktelementen und ihre Kopplung an eine einfache interne Repräsentation der Unternehmung notwendig. Die wichtigsten neuen Modellierungselemente, die in der Arbeit explorativ eingesetzt werden, sind:

- Modellhypothesen über *unvollkommene Konkurrenzstrukturen.*

- Erweiterung des Konzeptes der paarweisen Kontakte bei strategischen Entscheidungssituationen auf "Konkurrenzumgebungen".

- Einführung *qualitativer Unternehmensituationen* zur Repräsentation kurzfristiger, konkurrenzabhängiger Nachfrage–Produktionsmöglichkeiten der Unternehmung.

- Raum–zeitlich myopische Politiken der F&E–Budgetierung in einem Konkurrenzprozeß mit Produkt– und Prozeßinnovation.

- Aktivitätsverlagerungen der Unternehmung im Produktraum.

- Informale Zielsysteme der Modellakteure.

Die acht *heuristischen* F&E–Budgetierungsregeln werden als Feedbackfunktionen in einem Simulationsmodell validiert. Die F&E–Regeln geben die ökonomische und technologische Risikoeinstellung verschiedener Unternehmenstypen wieder. Die Plausibilität der Implementation einzelner F&E–Politiken ist unterschiedlich und gibt die Häufigkeit von durch sie beschriebenen Unternehmenstypen wieder.

23.1 Grenzen der Modells

Die nichtpragmatischen Grenzen unseres Marktmodells sind schon durch die Wahl des Modellrahmens gegeben. Die Einzelunternehmung wird (intern) durch ein stark idealisiertes Zustandsmodell abgebildet. Weiter ist in verschiedenen Modellkomponenten die in der Realität oft bedeutende stochastische Unsicherheit ausgeblendet worden. Insbesondere ist die (relativ komplexe) Konkurrenzstruktur des Modells und auch dessen Ergebnisstruktur mit den feineren, aber starren spieltheoretischen Modellen aus der Literatur nicht direkt vergleichbar.

23.2 Erweiterungsmöglichkeiten des Modells

Das entwickelte Konkurrenzmodell erlaubt Erweiterungen und zusätzlichen Analysen, die meist ohne Änderung des inhaltlichen Konzepts und des technischen Modellrahmens durchführbar sind.

Eine wichtige Erweiterung der Analyse sind *inverse Problemstellungen.* Damit können Übergänge zwischen gegebenen und "angestrebten" Marktkonfigurationen untersucht werden. Insbesondere wird man sich für die "Erreichbarkeit" von speziellen Marktkonfigurationen unter Beibehaltung myopischer F&E–Politiken der Unternehmungen interessieren. Dafür sind effiziente Suchverfahren notwendig, die die "raum–zeitliche" Verwendung der F&E–Politiken neu kombinieren. Hier kann als (weiche) Nebenbedingung auch eine *durchschnittliche* Marktentwicklung vorgegeben werden, die für eine externe Bewertung des Marktes (etwa für die Attraktion von Finanzkapital) oft von Vorteil ist. Probleme der Erreichbarkeit treten im Unternehmensmanagement und in der Planung und Bewertung von Industriepolitiken auf.

Um den "praktischen" Wert des Modells zu erhöhen, können seine Komponenten noch in andere Richtungen erweitert werden. So können Erfahrungseffekte aus vergangener Produktion berücksichtigt werden. Die Effektivität der Produktion einer Unternehmung ist dann (auch) eine Funktion vergangener Produktion der Unternehmung. Dadurch kann "revolutionärer" und "evolutionärer" technischer Fortschritt stattfinden.

Verallgemeinerte Konkurrenzformen (Informations– und Wirkungskanäle) der Unternehmungen können sich an die Marktmacht einer Unternehmung anpassen. Hier fallen dann die Informations– , Abhängigkeits– und Wirkungsradien der Unternehmungen i.A. auseinander. Diese drei Bereiche direkter Konkurrenzeinflüsse stimmen dann auch für dieselbe Unternehmung nicht mehr überein. Daher muß man "gerichtete" Konkurrenzeinflüsse zulassen.

Produkt– und Prozeßräume können auf einem mehrdimensionalen Gebiet definiert werden. Dadurch kann man den "räumlichen" Definitionsbereich des Konkurrenzprozesses mit konkreten technologischen Parametern und (meßbaren) Eigenschaften der Marktprodukte identifizieren. Hier entstehen bezüglich der (lokalen) Konkurrenzformen i.A. größere Klassifikationsprobleme (siehe auch Abschnitt **??**).

Unsere raum–zeitlich myopischen F&E–Budgetierungspolitiken sind plausible Modelle der meist "informal-qualitativen" Vorgehensweise des praktischen Managements. Durch ihre Parametrisierung eignen sie sich gut zur Bildung von "fuzzy-set"–Varianten. Unscharfe Entscheidungsverfahren können auf die Vielzahl (myopischer) technologischer Konkurrenzsituationen "empirisch gehaltvolle" Reaktionen angeben. Ein solches Vorgehen scheint geboten, da man der Bedeutung vieler Konkurrenzsituationen, durch Klassifikationen aufgrund sich gegenseitig ausschließender Merkmale, nicht gerecht werden kann (siehe auch die Bemerkungen aus Abschnitt 18.6).

Schließlich kann man durch asynchrone Marktdynamik Kapitaltransfers, (kompetitive) Diversifikation und Positionierung von Produkten, ohne (explizite) Kontrollmechanismen und daher *realistischer* modellieren. "Schnell ablaufende" Entscheidungsprozesse und Transaktionen werden dann im Modell auf natürliche Weise in kompetitive Vorteile der Unternehmung umgesetzt.

...

24 ANHANG

24.1 Aktivitätsverlagerungen und eine F&E–Politik pro Markt

Die Resultate der Simulationsläufe mit Aktivitätsverlagerungen werden in der gleichen Reihenfolge der F&E–Budgetierungspolitiken wie in den Abschnitten 17 und 18 angegeben. Die begleitende Diskussion konzentriert sich auf Unterschiede der Läufe zu ihrer jeweiligen Variante ohne Aktivitätsverlagerung. Den Vergleich der aggregierten Marktkennzahlen und der durchschnittlichen Entwicklung dieser Märkte findet man im Abschnitt 21.2.

24.1.1 Konstante F&E–Anteilsbudgetierung

Der Markt mit konstanten F&E–Anteilen $\mathcal{K}$ ergibt erwartungsgemäß höhere Nachfrage– und Budgetniveaus als der Vergleichslauf ohne Aktivitätsverlagerung. Im Endzeitpunkt ist die *Preisschere* ebenfalls größer, wobei der Maximalpreis erheblich über dem des Vergleichlaufes liegt. Trotz einer viel höheren Zahl von bedingten und unbedingten Marktaustritten bleibt die Anzahl der Preisblöcke gleich (jeweils 14). Die F&E–Politik wirkt (bei diesen Umweltbedingungen) konkurrenzerhaltend. Die durchschnittliche Überlebensdauer der Unternehmungen ist jedoch sehr gering.

Das erreichte technische Niveau liegt erheblich über demjenigen ohne Aktivitätsverlagerung. In den ersten Perioden sind Aktivitätsverlagerungen häufiger im Gebiet starker Schwankung der Anfangsnachfrage ("rechts" im Produktraum) anzutreffen. Der Schwerpunkt verschiebt sich im Zeitablauf in entgegengesetzte Richtung.

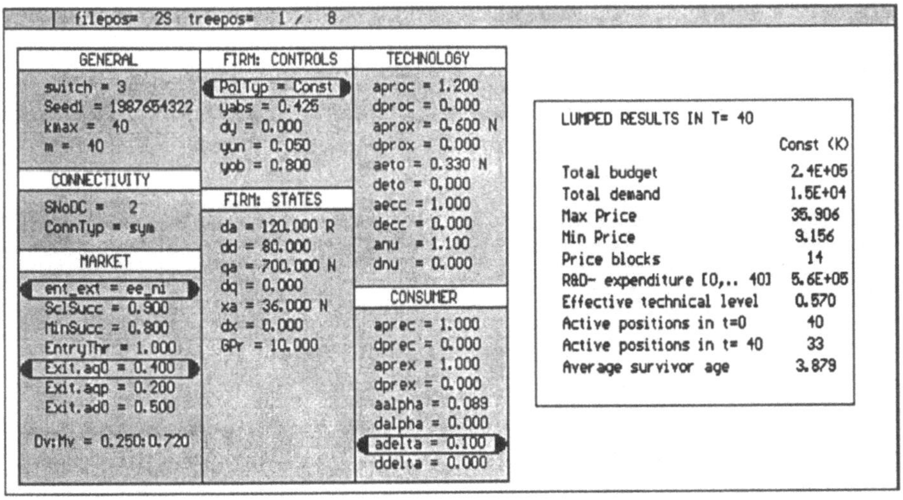

```
 filepos= 2S  treepos=  1 / 8

   GENERAL            FIRM: CONTROLS        TECHNOLOGY

 switch = 3         ( PolTyp = Const )    aproc = 1.200
 Seed1 = 1987654322   yabs = 0.425        dproc = 0.000
 kmax =   40          dy = 0.000          aprox = 0.600 N
 m =   40             yun = 0.050         dprox = 0.000
                      yob = 0.800         aeto = 0.330 N
   CONNECTIVITY                           deto = 0.000
                       FIRM: STATES       aecc = 1.000
 SNoDC =   2                              decc = 0.000
 ConnTyp = sym        da = 120.000 R      anu  = 1.100
                      dd = 80.000         dnu  = 0.000
   MARKET             qa = 700.000 N
                      dq = 0.000            CONSUMER
( ent_ext = ee_ni )   xa = 36.000 N
 SclSucc = 0.900      dx = 0.000          aprec = 1.000
 MinSucc = 0.800      GPr = 10.000        dprec = 0.000
 EntryThr = 1.000                         aprex = 1.000
( Exit.aq0 = 0.400 )                      dprex = 0.000
 Exit.aqp = 0.200                         aalpha = 0.089
 Exit.ad0 = 0.500                         dalpha = 0.000
                                        ( adelta = 0.100 )
 Dv:Mv = 0.250:0.720                       ddelta = 0.000


                LUMPED RESULTS IN T= 40

                                          Const (K)
                Total budget              2.4E+05
                Total demand              1.5E+04
                Max Price                 35.906
                Min Price                 9.156
                Price blocks              14
                R&D- expenditure [0,.. 40]  5.6E+05
                Effective technical level 0.570
                Active positions in t=0   40
                Active positions in t= 40 33
                Average survivor age      3.879
```

Abb. 28.1   Initialisierung und aggregierte Marktresultate in $T = 40$ – Politik $\mathcal{K}$

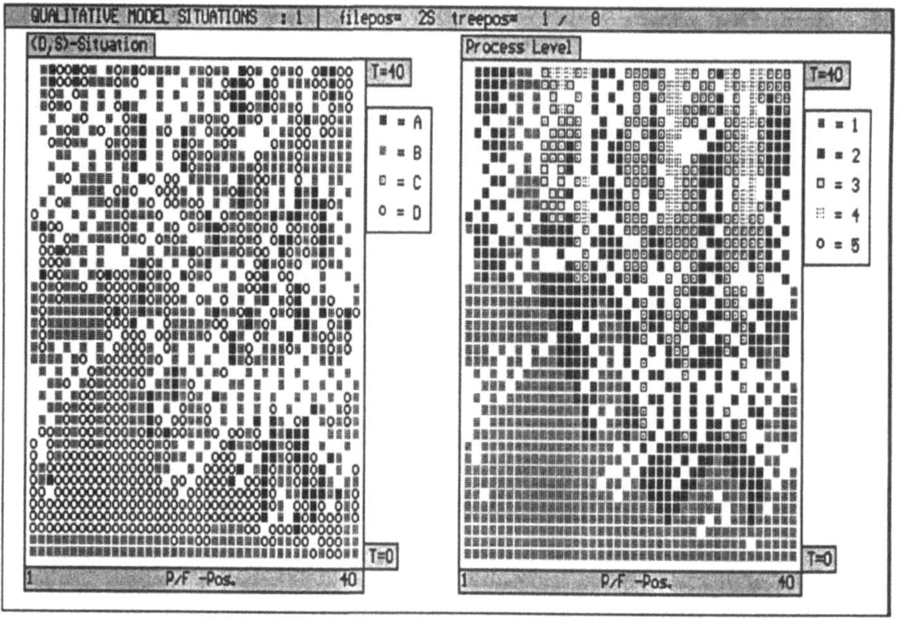

Abb. 28.2   Qualitative Situationen I der Marktentwicklung – Politik $\mathcal{K}$

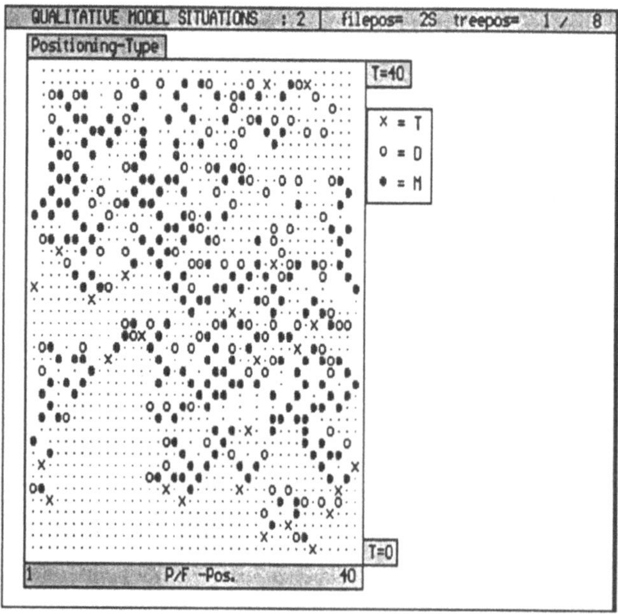

Abb. 28.3   Qualitative Situationen II der Marktentwicklung – Politik $\mathcal{K}$

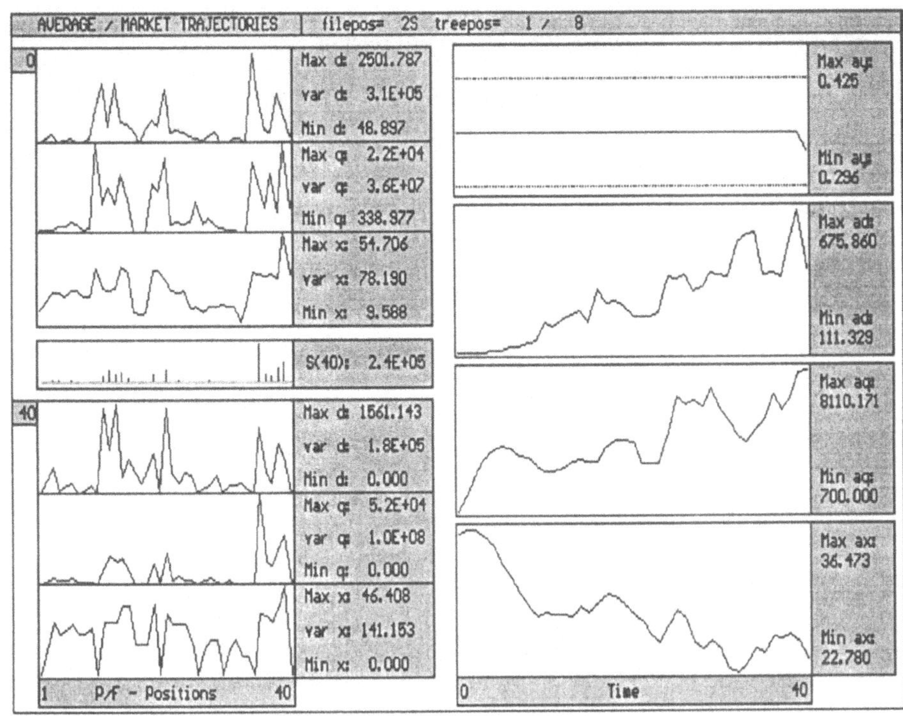

Abb. 28.4   Aggregierte Marktentwicklung – Politik $\mathcal{K}$

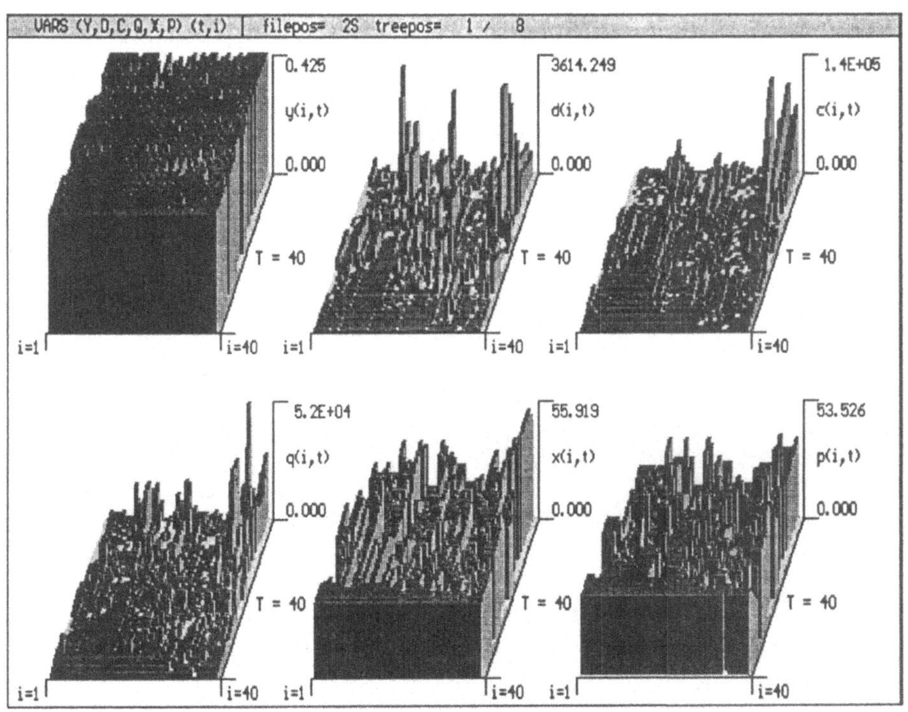

Abb. 28.5   Raum–zeitliche Marktentwicklung – Politik $\mathcal{K}$

Die Entwicklung der (d, s)-Konfiguration zeigt wenige stabile Regionen potentiellen **Nachfrage– Produktionsgleichgewichts** D und verstärktes Auftreten potentieller **Überproduktion** A. Die Entwicklung geht auf, durch Aktivitätsverlagerungen hervorgerufene, stark geänderte raum– zeitliche Muster der Übernahme neuer produktionstechniken zurück.

Im Gegensatz zum Vergleichslauf finden im vorliegenden Fall (bis auf 3 benachbarte Produktpositionen) in allen Unternehmungen neue technische Verfahren Einzug. In einigen Konkurrenzumgebungen koexistieren verschiedene technische Niveaus über 30 Perioden.

Die durchschnittlichen Marktverläufe ergeben für Nachfrage und Budget Wachtum mit erratischen Störungen, die Reputation behält jedoch deutlich die fallende Tendenz des Vergleichslaufes. Die raum–zeitliche Entwicklung der Nachfrage und des Budgets zeigen ansatzweise Clusterbildung von ökonomisch besonders erfolgreichen Unternehmungen.

24.1.2 Zufällige F&E–Anteilsbudgetierung

Die aggregierten Marktresultate der zufälligen F&E–Anteilspolitik sind hier weniger erfolgreich als im Vergleichslauf ohne Aktivitätsverlagerung. In den Eingängen Maximalpreis, Nachfrage und technisches Niveau schneidet der Vergleichslauf erheblich besser ab. Erwartungsgemäß ist diese Politik im vorliegenden Lauf auch wenig konkurrenzerhaltend.

Die Entwicklung der (d, s)-Situationen ergibt eine Zunahme der Extremsituationen **potentielle Überproduktion** A und **potentielle Übernachfrage** B. Auch hier hat die Hinzunahme von Aktivitätsverlagerungen große Auswirkungen auf die Entwicklung der Übernahme neuer Produktionstechniken.

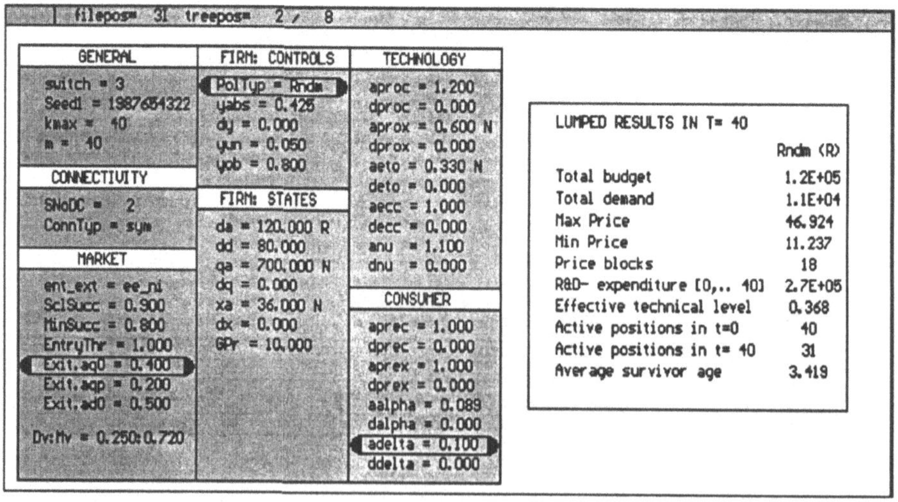

Abb. 29.1   Initialisierung und aggregierte Marktresultate in $T = 40$ – Politik $\mathcal{R}$

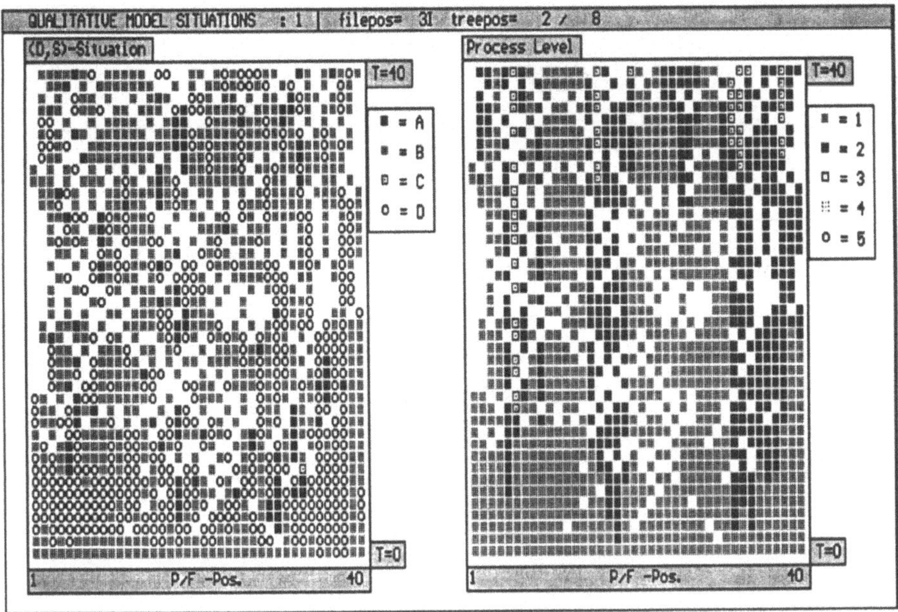

Abb. 29.2   Qualitative Situationen I der Marktentwicklung – Politik $\mathcal{R}$

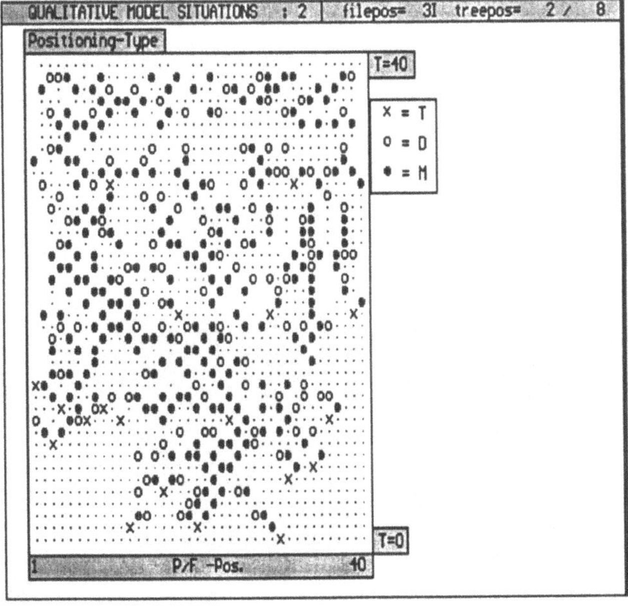

Abb. 29.3   Qualitative Situationen II der Marktentwicklung – Politik $\mathcal{R}$

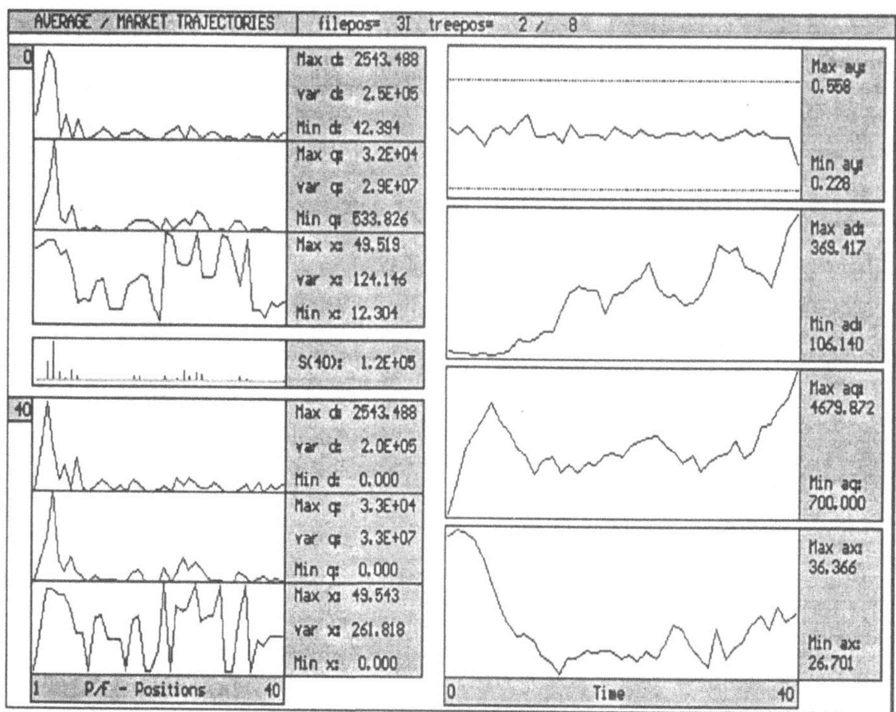

Abb. 29.4   Aggregierte Marktentwicklung – Politik $\mathcal{R}$

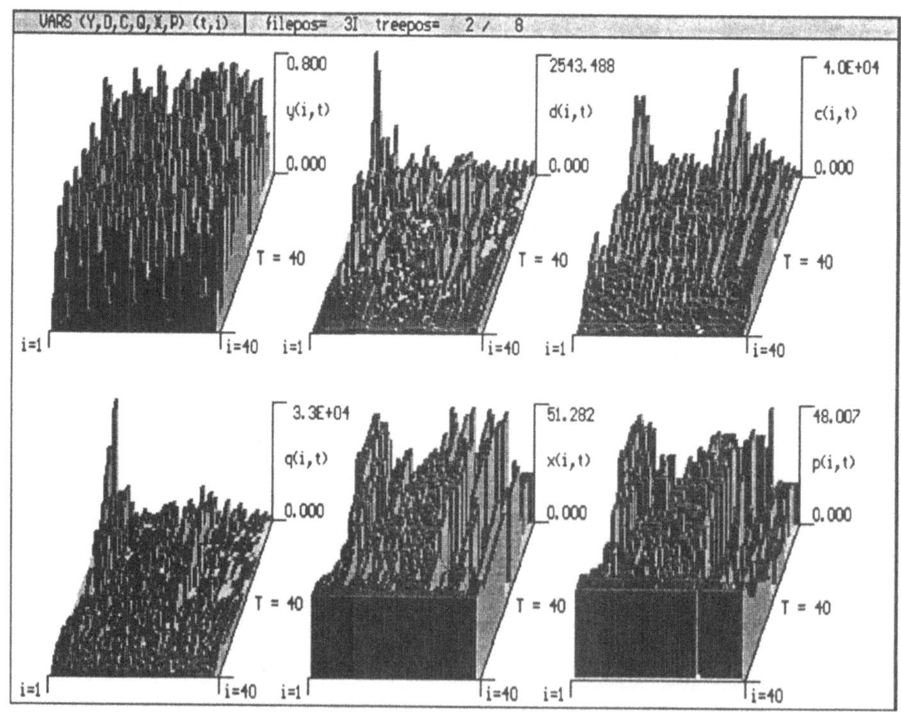

Abb. 29.5   Raum–zeitliche Marktentwicklung – Politik $\mathcal{R}$

So finden erste technische Übergänge (von Niveau 1 auf Niveau 2) relativ früh statt. Imitative Übernahmen sind zeitlich stark verzögert und treten für das nächsthöhere technische Niveau ($k = 3$) nur in einem Fall auf.

Die durchschnittlichen Marktverläufe ergeben bis auf (durch Aktivitätsverlagerungen hervorgerufene) Schwankungen in allen Variablen die gleichen Trends wie im Vergleichsfall. Die raum–zeitliche Entwicklung der Nachfragen und Budgets enthält in der Region geringer Streuung der Anfangsnachfrage ein "deutliches" Cluster ökonomisch sehr erfolgreicher Unternehmungen. Die entsprechende Entwicklung der kumulierten F&E–Ausgaben, der Reputationen und der Preise enthält zwei Cluster mit höherer Aktivität bzw. größeren Erfolgen.

24.1.3 Zyklische F&E–Anteilsbudgetierung

Die zyklischen F&E–Anteile führen mit Aktivitätsverlagerungen zu einer dramatischen Veränderung des Simulationsablaufes. Die aggregierten Marktkennzahlen fallen, mit Ausnahme des Budgets und des Minimalpreises, hier deutlich schlechter aus.

Ein wesentlicher Unterschied zum Vergleichslauf besteht auch hier im erreichten technischen Niveau, was durch die relativ hohe Anzahl der jetzt überlebenden Unternehmungen (28) zu erklären ist. Die im Vergleichslauf massiv einsetzenden *unbedingten* Marktaustritte werden hier vermieden. Keine der Phasenverschiebungen der F&E–Budgetierung (siehe Abschnitt 17.3) wird "deutlich" bevorzugt.

Teilbereiche des Marktes wechseln im Zeitablauf zwischen Phasen verstärkter und verminderter Aktivitätsverlagerung. Für die Entwicklung der (d, s)–Situation tritt (wie auch für **konstante** und **zufällige** F&E–Politik) eine Häufung der Extremsituationen **potentielle Übernachfrage** B und der Übergänge **potentielles Gleichgewicht** in **potentielle Überproduktion** ($D \to A$) ein.

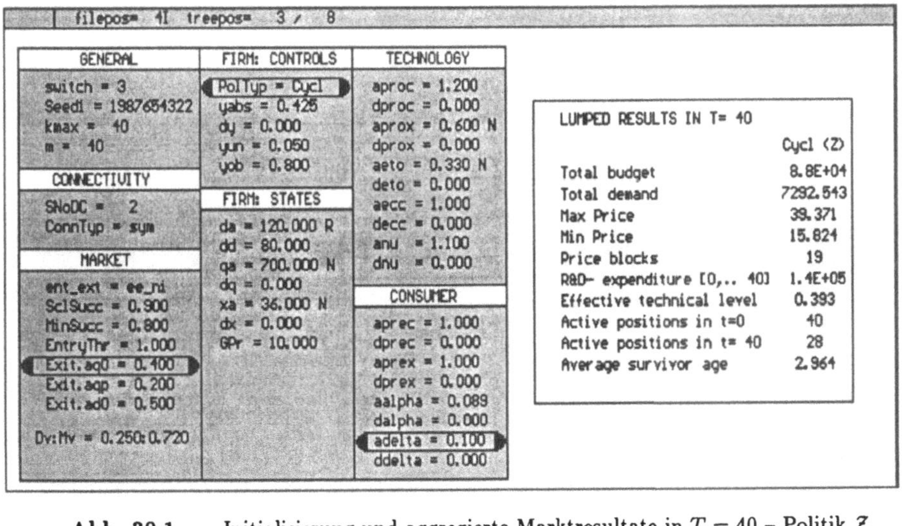

Abb. 30.1   Initialisierung und aggregierte Marktresultate in $T = 40$ – Politik $\mathcal{Z}$

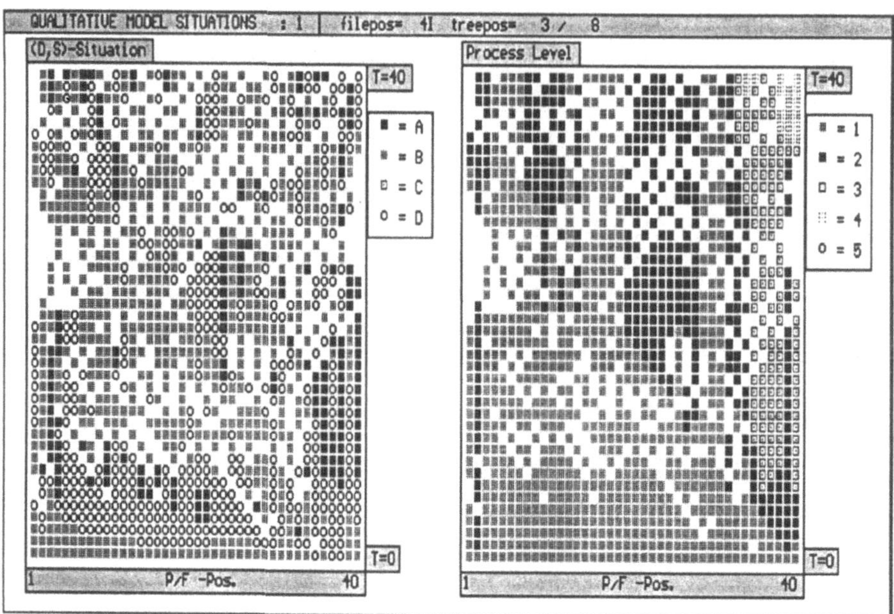

Abb. 30.2   Qualitative Situationen I der Marktentwicklung – Politik $\mathcal{Z}$

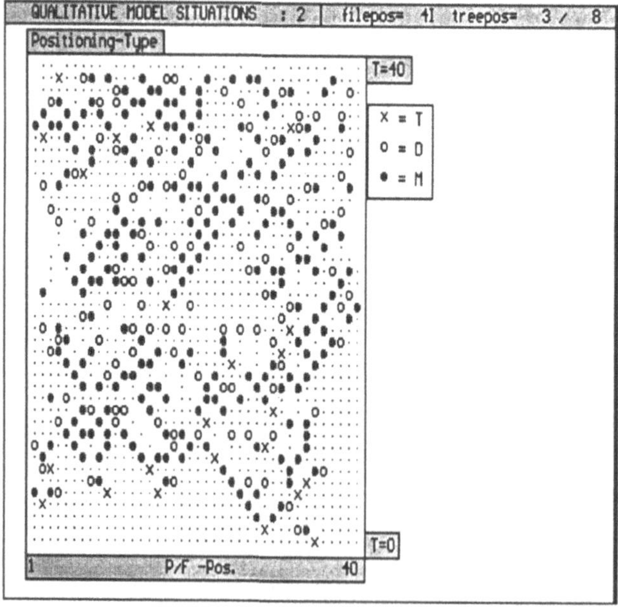

Abb. 30.3   Qualitative Situationen II der Marktentwicklung – Politik $\mathcal{Z}$

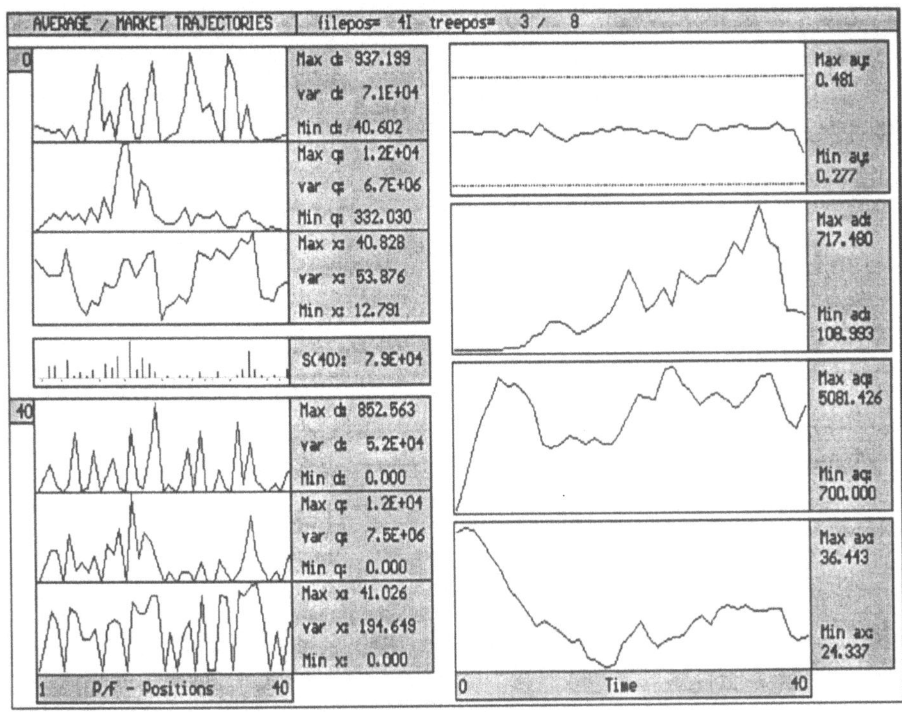

Abb. 30.4 Aggregierte Marktentwicklung – Politik $\mathcal{Z}$

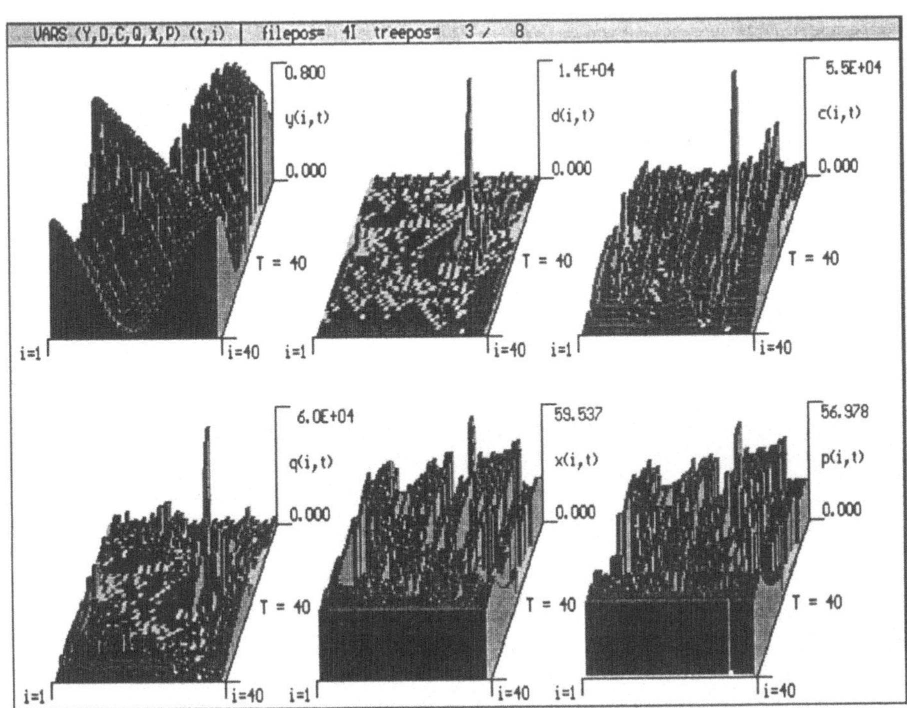

Abb. 30.5 Raum–zeitliche Marktentwicklung – Politik $\mathcal{Z}$

Aktivitätsverlagerungen haben auch bei dieser Politik ihre größte Auswirkung auf die Entwicklung der Übernahme neuer Produktionstechniken. Nach anfänglicher Übereinstimmung mit der Entwicklung im Vergleichslauf entsteht hier eine räumliche Differenzierung der Einflußbereiche der Innovationen. In der Region stark streuender Anfangsnachfragen entsteht ein *Block* von Unternehmungen auf hohen technischen Niveaus ($k = 3$ und $k = 4$).

Die durchschnittliche Entwicklung der Unternehmenszustände enthält keine Übereinstimmung mit dem Vergleichslauf. Die raum–zeitliche Entwicklung der Nachfragen und Budgets zeigt, daß Aktivitätsverlagerungen die ökonomischen Erfolge der Unternehmungen bei dieser Politik stark angleichen. Die Politik führt bei einigen Unternehmungen zu beschleunigter Budgetakkumulation (die etwa in der "Mitte" des Definitionsbereichs von $d(i,t)$, $c(i,t)$ und $q(i,t)$ sichtbare *Spitze* in Abbildung 30.5). Diese temporäre Kapitalanhäufung kann aber nicht in dauerhafte ökonomische Erfolge umgesetzt werden.

24.1.4 Risikoaverse F&E–Anteilsbudgetierung

Die wettbewerbsabhängige **risikoaverse** F&E–Budgetierung ist im Vergleich zum Lauf ohne Aktivitätsverlagerungen durchwegs erfolgreicher. So ergeben die **aggregierten** Marktkennzahlen im Endzeitpunkt höhere Budgets und einen höheren Maximalpreis bei höherem technischen Gesamtniveau. Durch Aktivitätsverlagerungen wird die Konkurrenz erwartungsgemäß reduziert (28 aktive Produktpositionen in T=40). Das durchschnittliche Alter der (im Endzeitpunkt) überlebenden Unternehmungen ist hier jedoch höher als bei konkurrenzunabhängigen Politiken.

Gemäß der Intention dieser Budgetierungspolitik sind die Phasen **potentieller Gleichgewichtssituation** D stabiler als bei den bisher betrachteten Politiken.

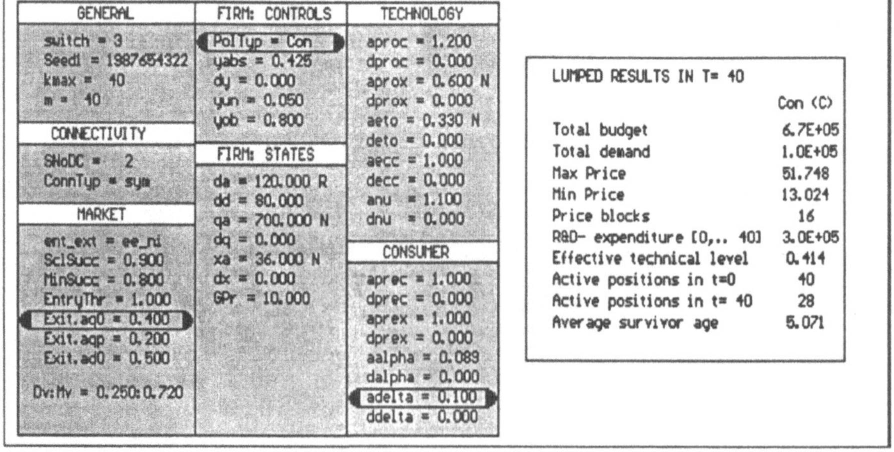

Abb. 31.1   Initialisierung und aggregierte Marktresultate in $T = 40$ – Politik C

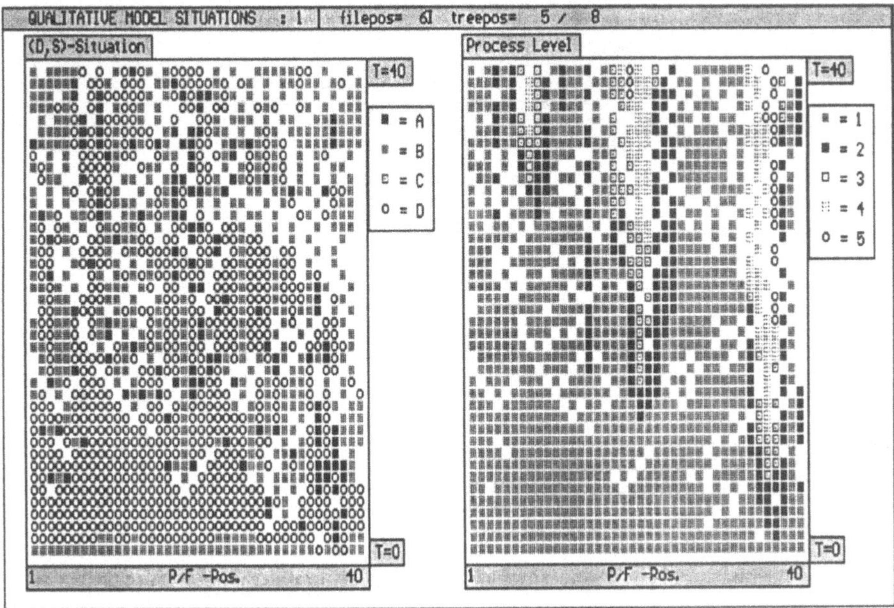

Abb. 31.2   Qualitative Situationen I der Marktentwicklung – Politik C

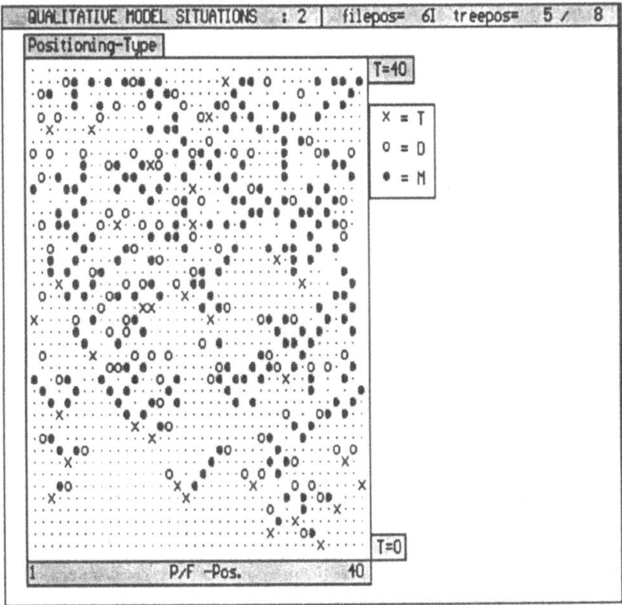

Abb. 31.3   Qualitative Situationen II der Marktentwicklung – Politik C

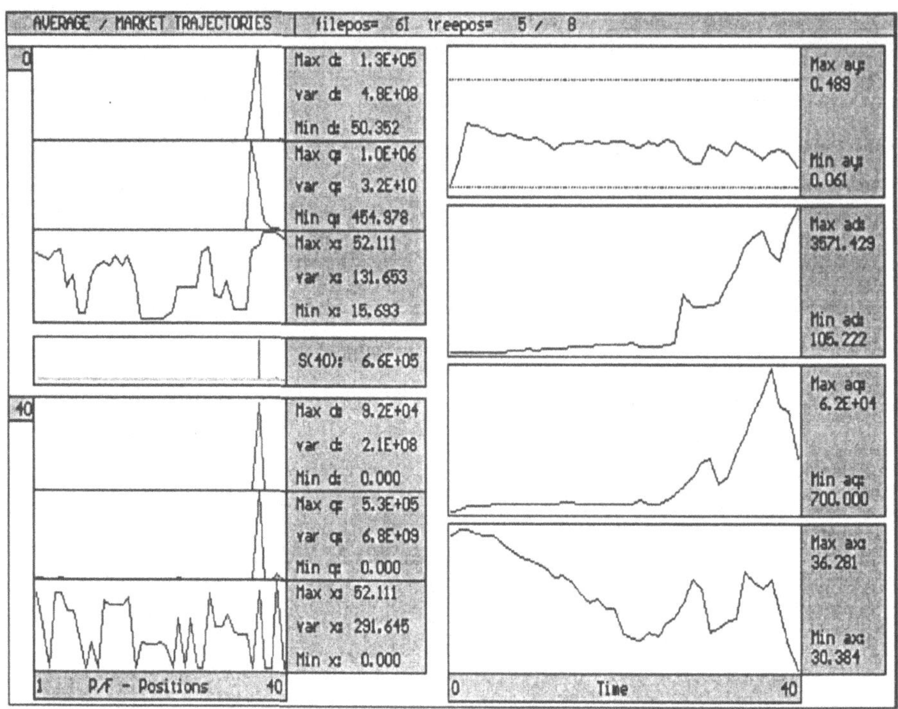

Abb. 31.4   Aggregierte Marktentwicklung – Politik $\mathcal{C}$

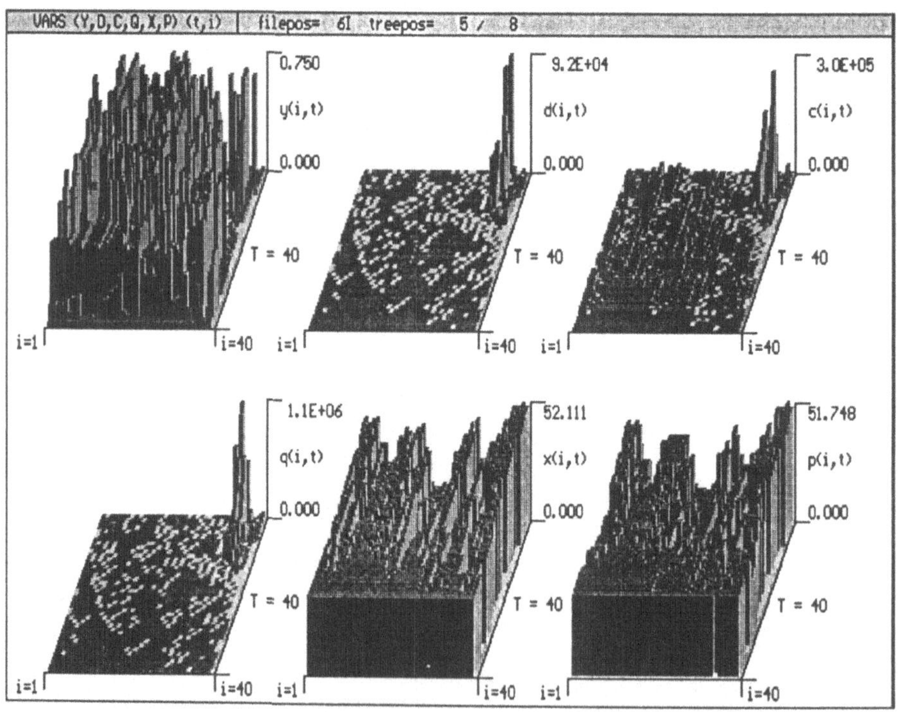

Abb. 31.5   Raum-zeitliche Marktentwicklung – Politik $\mathcal{C}$

Aber auch hier tritt jetzt häufiger **potentielle Überproduktion** A auf. Situation A entsteht meistens nach Markteintritten.

Im Vergleichslauf war die Übernahme neuer Produktionstechniken auf die Region starker Streuung der Anfangsnachfragen beschränkt. Im vorliegenden Fall werden neue Techniken mit abnehmender Streuung der Anfangsnachfrage später und jeweils in "getrennten Gebieten" eingeführt. Die Imitationskegel sind folglich sehr eng, sodaß auch im Endzeitpunkt alle technologischen Niveaus am Markt koexistieren. Das maximal mögliche technische Niveau ($K = 5$) wir zweimal erreicht.

Die durchschnittlichen Marktverläufe werden auch hier komplexer, behalten aber die im Vergleichslauf vorhandenen Tendenzen. Die raum–zeitliche Entwicklung ergibt eine starke Differenzierung der F&E–Anteilsverläufe. Die Budgetakkumulation läßt Unternehmenscluster (siehe $d(i,t)$, $c(i,t)$ und $q(i,t)$ der Abbildung 31.5) in den gleichen Regionen des Produktraums wie im Vergleichslauf entstehen. Die Entwicklung der Reputation führt (auf Grund der Aktivitätsverlagerungen) zu einer starken Preisdifferenzierung mit mehreren *Hochpreisclustern*. Die Cluster enthalten aber nicht die Unternehmungen mit großen ökonomischen Erfolgen.

24.1.5 Reputationsorientierte F&E–Anteilsbudgetierung

Erfolgsverbesserung durch Aktivitätsverlagerung wie bei risikoaverser F&E–Politik, findet bei **reputationsorientierter** Politik nicht statt. Die aggregierten Marktkennzahlen ergeben im Endzeitpunkt (nur) ein höheres Budget und einen höheren Maximalpreis. Der Minimalpreis und das technische Gesamtniveau (!) sind niedriger. Aktivitätsverlagerungen führen (erwartungsgemäß) auf etwas reduzierte Konkurrenz (30 aktive Produktpositionen in $T = 40$).

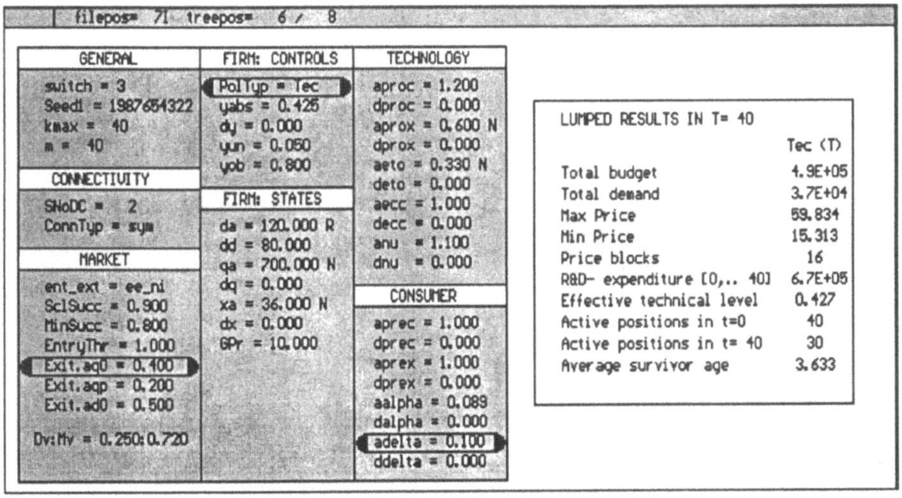

Abb. 32.1   Initialisierung und aggregierte Marktresultate in $T = 40$ – Politik T

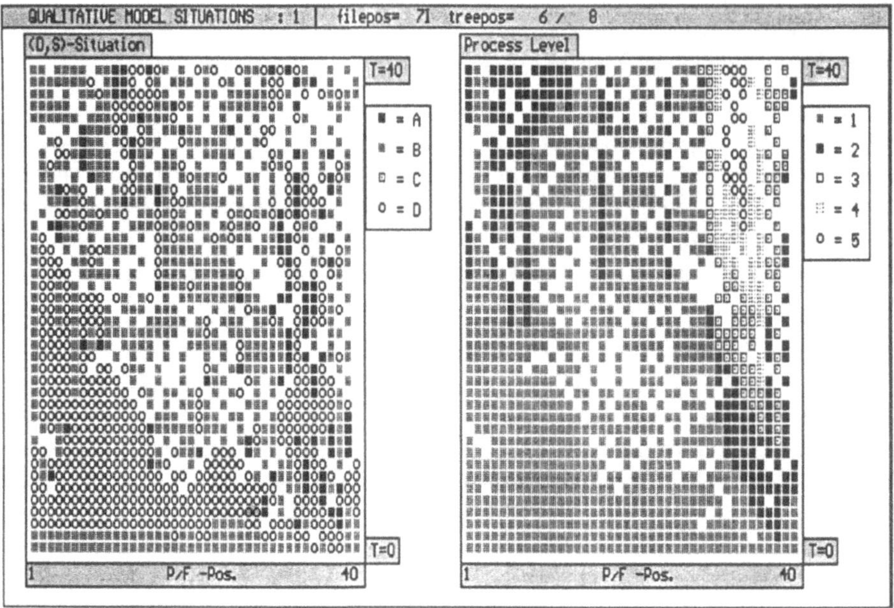

Abb. 32.2   Qualitative Situationen I der Marktentwicklung – Politik $\mathcal{T}$

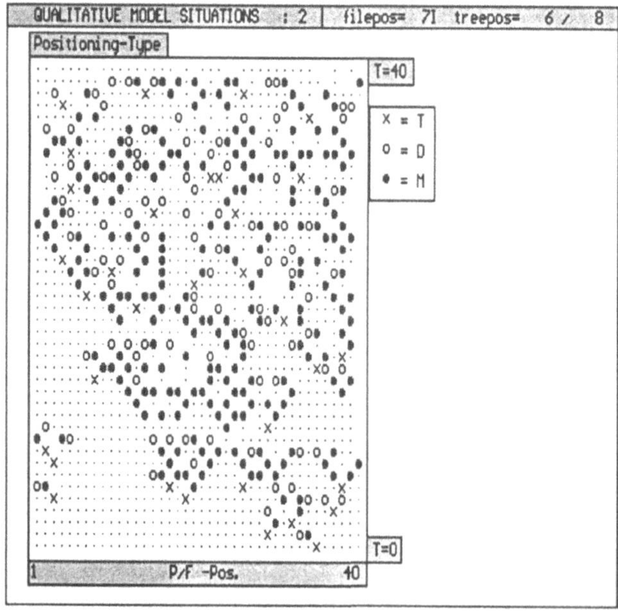

Abb. 32.3   Qualitative Situationen II der Marktentwicklung – Politik $\mathcal{T}$

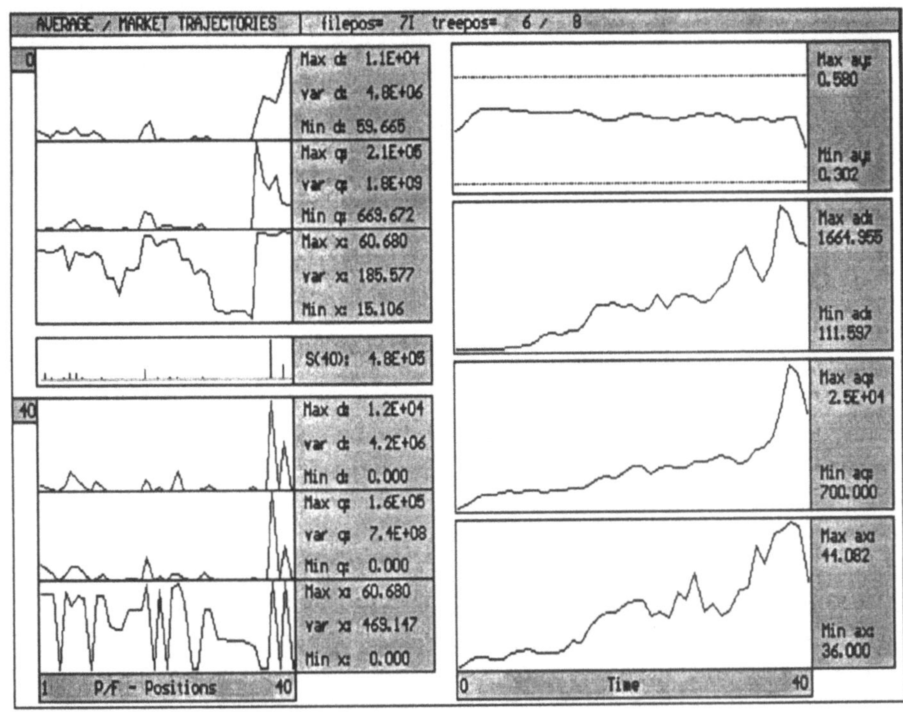

Abb. 32.4   Aggregierte Marktentwicklung – Politik $\mathcal{T}$

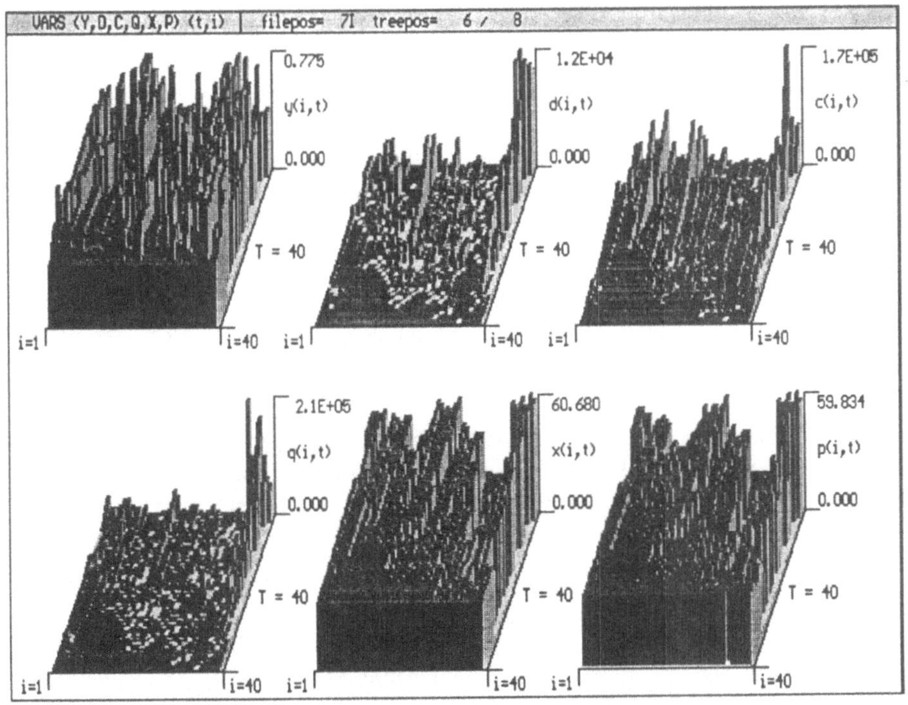

Abb. 32.5   Raum–zeitliche Marktentwicklung – Politik $\mathcal{T}$

Die Entwicklung der (d, s)-Konfiguration gibt Phasen **potentieller Gleichgewichtssituation** D zugunsten **potentieller Übernachfrage** B auf. **Potentielle
Überproduktion** A tritt auch hier, wie bei risikoaverser Politik, oft nach Markteintritten auf. Die Dichte der anfangs auftretenden Aktivitätsverlagerungen ist
wesentlich höher als bei **risikoaverser** Politik aus Abschnitt 24.1.4.

Die im Vergleichslauf auf die Region starker Streuung der Anfangsnachfragen beschränkten Übernahmen neuer Produktionstechniken findet man jetzt im gesamten
Produktraum. Erste Innovationserfolge finden mit abnehmender Streuung der Anfangsnachfragen aber zu späteren Zeitpunkten statt. Dabei bilden sich zwei im
Produktraum entfernte und in ihren Niveaus ungleiche Regionen heraus. Insbesondere bleiben dadurch im Endzeitpunkt alle technologischen Niveaus bestehen. Das
maximal mögliche technische Niveau ($k = 5$) wird von drei direkt konkurrierenden
Unternehmungen erreicht.

Die durchschnittlichen Marktverläufe stimmen in der Tendenz mit dem Fall ohne
Aktivitätsverlagerung gut überein. Die durchschnittlichen F&E–Anteile nehmen
im Gegensatz zu dem Vergleichslauf leicht ab. Die raum–zeitliche Entwicklung der
Unternehmensvariablen ergibt eine starke Differenzierung der F&E–Anteilsverläufe.
Die ökonomisch erfolgreichen Unternehmungen sind hier im Produktraum stärker
gestreut. Die Entwicklung der Reputation führt wie bei risikoaverser Budgetierung
auf starke Preisdifferenzierung mit mehreren *Hochpreisclustern*. Diese Clustern enthalten hier auch die ökonomisch erfolgreichen Unternehmungen.

24.1.6 Aggressive F&E–Anteilsbudgetierung

Bei **aggressiver** F&E–Politik wirken sich Aktivitätsverlagerungen auf das Marktergebnis negativ und (noch) stärker als bei **reputationsorientierter** Politik aus. Bis
auf das zum Endzeitpunkt erreichte technische Niveau sind alle Marktkennzahlen
schlechter als im Vergleichslauf ohne Aktivitätsverlagerung. Die Erklärung dafür
ist, daß Aktivitätsverlagerungen das ökonomisch aggressive Konkurrenzverhalten
der Politik weiter verstärken.

Für die Intention und die Risikoeinstellung dieser Politik sind durchschnittliche
Marktergebnisse nur von untergeordneter Bedeutung. Das durchschnittliche Alter
der im Endzeitpunkt überlebenden Unternehmungen ist mit 4.667 Perioden relativ
hoch. Mit 27 Unternehmungen und nur wenigen lokalen Monopolen ist die Konkurrenz im Endzeitpunkt wesentlich stärker als im Vergleichslauf.

In der Entwicklung der (d, s)-Konfiguration treten Phasen **potentieller Gleichgewichte** D relativ häufig und über längere Zeiträume auf. Situationen **potentieller
Überproduktion** A verteilen sich über den gesamten Produktraum und Zeitablauf. Man findet viele Repositionierungsversuche, die aber wegen unzureichender
Finanzmasse der entsprechenden Unternehmungen nicht ausgeführt wurden (siehe
dazu Abschnitt 20.3).

Wie im Vergleichslauf beschränken sich Übernahmen neuer Produktionstechniken
auch hier auf die Region starker Streuung der Anfangsnachfragen. Erste technische
Übernahmen finden mit abnehmender Streuung der Anfangsnachfragen zunehmend
später statt. Bis zum Endzeitpunkt entstehen acht "getrennte" Bereiche mit zum

Teil sehr hohen technischem Niveau. Das maximal mögliche technische Niveau ($k = 5$) wird von zwei nicht benachbarten innovativen Bereichen (unter Konkurrenz) erreicht.

Die durchschnittlichen Marktverläufe stimmen im Trend (bis auf die Nachfrage) bei Budget und Reputation, bis auf die letzten Perioden, gut mit dem Vergleichslauf überein.

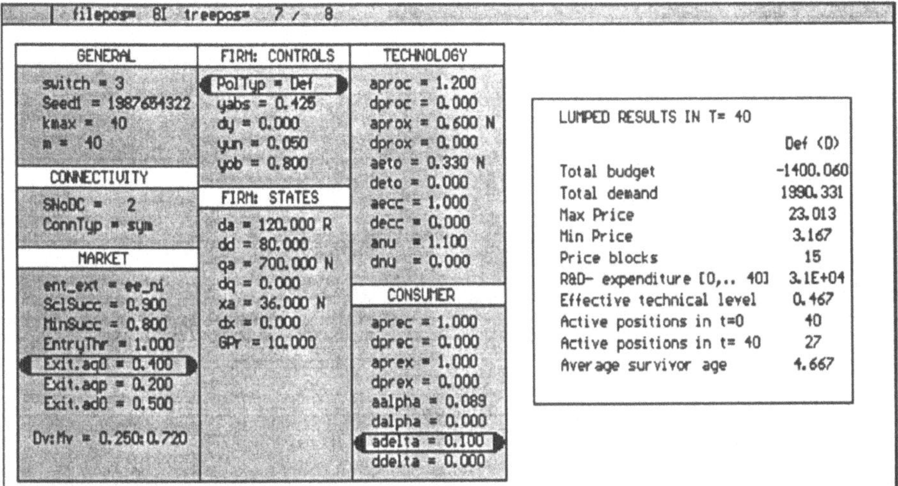

Abb. 33.1   Initialisierung und aggregierte Marktresultate in $T = 40$ – Politik $\mathcal{D}$

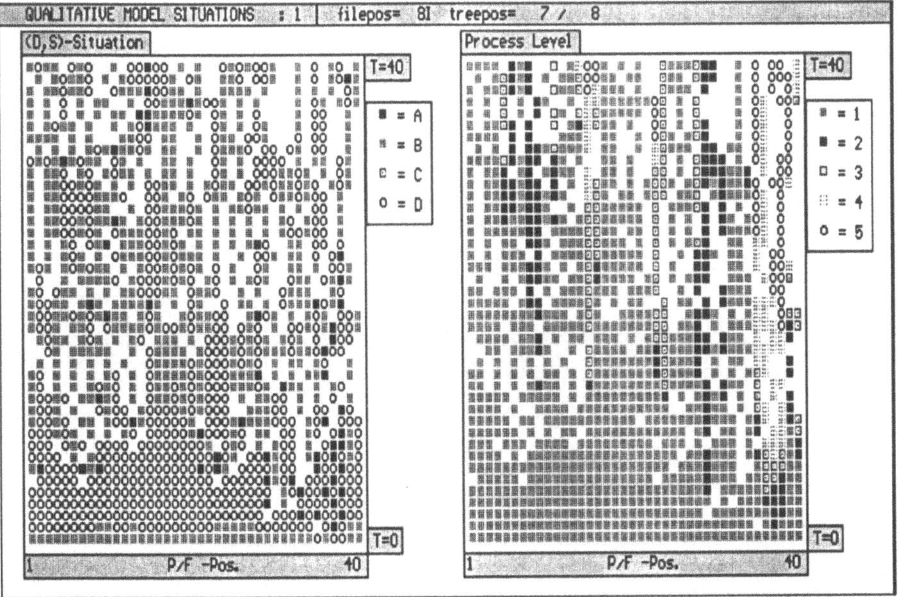

Abb. 33.2   Qualitative Situationen I der Marktentwicklung – Politik $\mathcal{D}$

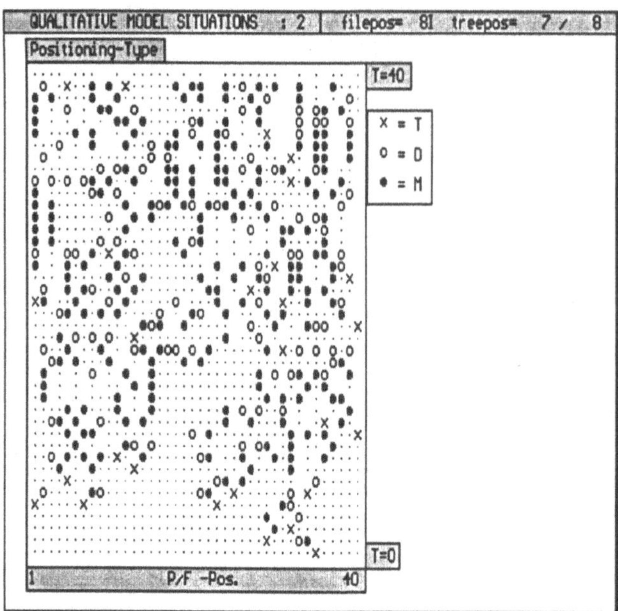

Abb. 33.3   Qualitative Situationen II der Marktentwicklung – Politik $\mathcal{D}$

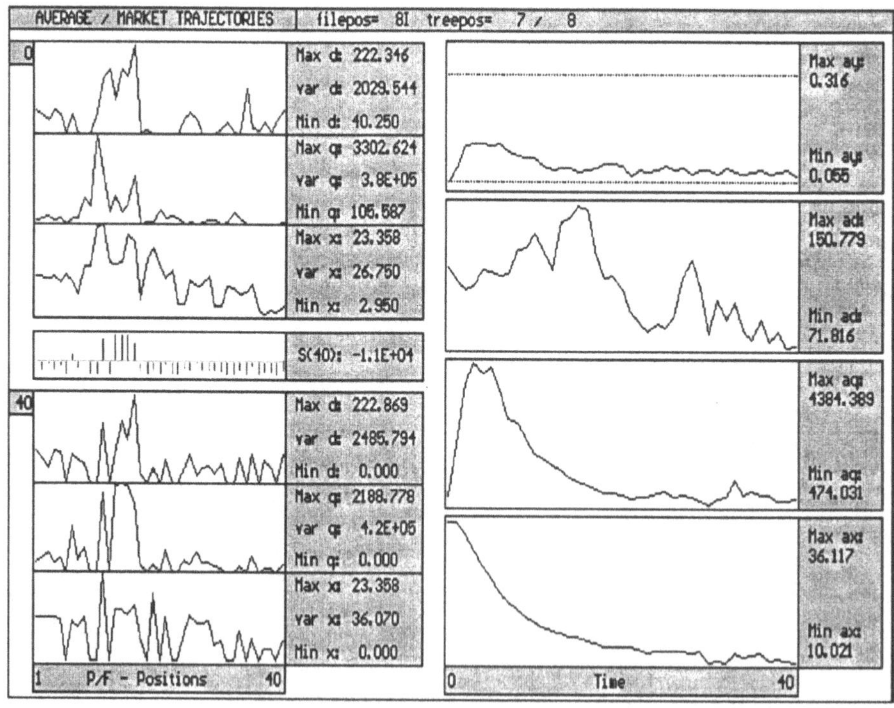

Abb. 33.4   Aggregierte Marktentwicklung – Politik $\mathcal{D}$

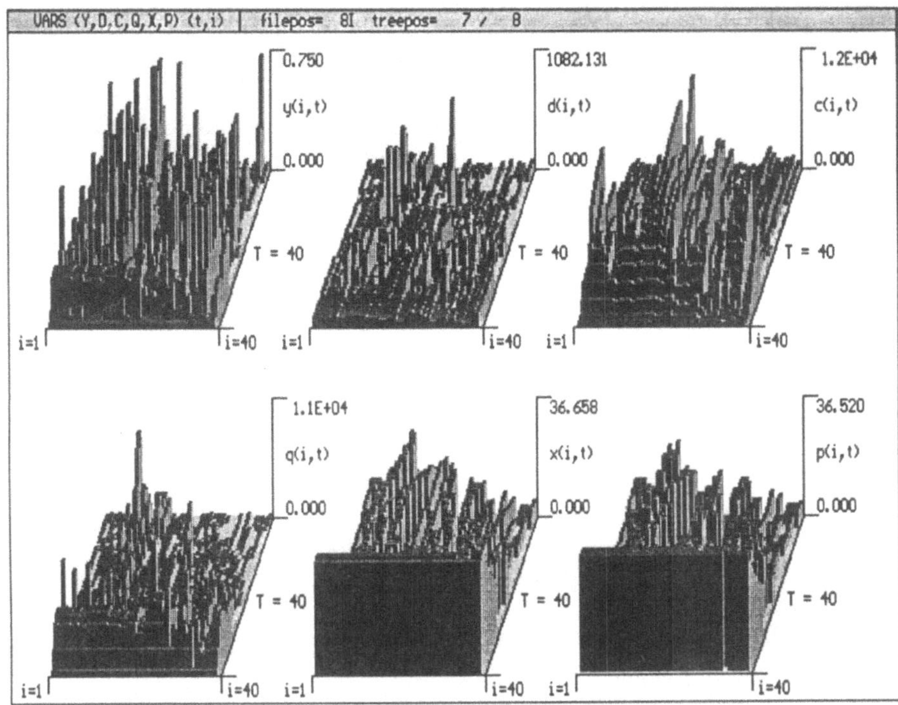

Abb. 33.5   Raum–zeitliche Marktentwicklung – Politik $\mathcal{D}$

Die Diskrepanz in den letzten Perioden entsteht durch die im Vergleichslauf entstehenden lokalen Monopole. Die durchschnittlichen F&E-Anteile stabilisieren sich hier auf einem etwas höheren Niveau. Die raum–zeitliche Entwicklung der Unternehmensvariablen enthält eine starke Differenzierung der F&E-Anteilsverläufe. Kurzfristig entstandene Unternehmenserfolge können meistens nicht in dauerhafte ökonomische Erfolge umgesetzt werden. Das ökonomisch erfolgreiche Unternehmenscluster findet man in einer Region, in der technische Niveaus 1, 3, 4 und 5 koexistieren! Die Entwicklung der Reputation führt zu starker Preiskonkurrenz. Das niedrige Preisniveau führt schließlich auf die geringe Akkumulation in diesem Markt.

24.1.7 Minimierung zukünftiger Nachfragevariation

Diese F&E-Anteilsbugetierung führt unter Aktivitätsverlagerung zu einer hohen Rate von Marktein- und -austritten. Die aggregierten Marktkennzahlen ergeben zum Endzeitpunkt (bis auf das technische Niveau) schlechtere Ergebnisse als im extrem konkurrenzerhaltenden Vergleichslauf. Das durchschnittliche Überlebensalter der Unternehmungen (2.333 Perioden) ist extrem gering.

Die Häufigkeit der (d, s)-Situation **potentielles Gleichgewicht** D nimmt stark zugunsten der Extremsituationen **potentielle Übernachfrage** B und **potentielle Überproduktion** A ab. Situation A tritt auch hier oft nach Markteintritten auf und ist (anders als im Vergleichslauf) auf die Region hoher technischer Niveaus (als Indikator "zu früher" Übernahmen neuer Produktionstechniken) beschränkt.

Die Häufigkeit der Aktivitätsverlagerungen nimmt in der Zeit stark zu. Wie bei der **aggressiven** Budgetierungspolitik entstehen "getrennte" Regionen mit hohen technischen Niveaus. Es werden aber weder die technischen Niveaus noch die ökonomischen Erfolge des Vergleichslaufs erreicht. Alle technologisch erfolgreichen Unternehmungen verschwinden schließlich vom Markt.

```
filepos= 51  treepos=  4 / 8

   GENERAL              FIRM: CONTROLS         TECHNOLOGY
 switch = 3            PolTyp = Ibr          aproc = 1.200
 Seedl = 1987654322    yabs = 0.425          dproc = 0.000
 kmax =  40            dy = 0.000            aprox = 0.600 N
 m =  40               yun = 0.050           dprox = 0.000
                       yob = 0.800           aeto = 0.330 N
   CONNECTIVITY                               deto = 0.000
 SNoDC =   2             FIRM: STATES         aecc = 1.000
 ConnTyp = sym         da = 120.000 R        decc = 0.000
                       dd = 80.000           anu  = 1.100
   MARKET              qa = 700.000 N        dnu  = 0.000
 ent_ext = ee_ni       dq = 0.000
 SclSucc = 0.900       xa = 36.000 N           CONSUMER
 MinSucc = 0.800       dx = 0.000            aprec = 1.000
 EntryThr = 1.000      GPr = 10.000          dprec = 0.000
 Exit.aq0 = 0.400                            aprex = 1.000
 Exit.aqp = 0.200                            dprex = 0.000
 Exit.ad0 = 0.500                            aalpha = 0.089
                                             dalpha = 0.000
 Dv:Mv = 0.250:0.720                         adelta = 0.100
                                             ddelta = 0.000

                           LUMPED RESULTS IN T= 40

                                                  IBR (I)
                           Total budget           6.8E+04
                           Total demand         7402.093
                           Max Price              25.317
                           Min Price              10.459
                           Price blocks               13
                           R&D- expenditure [0,.. 40]  3.3E+04
                           Effective technical level  0.383
                           Active positions in t=0       40
                           Active positions in t= 40     24
                           Average survivor age       2.333
```

Abb. 34.1   Initialisierung und aggregierte Marktresultate in $T = 40$ – Politik $\mathcal{I}$

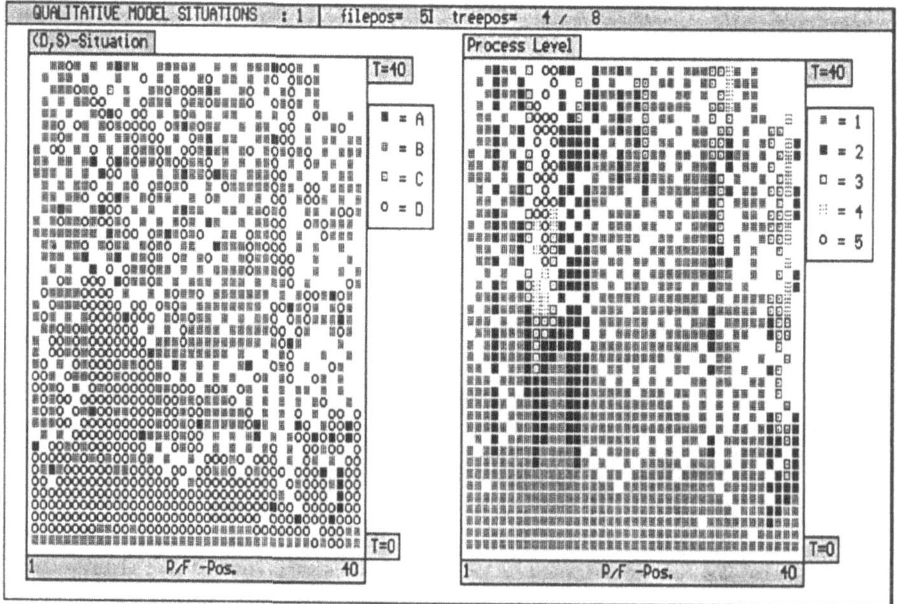

Abb. 34.2   Qualitative Situationen I der Marktentwicklung – Politik $\mathcal{I}$

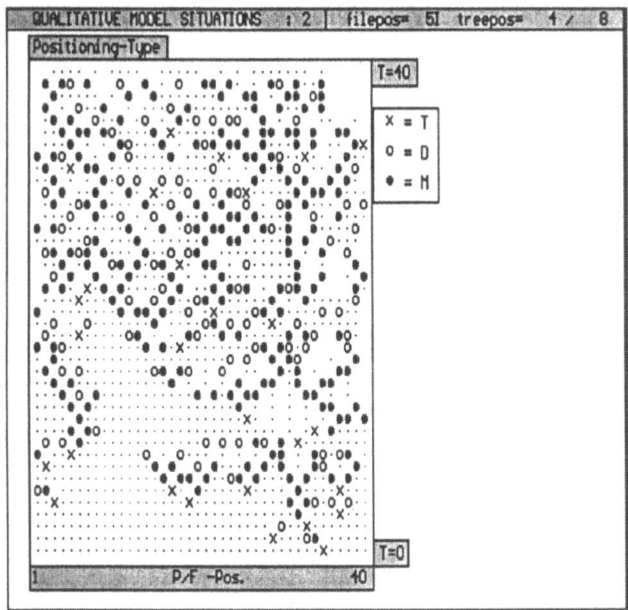

Abb. 34.3 Qualitative Situationen II der Marktentwicklung – Politik $\mathcal{I}$

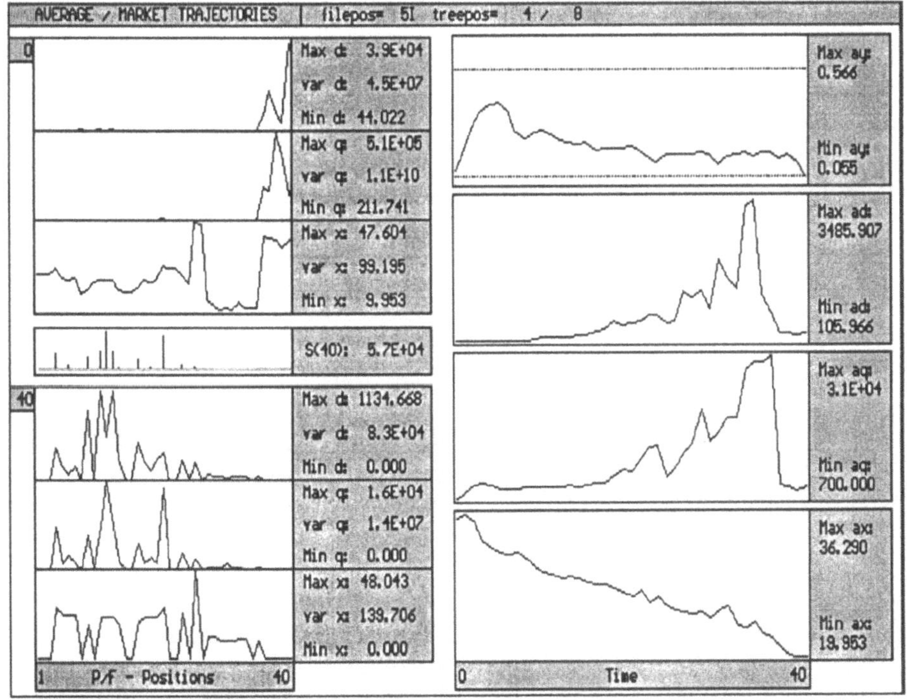

Abb. 34.4 Aggregierte Marktentwicklung – Politik $\mathcal{I}$

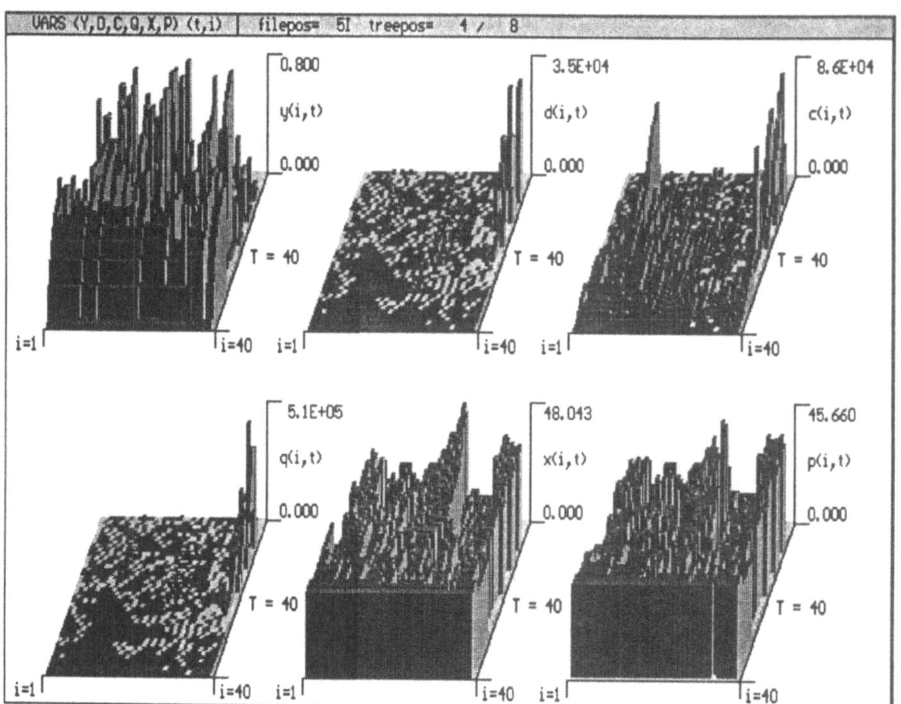

Abb. 34.5   Raum–zeitliche Marktentwicklung – Politik $\mathcal{I}$

Die durchschnittlichen Marktverläufe zeigen vergleichsweise stärkere Reduktion der F&E–Anteile. Mit Ausnahme der Reputation ändern alle durchschnittlichen Zustandsverläufe ihre Trends. Die raum–zeitliche Entwicklung ergibt eine starke Differenzierung der F&E–Anteilsverläufe. Das durch "beschleunigte" Budgetakkumulation entstehende Unternehmenscluster (siehe $d(i,t)$, $c(i,t)$ und $q(i,t)$ in Abbildung 34.5) kann den ökonomischen Erfolg nicht fortsetzen (siehe auch die Zustandsverteilung im Endzeitpunkt). Die Entwicklung der Reputation führt zu starker Preisdifferenzierung aber nur zu mäßiger Preiskonkurrenz. Das (im Endzeitpunkt) ökonomisch erfolgreichste Unternehmenscluster enthält die technischen Niveaus $k = 2, 3$ und das maximale Niveau 5.

24.1.8 Ökonomisch–technologische Disparitäten

Bei dieser F&E–Politik verhindern Aktivitätsverlagerungen die Entstehung lokalen Monopole. Die aggregierten Marktkennzahlen sind im Endzeitpunkt (trotz verstärkter Konkurrenz) nur unwesentlich schlechter als im Vergleichslauf (siehe auch die **aggressive** Budgetierungspolitik bei der eine ähnliche Veränderung der Marktstruktur stattfindet).

Die Aktivitätsverlagerungen führen auch hier zu einer Häufung der (d, s)–Situation **potentielle Übernachfrage** B. Situation **potentielle Überproduktion** A korreliert hier stärker mit "zu frühen" Übernahmen neuer Produktionstechniken. (siehe insbesondere die Häufung der Situation A in der technologisch sehr erfolgreichen Region in Abbildung 35.2). Im Produktraum entsteht ein weiterer Bereich mit technischen Erfolgen. Die Diffusionswirkung ist nur gering.

Die durchschnittlichen Marktverläufe ergeben ein (vergleichsweise) höheres, zeitweise wieder ansteigendes, Niveau der F&E–Anteile. Die durchschnittlichen Zustandsverläufe behalten die gleiche Tendenz des Vergleichslaufs. Wegen durchschnittlich höherer F&E–Anteile kehrt der anfängliche Reputationsverlust hier wesentlich früher um.

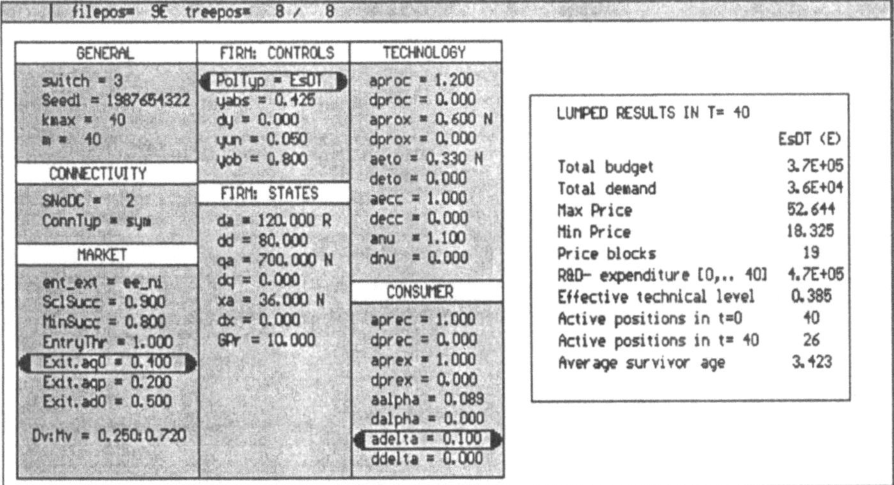

Abb. 35.1   Initialisierung und aggregierte Marktresultate in $T = 40$ – Politik $\mathcal{E}$

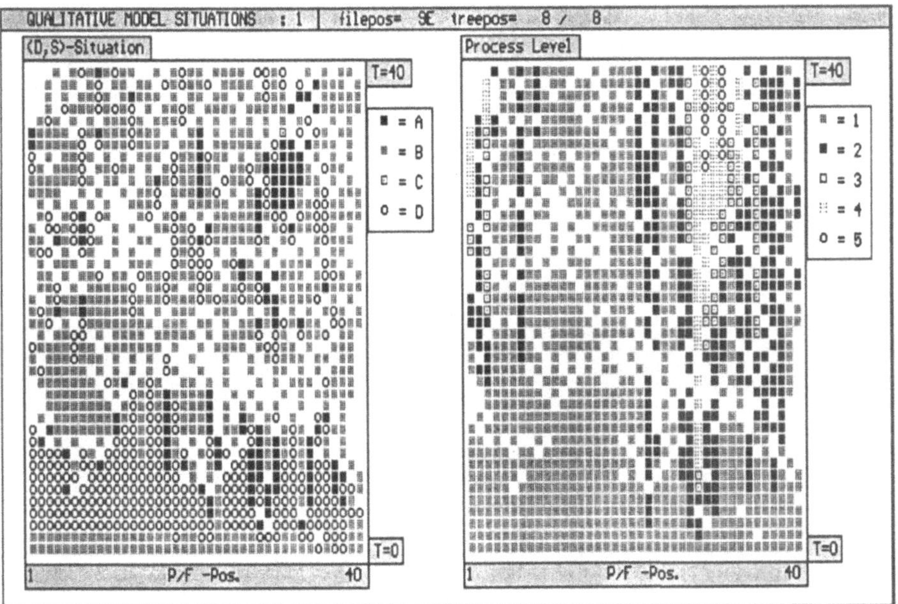

Abb. 35.2   Qualitative Situationen I der Marktentwicklung – Politik $\mathcal{E}$

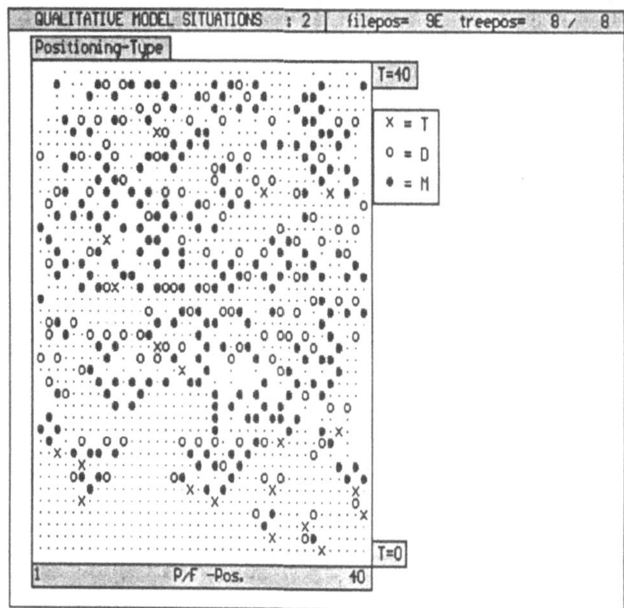

Abb. 35.3   Qualitative Situationen II der Marktentwicklung – Politik $\mathcal{E}$

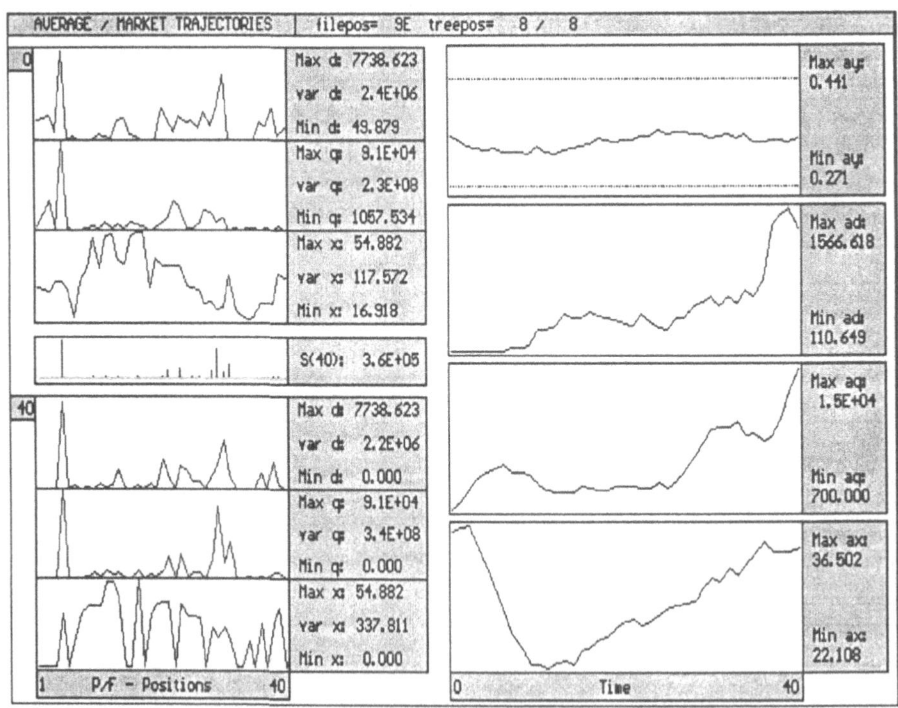

Abb. 35.4   Aggregierte Marktentwicklung – Politik $\mathcal{E}$

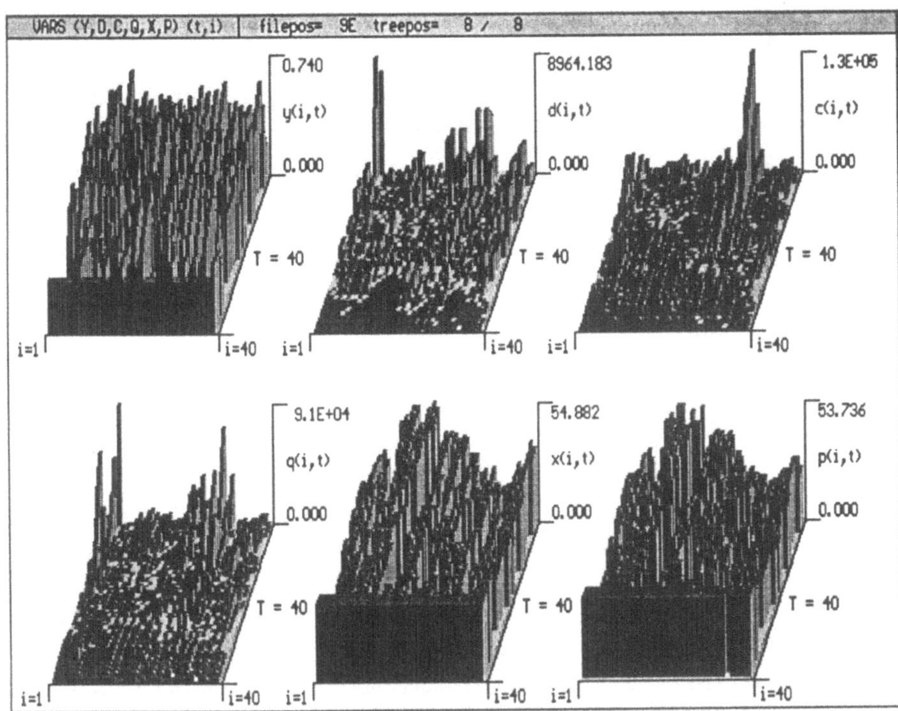

Abb. 35.5   Raum–zeitliche Marktentwicklung – Politik $\mathcal{E}$

Analog zum Vergleichslauf enthält die raum–zeitliche Entwicklung eine starke Differenzierung der F&E–Anteilsverläufe. Durch Budgetakkumulation unter Verwendung *innovativer* Produktionstechniken entsteht ein ökonomisch erfolgreiches Unternehmenscluster und ein (erfolgreiches) lokales Monopol. Eie starkes Absinken des Preisniveaus (wie bei **aggressiver** F&E–Politik) wird verhindert.

Literatur

[AlWe90]   *Almeida, L.B. Wellekens; C.J.* (Hrsg): Neural Networks, EURASIP Workshop 1990, Berlin Heidelberg New York Tokyo 1990

[ArIn86]   *Arrow, K.J. Intriligator, M.D.* (Hrsg.): I,II,III, Amsterdam New York Oxford Tokyo 1981, 1982 und 1986

[Ar89]   *Arthur, B. W.* : Competing Technologies, Increasing Returns, and Lock In by Historical Events, The Economic Journal 99 (1989), 116–131

[AsJa88]   *d'Aspremont, C. Jacquemin, A.*: Cooperative and Noncooperative R&D in Duopoly with Spillovers, American Economic Review 78, No.5 (1988) 1133–1137

[Au89]   *Aulin, A.*: Foundations of Mathematical System Dynamics — The Fundamental Theory of Causal Recursions and its Applications to Social Science and Economics, Oxford 1989

[Ax84]   *Axelrod, R.* : The Evolution of Cooperation, New York 1984

[Br88a]   *Brockhoff, K.*: A Simulation Model of R&D Budgeting, Manuskripte aus dem Institut für Betriebswirtschaftslehre Nr.213 der Universität Kiel und TIMS/ORSA Paris 1988

[Br88b]   *Brockhoff, K.*: Forschung und Entwicklung — Planung und Kontrolle, München und Wien 1988

[Car89]   *Carpenter, G. S.* : Perceptual Position and Competitive Brand Strategy in a Two–Dimensional, Two–Brand Market, Management Science 35 (1989), 1029–1044

[CoLe89]   *Cohen, W.M. Levinthal, D.H.*: Innovation and Learning: The two Faces of R&D, The Economic Journal 99 No.3 (1989) 569-596

[vDa87]   *van Damme, E.E.C.*: Stability and Perfection of Nash Equilibria, Berlin Heidelberg New York London Paris Tokyo 1987

[DeGo85]   *Demongeot, J. Goles, E. Tchuente, M.* : Dynamical Systems and Cellular Automata, London und New York 1985

[Ec89]   *Economides, N.* : Symmetric Equilibrium Existence and Optimality in Differentiated Product Markets, Journal of Economic Theory 47 (1989), 178–194

[Fe82]   *Feichtinger, G.*: Optimal Policies for Two Firms in a Noncooperative Research Project, in Feichtinger, G. (Hrsg): Optimal Control Theory and Economic Analysis, Amsterdam 1982 373–397

[FeHa86]   *Feichtinger, G. Hartl, R. F.* : Optimale Kontrolle ökonomischer Prozesse, Berlin und New York 1986

[FiPo89]   *Fine, C. H. Porteus, E. L.* : Dynamic Process Improvement, Operations Research 37 (1989), 580–591

[Fi89]   *Fisher, F.M.*: Games Economists Play: A Noncooperative View, Rand Journal of Economics 20 No.1 (1989) 113–124

[Fu77]   *Futia, C.* : The Complexity of Economic Decision Rules, Journal of Mathematical Economics 4 (1977), 289–299

[Ga89]   *Gaimon, C.*: Dynamic Game Results of the Aquisition of New Technology, Operations Research 37 No.3 (1989)

[Ge71]   *Georgescu–Roegen, N.*: The Entropy Law and the Economic Process, Cambridge (Mass.) 1971

[GiMe86]   *Gibbons, M. Metcalfe, J.S.*: Technological Variety and the Process of Competition, Diskussionspapier für eine Tagung zu 'Innovationsdiffusion' in Venedig 1986

[Gl85]   *Glazer, A.*: The Advantages of Being First, American Economic Review (1985)

[GlPs77]   *Glushkov, W.M. Pshenichnyi, B.N.*: A Mathematical Model of Dynamically Evolving Economies, Cybernetics 13 (1977) 475–481

[GrSh87]   *Grossman, G.M. Shapiro, C.*: Dynamic R&D Competition, The Economic Journal 97 No.2 (1987) 372–387

[GuHo83]   *Guckenheimer, J. Holmes, P.*: Nonlinear Oscillations, Dynamical Systems, and Bifurcations of Vector Fields, New York Berlin Heidelberg Tokyo 1983

[HiSm74]   *Hirsch, M.W. Smale, S*: Differential Equations, Dynamical Systems, and linear Algebra, New York 1974

[HoSi84]   *Hofbauer, J. Sigmund, K.*: Evolutionstheorie und Dynamische Systeme, Berlin 1984

[Ho87]   *Hopp, W.J.*: A Sequencial Model of R&D Investment over an Unbounded Time Horizon, Management Science 33,4 (1987) 500–508

[Ho89]   *Hopp, W.J.*: Identifying Forecast Horizons in Nonhomogenous Markov Decision Processes, Operations Research 37 (1989) 339–343

[Je83]   *Jensen, R.*: Innovation Adoption and Diffusion When There Are Competing Innovators, Journal of Economic Theory 29 (1983) 161–171

[JoLa89]   *Jovanovic, B. Lach, S.*: Entry, Exit and Diffusion with Learning by Doing, The American Economic Review 79,4 (1989) 690–699

[Ju87]   *Jutila, S.T.*: Dynamic Modeling of Adoptation, Rejection and Life Cycles of Innovations, circulated paper (1987)

[KaSc82]   *Kamien, M.I. Schwatz, N.L.*: Market Structure and Innovation, Cambridge 1982

[Ka85]   *Karnani, A.*: Strategic Implications of Market Structure Models, Management Science 31,5 (1985) 536–547

[KaSh86]   *Katz, M.L. Shapiro, C.*: Technology Adoption in the Presence of Network Externalities, Journal of Political Economy 94,4 (1986) 822–841

[Ks92]   *Kosko, B.*: Neural Networks and Fuzzy Systems, Englewood Cliffs, 1992

[Ko65]   *Kotler, P.*: Competitive Strategies for New Product Marketing over the Life Cycle, Management Science 12,4 (1965) B104-B119

[Le84]   *Lee, T.*: On the Reswitching and Convergence Properties of Resaerch & Development Rivalry, Management Science 30 (1984) 186–197

[Le89]   *Lei, D.*: Strategies for Global Competition, Long Range Planning 22 (1989) 102–109

[LeTh82]   *Levine, J. Thépot, J.*: Open Loop and Closed Loop Equilibria in a Dynamic Duopoly, in Feichtinger, G. (Hrsg): Optimal Control Theory and Economic Analysis, Amsterdam 1982 143–156

[LiMc81]   *Lippman, S.A. McCall, J.J.*: The Economics of Uncertainty: Selected Topics and Probabilistic Methods, in Arrow und Intrilligator (Hrsg): Handbook of Mathematical Economics Vol.I, Amsterdam 1981

[vLo82]   *van Loon, P*: A Dynamic Theory of the Firm: Production Finance and Investment, Dissertation, Universität Tilburg, 1982

[MaMc87]   *Mamer, J. W. McCardle, K. F.* : Uncertainty, Competition, and The Adoption of New Technology, Management Science 33 (1987) 161–177

[Ma88]   *Mansfield, E.*: The Speed and Cost of Industrial Innovation in Japan and the United States: External vs. Internal Technology, Management Science 34,10 (1988) 1157–1168

[McRi89]   *McLean, R.P. Riordan, M.H.*: Industry Structure with Sequential Technology Choice, Journal of Economic Theory 47,1 (1989) 1–21

[Me88]   *Mehlmann, A.*: Applied Differential Games, New York London 1988

[Mo87]   *Monahan, G.E.*: The Structure of Equilibria in Market Share Attraction Models, Management Science 33,2 (1987) 228–243

[MoEb80]   *Montaño, M. A. J. Ebeling, W.* : A Stochastic Evolutionary Model of Technological Change, Collective Phenomena 3 (1980) 107–114

[NeWi82]   *Nelson, R. R. Winter, S. G.* : An Evolutionary Theory of Economic Change, Cambridge (Mass.) und London 1982

[NeWiSc76]   *Nelson, R.R. Winter, S.G. Scheutte, H.*: Technical Change in an Evolutionary Model, Quarterly Journal of Economics 90 (1976) 90ff

[Ni86]   *Nicolis, J. S.* : Dynamics of Hierarchical Systems — An Evolutionary Approach, Berlin 1986

[Nt89]   *Nti, K.O.*: More Potential Entrants May Lead to Less Competition, Zeitschrift für Nationalökonomie 49,1 (1989) 47–70

[Re89]   *Reich, R.B.*: The Quiet Path to Technological Pereminence, Scientific American, 4 (1989) 19–25

[Re81]   *Reinganum, J. F.* : Dynamic Games of Innovation, Journal of Economic Theory 25 (1981) 21–41

[Re82]   *Reinganum, J. F.* : A Dynamic Game of R&D: Patent Protection and Competitive Behaviour, Econometrica 50 (1982), 671–688

[Ro90]   *Rockett, K.E.*: Choosing the Competition and Patent Licensing, RAND Journal of Economics 21,1 (1990) 161–171

[Ro86]   *Rota, G.C.*: In Memoriam of Stan Ulam — The Barrier of Meaning, Physica D 22 (1986) 1–3, in Farmer et.al.(Hrsg): Proceedings of the Fifth Annual International Conference of the Centre for Nonlinear Studies (Sonderband)

[Ru86]   *Rubinstein, A.* : Finite Automata Play the Repeated Prisoner's Dilemma, Journal of Economic Theory 39 (1986), 83–96

[Sc90]   *Schebesch, K. B.* : Innovation, Wettbewerb und neue Marktmodelle, Dissertation 1990

[Sch86]   *Schuster, P.*: Dynamics of Molecular Evolution, Physica D 22 (1986), 100-119

[ScGr90]   *Scotchmer, S. Green, J.*: Novelty and Disclosure in Patent Law, RAND Journal of Economics 21,1 (1990) 131–146

[Sh89]   *Shapiro, C.*: The Theory of Business Strategy, Rand Journal of Economics, 20,1 (1989) 125–137

[She67]   *Shell, K.*: Essays on the Theory of Optimal Economic Growth, Cambridge (Mass.) 1967

[Si82]   *Simon, H.*: ADPULS: An Advertising Model with Wearout and Pulsation, Journal of Marketing Research XIX (1982) 352–363

[Sp89]   *Spulber, D.F.*: Product Variety and Competitive Discounts, Journal of Economic Theory 48 (1989) 510–525

[St85]   *Stöppler, S.*: Optimal Control of Transfer and Utilization of New Technologies in a Linear Dynamic Planning Model of the Firm, in Feichtinger, G. (Hrsg): Optimal Control Theory and Economic Analysis 2, Amsterdam 1985, 377–393

[StSc90]   *Stöppler, S. Schebesch, K. B.* : Dynamische Unternehmensplanung als Funktion des technologischen Wandels und der Marktstruktur, Abschlußbericht aus dem DFG–Forschungsschwerpunkt 'Theorie der Innovation im Unternehmen' Band I und II 1990

[Sto83]   *Stoneman, P.*: The Economic Analysis of Technological Change, Oxford 1983

[Ta84]   *Tandon, P.*: Innovation, Market Structure and Welfare, American Economic Review 74 (1984) 394–403

[To77]   *Toffoli, T.*: Computation and Construction Universality of Reversible Cellular Automata, Journal of Computer and System Sciences 26 (1977) 213–231

[Wa77]   Walter, H.: Technischer Fortschritt I, in Albers, W. et.al. (Hrsg): Handwörterbuch der Wirtschaftswissenschaften (HdWW) Band 7, Stuttgart New York 1977

[Wo84]   *Wolfram, S.*: Universality and Complexity of Cellular Automata, Physica D 10 (1984) 2–35

[Wo86]   *Wolfram, S.*: Approaches to Complexity Engineering, Physica D 22 (1986) 385–399

[Wo83]   *Wolinsky, A.* : Prices as Signals of Product Quality, Review of Economic Studies (1983) 674–658

[Ye88]   *Yeung, D.* : A Feedback Nash Equilibrium Solution for Non–Cooperative Innovations in a Stochastic Differential Game Framework, TIMS/ORSA Paris 1988

[Ze84]   *Zeigler, B.P.*: Multifacetted Modelling Methodology and Discrete Event Simulation, London 1984.

Physica-Schriften zur Betriebswirtschaft

Herausgegeben von

K. Bohr, Regensburg · W. Bühler, Dortmund · W. Dinkelbach, Saarbrücken · G. Franke, Konstanz · P. Hammann, Bochum · K.-P. Kistner, Bielefeld · H. Laux, Frankfurt · O. Rosenberg, Paderborn · B. Rudolph, Frankfurt

Band 22:
Heinrich Exeler
**Das homogene Packproblem
in der betriebswirtschaftlichen
Logistik**

Band 23:
Hartmut Stadtler
**Hierarchische Produktionsplanung
bei losweiser Fertigung**

Band 24:
Rolf-Dieter Eberwein
**Organisation flexibel automatisierter
Produktionssysteme**

Band 25:
Marion Switalski
**Hierarchische Produktionsplanung
– Konzeption und Einsatzbereich –**

Band 26:
Joannis N. Paraschis
**Optimale Gestaltung von Mehrprodukt-
Distributionssystemen
– Modelle-Methoden-Anwendungen –**

Band 27:
Engelbert Götz
**Technische Aktienanalyse und die
Effizienz des deutschen Kapitalmarktes**

Band 28:
Stefan Kiener
**Die Principal-Agent-Theorie
aus informationsökonomischer Sicht**

Band 29:
Frank Ruhl
**Erfolgsabhängige Anreizsysteme in
ein- und zweistufigen Hierarchien**

Band 30:
Alfred Wagenhofer
Informationspolitik im Jahresabschluß

Band 31:
Heinrich Kuhn
**Einlastungsplanung von flexiblen
Fertigungssystemen**

Band 32:
Markus Funk
**Industrielle Energieversorgung
als betriebswirtschaftliches
Planungsproblem**

Band 33:
Michael Wosnitza
**Das Agency-theoretische
Unterinvestitionsproblem in der
Publikumsgesellschaft**

Band 34:
Andreas Dieter Robrade
**Dynamische Einprodukt-
Lagerhaltungsmodelle bei
periodischer Bestandsüberwachung**

Band 35:
Rudolf Vetschera
**Entscheidungsunterstützende
Systeme für Gruppen**

Band 36:
Heike Yasmin Schenk
**Entscheidungshorizonte im
deterministischen dynamischen
Lagerhaltungsmodell**

Band 37
Thomas Hartmann-Wendels
**Rechnungslegung der Unternehmen
und Kapitalmarkt aus
informationsökonomischer Sicht**

**Band 38
Erich Keller
Entscheidungswirkungen von
Bankbilanzen am Aktienmarkt**